语言智能研究

（第2卷）

主　　编　周建设
执行主编　薛嗣媛

天津大学出版社
TIANJIN UNIVERSITY PRESS

图书在版编目(CIP)数据

语言智能研究. 第2卷 / 周建设主编；薛嗣媛执行主编. -- 天津：天津大学出版社, 2024. 6. -- ISBN 978-7-5618-7744-9

Ⅰ. TP312.8

中国国家版本馆CIP数据核字第2024EU5594号

出版发行	天津大学出版社
地　　址	天津市卫津路92号天津大学内（邮编:300072）
电　　话	发行部:022-27403647
网　　址	www.tjupress.com.cn
印　　刷	北京虎彩文化传播有限公司
经　　销	全国各地新华书店
开　　本	787mm×1092mm　1/16
印　　张	16
字　　数	450千
版　　次	2024年6月第1版
印　　次	2024年6月第1次
定　　价	58.00元

《语言智能研究》(第2卷)

目　　录

卷首语

智能教育

周建设
中国语言智能研究中心

我们身处何种时代？从科技的角度来看，人类必经历四个时代：一是体力解放时代，二是合力协作时代，三是效率提升时代，四是智力集成时代。而我们当前所处的，正是智力集成时代。智力集成时代的特征就是让机器模拟人脑功能，并且集人脑最聪明的智慧于机器脑，使其能够执行类人智力行为，其核心目标是解放人的智力。

智力集成时代的科技革新目标可以概括为四句话："知识在云里，智慧在眼里，行动在口里，幸福在心里"。经历过高考的同学和同志们都知道，要把历史知识背下来是非常困难的。对于开车的同志们来说，要记住整个北京地图几乎是不可能的。然而，现在"知识在云里"，我们可以随时随地轻松获取。很多抽象的概念，通过文字阅读可能难以理解，但通过可视化展示，我们一看就懂。这是"智慧在眼里"。现在的人工智能汽车，我们的学术委员会主席李德毅院士是设计者之一。我跟他开玩笑说："李德毅院士，您的汽车就叫德毅吧"。那么，智能汽车能做到什么程度呢？比如我说："德毅，咱们去天津吧。"它会回答："好的。"我说："辛苦了，咱们休息一下吧。"它会回应："好的。"我说："咱们回去吧。"它又会回答："好的。"这就是"行动在口里"。当然，我们最终追求的是一种幸福感。在智力集成时代，当这些技术真正融入我们的生活，为我们带来实实在在的便利和愉悦时，我们才能真正感受到科技带来的幸福。

教育在智力集成时代处于什么样的阶段？我认为，教育信息化要经历三个阶段。第一个阶段是教育技术化。这一阶段追求的是让显示达到极致，以AR技术为标志。例如，当我们在讲解地球时，可以伸出手让"地球"在我们手上滚动；在给学生讲解心脏时，只需摸摸胸部，学生就能看到心脏是什么样的。AR技术是教育技术化的重要标志。第二个阶段是教育智能化。这一阶段追求的是让算法达到极致，以情感计算为标志。我认为，从1978年电视大学开始到2018年，中国在这40年时间里，教育信息化已经基本走完了技术化阶段，现在正步入教育智能化时代。那么，智能化时代要经历多少年呢？刚才吴院士预计，知识工程的智能化大约需要30年。我认为，教育技术化用了40年，教育智能化或许也需要30年左右的时间。也就是说，当我们的算法达到极致，情感计算精准实现之时，就完成了教育智能化阶段。第三个阶段是教育智慧化。这一阶段追求的是让理解达到极致，即机器能够完全理解人，以人机交互为标志。在实现智能教育的过程中，我们需要面对各种变革性技术和关键科学问题，这需要社会科学界和自然科学界的同仁们共同努力奋斗。

教育智能化有三大特性：一是教育数据的基础性，二是表现内容的可视化，三是智能算法的精准性。要实现教育智能化,就必须有智能教育产品来服务于教育。

人工智能如何与教育深度融合?它的战略目标是什么?我这里给出一个定义,以及近期和远期的目标。人工智能与教育的深度融合,我简称之为智能教育(AIEF),即借助人工智能技术精准计算学生的知识基础、学科倾向、思维类型、情感偏好、能力潜质,这是AI的部分;根据教育规律科学地配置教育教学内容,对学生进行个性化培养,这就是Fusion的部分,即人工智能与教育的深度融合。近期目标是减负担、激活力、强能力,减轻老师的重复性劳动,减轻学生不必要的学习负担。很多老师会感到,无论自己如何尽力教学,家长总是有所不满;学生也会发现,无论自己如何努力学习,总是无法达到自己的期望。这其中有一个重要原因,就是存在一些不必要的学习负担。因此,远期目标是对偏重知识存量的考试选拔方式进行重大技术突破,真正实现个性化人才培养,开辟依据大数据选拔学生升学的新途径。具体地说,尽管高考到目前为止是最佳的选拔方式,但我个人认为,它不是永远的最佳方式。未来,目前最佳的高考方式可能会被技术所突破。我认为,人工智能界与教育界必须紧密团结起来,共同打破那些加重学生负担的升学方式。至于何时能打破这种现状,我虽无法确定,但这一天的到来是必然的!

我们同时也思考了教育智能化的环境治理问题,并请教了美国的专家,深入探讨了教育环境的协同治理。目前,这一领域仍处于探索阶段,实际上,国际上也没有现成的治理模式可供参考。因此,我们需要进行广泛的调研、设计和探索。

人工智能与教育深度融合要取得显著成效我个人认为有这么七个方面需要关注:第一,传统课堂向智能课堂转化,这是教学方向问题。第二,人才质量必须由经验质量向科学质量转化。我请教过清华大学的一位教授。我问:“您是国家名师,凭您的精力一年能带多学生?”他说:“充其量30个学生。”有些中学生的家长为了求名师,应该说费尽心力,无非是求有经验的老师给小孩上课。这种情况未来应该要发生转变。第三,硬件搭台向软件唱戏转变。我们中国搞教育信息化,硬件投入只是一个基础,真正发挥作用还需要注入智能化软件。第四,校长应该由消费知识向创造知识转变。2018年3月31日,在北京召开的一个人工智能与基础教育深度融合校长论坛上,我问一位校长,“你们学校去年考上清华大学和北京大学的毕业生共有56位,你为什么都要使用某一个出版社的教材呢?你为什么不能自己写一点东西呢?你们这么多名校校长为什么不能创造一些知识呢?”我认为这方面需要发生转化。第五,教师由传授知识向指导学习转化。我自己在村里进行了一个小实验,建立了一个智能教育基地。当我们送去纳米黑板时,老师们非常高兴。但其中一位老师担心地问:“周老师,我们一方面高兴,一方面也紧张,是不是我们以后就没事可做了?”我说:“没有那么危险。”我今年回村里三趟了,29号还要去一趟。我想把这个村作为一个智能教育的试验区。炒菜先自己吃一吃,尝尝它的味道怎么样,然后再告诉大家这个菜是不是好吃。第六,训练手段需要从归一导学向个体适配转变。一份卷子做到底,一份作业千人做,这是不行的。谁来解决这个问题?计算机。第七,定性评价向数据测算转化。这七个方面共同构成了“人工智能+教育”的重要标志。

怎么实现教育智能化?我认为,还是要有实实在在的东西才能叫作教育智能化。我们做了一些具体的事情。比方说,我们现在想推进百校示范建设工程。教育部有百区千校万课示范行动,最终的目标就是实现教育智能化。

人工智能在教育领域的发力点是我所关注的核心。我认为主要体现在以下四个方面：第一，弄清楚人的能力素养是什么，也就是弄清楚什么是人才质量；第二，知道人才质量以后，才去给配置知识；第三，知道哪些知识应该配置的时候，才去探讨教育方式方法，用适当的方法进行教育；第四，精准计算教育的内容，给予学生科学推送，这是核心。我们目前正在进行的探索正是围绕这些方面展开的。

我的这个基地是由北京社会科学界和自然科学界联合授予的，并开展了一系列具体工作，下面我简要介绍一下。我们主要进行精准计算，涵盖五个方面：算知识、算学科、算情感、算思维类型以及算能力潜质。在计算完成后，我们会根据结果进行知识配送。目前，我们已经开发了一些产品。例如，我们研发了智能教育系统，其中的语文系统能够批改作文。英语作文系统已经批改了超过4亿篇作文，并被众多高校广泛采用；中文作文系统则包括三个子系统，能够智能化地开展批改作文的工作。这里提一个问题，如何让机器批改作文的效果超越人工批改，这都是一些技术问题了，在座的一些专家可以给予指导。关于这个问题，我们团队2017年在日本一个国际会议上荣获了最佳论文奖，获批了三个相关专利，这是真的产品，能用的。

（在2018北京自然科学界和社会科学界联席会议高峰论坛上的主题发言）

自然人、机器人与数字人的情感交互

任福继
电子科技大学

一、大模型涌现是元宇宙发展的催化剂

数字化的内涵已经从传统的信息化逐渐演变为智能化、智慧化及数字文明。元宇宙是数字文明的起爆剂，是虚实相生的网络世界。我们将其定义成“已来的未来”，寓意其过于超前，仿佛一个时代的“早产儿”，但元宇宙的产生符合时代的趋势，我们可以从虚拟世界、数字世界、意识世界、可编程世界和可检视世界看出一些规律。

元宇宙和先进智能可能成为塑造数字世界的核心力量。据福布斯预测，2023年数字世界的八大新兴科技趋势均与元宇宙、机器人和先进智能紧密相连，其中包括人工智能的无处不在、机器人的人性化进步，基因编辑的日益普及和区块链技术的蓬勃发展等。

此次大模型在理论上虽无显著创新，却引发了巨大轰动，甚至掀起了一场人工智能的深刻变革。其关键在于一个先前未被关注的现象——“涌现”。大模型的涌现能力催化了元宇宙，我们本来对元宇宙还比较悲观，认为它的短板太多，但大模型出现后在某种意义上可能将加快元宇宙的实现。

为什么大模型的涌现能力可以催化元宇宙？所谓“涌现”简单而言就是小规模、个体看不见的东西，当这些个体沉积成大规模时便会超越人类的智慧。近期出现的大模型，如ChatGPT（生成型预训练变换模型）、ChatGPT4（生成式预训练模型4）以及GPT（生成式预训练模型）家族的更新版本，虽然在理论上看似没有创新，但正是凭借其涌现能力，才得以“翻天倒海”地引发深层次的变革。在某种意义上这是不以人类意志为转移的进化。然而大模型所带来的智能，包括其未来可能具备的情感，与人类的方式截然不同，其情感机制、智能机理是另一个途径。

如果ChatGPT4具备交互功能，以下这六点将值得关注：第一，强大的自然语言处理能力；第二，高效的文本生成能；第三，丰富的知识库及提供世界知识能力；第四，更强的创造性和适应性；第五，跨语言多模态交互能力；第六，强大的自我学习和自我进化的能力。

二、超世界模型将是元宇宙的最终归宿

为什么说超世界模型是元宇宙的最终归宿？在超世界模型中，人们不仅能身临其境、如见其人，而且可以达到身临其境、确如其人的境界，机器人会为他提供帮助。人类生活在由时间、空间和人间三个变量构成的世界中，其中人间被分为人物和实物。然而，在超世界中，

体验将不再局限于简单的二元世界，而是扩展到从正向时间到负向时间、从真实空间到虚拟空间、从真实事物到虚拟事物、从自然人到虚拟人的广阔范畴。在这个由二十四维世界组成的超世界中自由穿梭，我们将其称为“超世界”。

增强现实在超世界模型中，时间是正向的，空间是真实的，人物也是真实的，只是实物被虚拟化了。那么，过往的虚拟现实是什么概念呢？时间是负向的。原本科幻小说中的内容现在可以实现一部分了，比如和逝去的亲人再会、与历史人物对话，同时实物也变成了虚拟的实物。我们预测未来的虚拟现实，在时间上会变成正向的，在空间上会变成虚拟的。

具体而言，元宇宙主要是描述和塑造形态，物理世界可以数字化，数字世界可以现实化，这是创造虚实相融的过程。最近讨论的大模型，实际上是注入智能以推动虚拟系统感知和理解物理世界，促进虚实交互。超世界则是交融共生，在虚实的四维空间中深度穿梭和无限延展，打造出一个虚实交融的世界，这就是我们提出的超世界模型。

我们已经对元宇宙有了一个大致的概括。现在的元宇宙是即将到来的未来，它正走向一个虚实相生的网络世界。而超世界则是一个虚实交融的真实世界，其中最主要的关键因素就是先进智能。

先进智能是 1956 年由达特茅斯会议提出的人工智能，与上亿年生物进化的自然智能，再加上近 30 年的情感计算相融合的研究范式。它可以打通现实世界与元宇宙的连接，赋予元宇宙感知、理解、推理的能力。而情感智能则可以打通现实世界与元宇宙的最后一公里，提供自然、和谐的沉浸式体验和交互。元宇宙的技术体系原本被称为“大蚂蚁（BIGANT）”。

三、“三人”共舞的时代

什么叫自然人？在座各位都是自然人，是现实空间中真正的人类。机器人主要是指高仿真机器人，即模仿人而制造的机器人，不仅外观上仿真，而且在计算机赋能技术之下要具备感知、决策、执行等基本的人类行为特征。数字人的定义是：元宇宙的原住民，通过计算机图形渲染、动作捕捉、深度学习、语音合成等技术打造的具有数字化外形的虚拟人物，存在于非物理世界中，在一定程度上能复制人类的知识、情感、记忆和思维。

自然人、机器人、数字人“三人”同台，人类的发展历程中有很多与此相关的古老传说。比如指南车、木牛流马、达・芬奇手术机器人以及情感机器人“香香”“索菲亚”等。从自然人劳动到机器人携手数字人伙伴，奠定了未来“三人”同台的基础。为什么数字人、机器人、自然人要进行“三人”共舞呢？清华大学发布的《元宇宙发展研究报告 3.0 版》指出，2021 年虚拟数字人核心产业规模约为 336 亿元，预计到 2025 年将达到 998 亿元。这些数据与我们最近了解到的数据可能有一些差异，但总体增长趋势是一致的。更有观点认为，在未来自然人、机器人、数字人共同分工协作的场景下，自然人的劳动比例将仅占 5%——甚至有观点认为到 2049 年后这一比例会更低，而机器人将占 15%、数字人将占 80%。此外，据预测，未来机器人的硬件成本在总成本中的占比不会超过 10%。“三人”共舞将出现在哪些应用场景呢？比如在康养领域，基于机器人以及数字人大脑的情感交互能力，它们能对老年人产生陪伴和关怀的作用，在情绪管理、心理治疗上都将发挥积极作用。我们的调查显示，85%的老年人认为最大的问题是孤独，“三人”同台可以有效减轻这种问题。此外，在教育、文旅和健康等领域，“三人”共舞也拥有广阔的应用场景。总的来说，自然人、机器人、数字人的共舞将贯穿各行各业，甚至进入千家万户。

四、情感交互是“三人”共舞技术的“天王山”

情感为人类所特有，情感计算是一道世界性的难题。过去，情感研究被划为文科及认知科学的领域，但事实上，情感计算在多个领域都有着迫切的应用需求，包括养老、陪伴、幼儿陪护、健康医疗、科教文化、国防军事以及智慧社区等。

面对这样的世界性难题，我们应该如何应对？这就需要我们重新审视人工智能。大数据驱动在某种程度上绕过了人工智能的一些核心问题。因此，对于未来30年甚至60年的发展，我们将基于脑智、心智和意识的理解来推动。最近出现的大型模型是否具备与人类不同的智能机制、情感机理？这些都是值得深入研究的课题。如果我们不进行情感方面的探索，就可能会面临无情感共鸣、低沉浸体验以及弱人机系统等问题。

近年来，我们在研究情感计算的过程中主要提出了情感交互理论，这一理论融合了感知、系统推理与情感交互等多个方面。这使得情感从单模态、静态、被动、虚拟、无进化的状态，逐渐过渡到多模态、动态、主动、真实、可进化的趋势。我们基于类脑多模态感知和情感计算平台，努力构建“三人”共舞的互动场景，这包括真人、通过媒体进行交互的数字人，以及具体的机器人。为什么我们一直重视机器实体呢？因为我们始终认为，无论开放的是大模型、元宇宙还是超世界，其最终的出发点都应该是为人类服务。因此，研究实体机器人是至关重要的。

具体而言，为了跨越“三人”交互中的情感鸿沟，我们需要不断推进情感感知、虚实交融及情感交互的技术创新，从而营造出一个自然的“三人”情感交互环境——自然交互与情感交互将紧密相连。

未来在全球范围内，甚至更广阔的领域里，我们既需要自然人也需要机器人。当“三人”同台的时候，问题随之而来：谁来支付机器人的工资？数字人出现后，它的角色定位是什么？它的身份如何界定？如果人类有人权，那么机器人是否也应有相应的“机权”？当“机权”概念出现后，“三人”共存的局面应如何管理？这些问题确实存在，但目前尚未迫切到需要立即解决的地步。要实现“三人”真正和谐共存，还有许多问题需要我们去研究和解决，其中情感交互是目前最主要的课题。我们始终认为，如果数字人具备了智能，它的智能可能会与人类有所不同。因此，在交互过程中，我们需要努力实现互相理解、互相协助，以共同迈向那个令人期待的未来——“三人”同台、和谐共生的时代。

（转自《高科技与产业化》2023年5月号总第324期20-23页）

大数据融合的语言脑健康研究进路初探 ①②

姜 孟[1,2] 王 霞[1,2]
1. 四川外国语大学语言智能学院;2. 语言脑科学研究中心

摘要: 大数据技术是当今社会的一个热门话题,其应用范围涵盖了教育、金融、医疗等领域。随着语言障碍患者数量的不断攀升,探讨大数据融合的语言脑健康研究意义重大。该文首先梳理大数据与语言脑健康的关联,接着探究大数据对语言脑健康科学研究、学科构建、人才培养、社会服务等方面的引领作用,旨在为大数据时代语言脑健康、语言脑疾病等领域的创新发展研究提供启迪与借鉴。

关键词: 大数据;融合;语言脑健康;创新发展

A Preliminary Exploration of the Path for Big-data Integrated Cerebrolinguistic Health Research

JIANG Meng , WANG Xia

Abstract: The big data technology is a pressing concern in the present society, with its applications spanning various fields including education, finance, and healthcare. Given the ongoing increase in the number of patients with language disorders, exploring the integration of big-data into cerebrolinguistic health research holds great significance. This article first delineates the relationship between big data and cerebrolinguistic health, and then examines the prominent role of big data in scientific research, discipline construction, professional fostering, social service, and other facets of cerebrolinguistic health, aiming to proffer inspiration and a point of reference for the innovative development research in fields such as cerebrolinguistic health and cerebrolinguistic diseases in the era of big data.

Keywords: big data; integration; cerebrolinguistic health; innovative development

1 引言

大脑是人体最复杂的结构。脑健康无疑是个体幸福生活的必要前提与有力保障,其被定义为执行学习、记忆、判断、语言等各种认知和心理过程的能力(Centers for Disease Control and Prevention, 2009)。语言是人类最重要的交流工具,也是大脑智能的重要体现。语言相关疾病几乎均由脑健康失衡有关,由此,脑健康是语言脑健康的坚实基础。随着人工智能的飞速发展,大数据技术正经历着快速迭代与更新。探寻大数据融合的语言脑健康创新发展路径,有望为人类语言脑健康的监测、维护与修复提供更加科学、高效的手段。

本文首先探讨大数据与语言脑健康存在何种关联,然后解析大数据何以能够引领语言

① 基金项目:2020 年四川外国语大学重点项目“语言概念能力增龄性衰退心脑机制研究”(sisu202002)、2019 年重庆市社科规划一般项目“汉语老龄化蚀失机制及干预策略研究”(2019YBYY131)的阶段性成果。

② 王霞为通讯作者。

脑健康相关领域变革,最后进行展望。

2 大数据与语言脑健康的关联

对大数据时代语言脑健康的纵深探索有必要厘清语言脑认知原理以及语言脑疾病机理。本节将梳理大数据与语言脑认知原理的关联,并在此基础上探讨大数据与语言脑疾病机理的勾连。

2.1 大数据与语言脑认知原理的关联

脑科学的丰硕研究成果为语言脑认知原理的研究提供了坚实的基础。在2021年《科学》杂志公布的125个全球科学前沿问题中(Levine, 2021),有16个与脑科学相关;这不仅体现了人类对于深入探索脑神经科学的渴求,也反映出目前对于大脑黑箱奥秘的有限揭示。自20世纪以来,美国、瑞士、日本等西方国家陆续开始加大对脑科学的研究力度,开展相应"脑计划"项目。我国于2016年开始启动相关建设工作,并于2021年正式启动"中国脑计划",即"脑科学与类脑科学研究"(brain science and brain-like intelligence technology),旨在实施以"大脑认知功能原理解析"为"一体",以"认知障碍相关重大脑疾病诊治"和"类脑计算/脑机智能发展"为"两翼"的发展战略(陆林 等, 2022)。"脑认知原理解析"作为脑计划的核心内容,旨在探究、理解大脑奥秘,多尺度、多层次研究大脑认知机理,为"修复脑"和"模拟脑"提供理论基础;脑疾病研究则可反哺大脑认知功能原理解析,二者相辅相成,共同助力脑计划战略实施。目前我国对于脑疾病,尤其语言脑疾病的原理还不甚了了,临床诊疗水平也十分有限,亟待开发出更加数据化、精准化的干预和康复手段。

大数据时代的到来改变了我们对语言脑认知原理的认识,计算模型与大数据技术的广泛应用有力推动了语言脑认知原理的研究。大数据技术作为一种新兴的数据处理手段,具有海量、高速、多样等特点,可以高效地处理和分析海量的语言数据。通过对语言数据的挖掘与分析,我们能够更加深入地了解大脑语言功能,为语言脑认知原理的解析提供有力支持。近年来,以深度神经网络为代表的人工智能技术得以飞速发展,脑认知神经科学领域借助大数据技术,采用神经影像分析等方法,深入挖掘人类语言理解和产出的心理和脑神经基础,如不同脑区在语言理解和产出中的功能以及脑神经活动如何编码不同层次、不同类型的语言信息。目前,大数据技术已被广泛应用于语言能力评估、语言习得等语言脑认知原理相关研究方面。具体来看,通过收集和分析大量语言数据,大数据技术为语言能力的评估提供更加客观、准确的依据。例如,对大量用户在线文本的自然语言处理和情感分析有助于评估用户的语言理解与表达能力以及情感倾向等信息。大数据技术也可为语言学习研究提供丰富的实证数据,通过对大量学习者的学习过程和结果进行跟踪和分析,可以了解学习者在不同阶段的语言学习特点和规律,为教学实践提供科学依据。同时,大数据技术还可为学习者提供个性化的学习资源和建议,帮助其更高效地掌握语言技能。

近年来,基于大数据技术,我国语言脑科学相关研究人员在脑认知原理方面取得了一定进展。例如,研究指出,认知神经机理的挖掘是揭示教育神经科学的必然发展路径,相关研究应回归大脑,重点关注以下研究主题,如课堂实时教学过程中的认知神经机理以及对该机理的评估、智慧教学情境下学生的认知机理研究等（王杨春晓，等，2023）。有研究采用"第二人称"的视角，探讨了社会互动过程中共情与大脑活动之间的关联，发现双方的右侧颞顶联合区均表现出活动同步性增强，为共情如何影响社会互动的脑机制提供了依据（张环，等，2023）。总之，无论是从理论研究还是应用实践的角度，大数据与语言脑认知原理解析的融合都得以不断地深化和发展。

2.2 大数据与语言脑疾病的关联

脑健康的失衡将导致各类脑疾病的发生。全球脑疾病人口高达约 9.7 亿（Dattani et al., 2022），占比超世界总人口的 13%；而我国患常见精神疾病的比例高达 16.6%（Huang et al., 2019）。"中国脑计划"的提出旨在实现"理解脑、修复脑、模拟脑"的宏大目标。脑疾病诊治在"中国脑计划"中处于重要位置，包括孤独症等儿童期神经发育性疾病、抑郁症等成年期精神疾病以及痴呆等老年期神经退行性疾病（陆林，等，2022）。这些患者通常伴随不同程度的语言障碍，被称作"典型"语言脑疾病；而"非典型"的语言脑疾病则包括心血管疾病、肺结节、营养不良甚至是甲状旁腺亢进及乳腺癌等疾病，患者也可能存在语言表现异常（王霞，姜孟，2023）。例如，心血管系统（也称"循环系统"）是人体各个部位血液流动的动力源，负责将血液运至身体各器官或组织。心血管疾病可继发认知障碍，中医用"心脑相通"来解释该现象，认为心与脑相通，心伤可导致大脑神志异常，继而引发认知甚至语言异常，其发病基础为气血不足（刘凤岚，等，2022）。肺是言语呼吸的动力源，研究显示老年人的肺功能状态与其语言表达准确性存在高度相关（Cahana-Amitay et al., 2018），罹患肺结节等疾病的老年患者可能存在语言障碍。接受营养治疗的患者也通常伴有与言语和语言相关的吞咽障碍（Ullrich & Crichton, 2015）。此外，甲状旁腺附着于甲状腺背面，通过分泌甲状旁腺素调节血钙含量。有研究探讨了甲状旁腺功能障碍患者在接受甲状旁腺手术时以及乳腺癌患者在接受上腹深动脉穿支皮瓣乳房重建术时供血不足的情况（Shaari et al., 2022; Yang et al., 2019），这些都有可能间接引发认知障碍，甚至导致语言能力异常。

大数据的超强预测潜力可有力推动脑疾病相关研究。我国已积累大量语言脑疾病临床数据，对海量数据的分析与应用有助于真正释放其预测效益。脑计划已对脑疾病积极布局，不仅提出了力争在第一个五年内建成含多维数据的大规模临床与社区队列、初步建立中国脑健康多维大数据库等总体目标，还针对孤独症、抑郁症、痴呆等不同年龄期脑疾病提出了具体任务和目标。相关政府文件的出台也为医疗大数据研究提供了政策支持。当前，大数据技术在上述语言脑疾病中的应用几乎涵盖了"中国脑计划"中所提及的全部脑疾病种类，即孤独症、抑郁症、失语症、精神分裂症、阿尔茨海默病、帕金森病以及认知障碍等。大数据技术不仅能够帮助语言治疗师更加精确地诊断语言障碍类型及程度，还可通过对大量患者的脑电图、核磁共振等数据进行分析，发现患者大脑中与语言功能相关的异常脑结构，从而确定病因并为患者提供个性化的语言康复方案。此外，大数据技术还可为患者提供实时的语言训练与康复指导，帮助其更快地恢复语言能力。

目前，大数据方法已广泛应用于脑疾病研究领域。研究者通过积极探索大数据与语言脑疾病的融合发展创新模式，取得了突破性进展。例如，采用机器学习的手段，有望对语言脑疾病实现智能筛查、诊断与干预，涉及儿童期的孤独症、老年期的阿尔茨海默病等。借助机器学习算法，杜克大学开发了针对孤独症检测的应用程序，助力更加高效地实现孤独症的筛查与诊断（Sapiro et al., 2019）。研究者也采用机器学习的方法建立了脑功能特异性的关系网络以预测孤独症相关的基因，利用微阵列数据进行分析，结果发现孤独症患儿大脑基因组的异常激活（Grossi et al., 2021）。阿尔茨海默病（Alzheimer's Disease, AD）是一种常见的老年期语言脑疾病，患者通常伴随语言能力的退化以及主观认知下降（subjective cognitive decline, SCD）。辅以大数据技术，研究者开发了中国多中心主观认知下降纵向研究方案，为AD群体提供了早期智慧诊断解决方案（王晓妮 等，2020）。

3 大数据引领语言脑健康相关领域变革

大数据作为一种潜在战略资源，具有超强的趋势预测潜力（宁康、陈挺，2015）。如何借助大数据前沿技术引领语言脑健康相关领域的变革，是语言脑健康研究者迫切关注的话题。我们认为，大数据的加持有望在科学研究、学科构建、人才培养、社会服务四大方面革新语言脑健康研究现状，助力语言脑健康相关领域创新发展。

3.1 大数据有助于转变语言脑健康科学研究取向

大数据思维对语言研究领域产生了重要影响（李华勇，2015）。现阶段语言学的跨学科研究本质上被认为是一种"拿来主义"，即借用其他学科的方法来解决语言学的研究问题（刘海涛，等，2018）。照此观点，大数据与语言脑健康的融合研究就是借用大数据方法技术来保护语言脑健康，不仅要研究语言脑健康与脑疾病本身，更要研究如何利用大数据技术对语言脑疾病进行解释与预测。其研究范围应涵盖现象描述、理论解释、科学预测等层面（朱祖德，等，2021）。语言脑健康研究的关键点在于如何在海量数据中将有用信息提取出来并依据此挖掘语言障碍机理，并预测语言障碍的发生。

以美国为首的西方国家在大数据技术应用于脑健康研究方面已做出相关探索。Ternes等（2020）将传统学科（如全球脑健康、健康政策）与新兴学科（如数字医疗、精准医疗、科技政策）进行融合，提出了脑健康创新政策（Brain Health Innovation Diplomacy, BIND）的工作模型，旨在利用技术创新、企业和创新政策来改善全球脑健康现状。Avan等（2021）倡导将脑健康作为全球卫生政策的首要任务，指出全生命周期脑健康是个体及社会最好的投资。近来，美国还联合加拿大尝试对"典型"语言脑疾病中的AD开展大规模的队列研究，即AD神经影像学倡议（Alzheimer's Disease Neuroimaging Initiative, ADNI），为AD风险基因筛选提供了大数据来源；Bellenguez等（2022）通过分析111 326名AD患者的各类数据，确定了42个新风险基因，表明了队列研究对于脑疾病研究和诊疗具有重要推动作用。国内也逐步加大了对语言脑健康研究的重视，如四川外国语大学语言智能学院深耕智慧语言康复研究，旨在借助大数据开发智慧语言具身干预及诊疗系统、建设言语-语言障碍数据库，在智慧语言能力评估与维护等领域进行纵深探索，以发掘语言脑疾病机制、开发语言脑疾病干预及治疗分级体系。目前已初步研发"语康脑功能健康监测预警系统"等智能语言概念性产品，在语言障碍具身病理机制与评估干预等方面也做出了一定的探索。

大数据在语言脑疾病中的应用研究也启发我们，大数据方法有助于促进语言脑健康的跨学科研究及发展。为实现研究的科学化,大数据思维影响下的语言脑健康研究主要应实现两大方面的取向转变:一是对语言障碍的现象描述应由小样本列举式分析转变为大样本全局式分析,借助大数据探寻不同脑疾病的语言障碍规律,剖析语言障碍机理;二是对语言障碍的机理解释应由构建用于分析少量语言病理现象的因果关系模型转变为构建用于探寻大量语言障碍现象背后规律的相关关系模型,依靠大数据得出的规律来反映语言障碍更本质、更全面的特征,不仅将研究聚焦在语言障碍本身,更将其范围扩大到环境等方面,以此直接构建模型或提出理论假设。

3.2 大数据有助于构建语言脑健康新兴学科体系

积极预防和"修复"脑疾病患者的语言障碍,是语言脑健康维护的核心内容。一般认为,对语言的研究当属语言学范畴,包括语言结构与功能、人类语言学习等研究领域,但很显然,对患者,尤其是脑疾病患者的语言研究而言,传统语言学学科恐力不能及。李宇明(2018)提出,语言学并不是一个单一学科,而是一个学科群,所涵盖学科多达 70 余个;除上述传统语言研究领域外,还包含语言与生理、机器语言学习等领域。其中语言生理与语言病理紧密相关,生理异常往往直接导致病理表现。据不完全统计,目前我国语言病理人才供给严重不足,专业语言治疗师仅几千人,但有语言康复需求的患者却高达 3000 余万人(张敬,等,2017)。我们认为,导致该现状的根本原因之一可能在于缺乏完备的学科体系支撑。

语言脑健康研究是一门综合性的研究,只有多学科联动才能完成对语言脑健康的纵深探索;研究的不断推进自然会带动相关学科或专业的兴起与发展。英国、美国等西方国家的语言脑健康学科兴起较早,如英国和日本分别于 20 世纪 70 年代和 80 年代开设语言病理相关硕士学位,美国设立语言病理学相关本科、硕士学位授予点的高校分别有 310 所和 232 所,加拿大和澳大利亚分别有 6 所和 5 所高校设有听力学相关学位授予点(丁伶萍,等,2020);跨学科整合特色鲜明,涵盖了包括社会科学、神经病理学、临床医学、教育学、认知心理学等学科(张庆苏,等, 2012)。然而,并未将大数据或人工智能与相关学科进行融合。我国各大医学院校也陆续开设了语言脑健康相关学科专业,如昆明医科大学、中国医科大学等设置的"言语听觉康复科学""康复治疗学"专业。近年来,经教育部批准,各大高校陆续开始自主设置交叉学科和二级学科;截至 2022 年 6 月 30 日,各学位授予单位(不含军队单位)自主设置了语言脑健康相关学科,具体情况如表 1 和表 2 所示(排名不分先后)。然而,这些学科要么仅是语言学与医学的交叉(如临床语言学、语言病理学),要么仅是语言学与认知科学/脑科学的嫁接(如语言认知科学、语言与人脑科学),将人工智能、大数据技术与语言脑健康融为一体的学科寥寥无几,仅有"语言智能"二级学科将语言脑健康与大数据融合(如首都师范大学、四川外国语大学)。由此可见,大数据时代的语言脑健康学科建设仍任重道远。

表 1 学位授予单位(不含军队单位)自设语言脑健康相关交叉学科名单

序号	单位名称	自设学科名称	所涉及一级学科
1	山东大学	临床语言学	外国语言文学、中国语言文学、临床医学
2	华东师范大学	言语听觉康复科学	教育学、心理学、生物学、电子科学与技术

表 2 学位授予单位（不含军队单位）自设语言脑健康相关二级学科名单

序号	单位名称	一级学科名称	自设学科名称
1	北京语言大学	中国语言文学	语言病理学
2		中国语言文学	语言认知科学
3		外国语言文学	语言与人脑科学
4	首都师范大学	中国语言文学	语言智能
5	四川外国语大学	外国语言文学	语言智能
6	杭州师范大学	心理学	语言认知与教学心理
7			临床认知神经科学
8	滨州医学院	临床医学	听力与言语康复学
9	华中科技大学	临床医学	听力与言语病理学
10	四川大学	医学技术	听力与言语康复学

具体来看，语言智能学科涉及语言学、脑科学、人工智能、心理学等多学科的交叉融合。首都师范大学于 2016 年设立语言智能博士授予点，下设语言智能理论与方法、语言智能处理技术以及语言智能应用研究三个研究方向，并依托中国语言智能研究中心培养研究生，主要研究语音合成与语音识别、自动问答系统、机器翻译、计算机辅助教学等自然语言在计算机领域的应用问题。四川外国语大学高度重视语言脑健康学科建设与发展，于 2017 年成立“语言脑科学研究中心”校级科研机构，同年设置语言病理学学科方向，2019 年成立全国首个冠名“语言智能学院”的高校二级学院，2020 年自设语言智能二级学科，下设智慧语言康复方向，致力于语言脑健康与语言脑疾病的科学研究与人才培养；学校于 2019 年和 2022 年连续获批重庆市“人工智能+学科群”建设专项（即“语言智能+学科群”项目）。我们认为，语言智能应涵盖人工智能、脑科学、语言学、医学等学科领域，折射出了语言脑健康相关学科的应有之义：既应借助大数据技术对语言脑疾病患者繁杂的言语语言障碍进行评估、分析与治疗，找出规律、总结特征，也应回归语言的脑认知机理，以揭示语言脑疾病的认知神经机制与康复机制，最终反哺语言学、认知神经科学等学科理论研究。推动“文理工农医”交叉融合发展是新文科建设的必然选择（教育部，2021），语言智能学科的设立，不仅有助于强化相关基础学科建设，助推学科交叉融合新模式探索，也为语言脑健康相关学科建设的深化变革与专业方向的优化布局提供了启迪。借助大数据技术进一步厘清语言脑健康相关学科内涵，完善学科群建设体系、打破学科融合限制、促进优势资源互补，应是语言脑健康学科建设者的共同心向。

3.3 大数据有助于革新语言脑健康人才培养模式

人才培养是高校第一要义。人工智能时代背景下的语言脑健康相关人才培养需借力大数据技术，同时也需要国家、地方政府、企/事业单位等与培养单位的多方合力。目前国外人才培养体系以语言病理为主，如美国听力学相关博士学位分为科学博士学位和专业博士学位两种，前者主要从事教学科研工作，后者以临床服务为主；据不完全统计，美国已培养听力与言语康复师约 11 万人，其中约 7 万人是言语-语言治疗师，且绝大多数拥有博士或硕士学位。欧洲也构建了相关人才培养方案，如欧洲听力学会联盟根据学位等级和临床工作年限的不同，分别设置了普通听力学家和听力学专家的申请标准。前者主要针对听力学学士学位获得者，临床工作时长为一年；后者则需获听力学硕士或博士学位，且完成三年临床工作或见习实习，其中博士学位获得者临床工作时长可适当缩短（胥科，等，2019）。然而，将大数据技术应用于语言脑健康领域人才培养的模式仍有待尝试。我国相关人才培养体系也有待进一步探索，目前医学院校和综合类院校主要表现出重实践、轻理论的特点，语言类院校虽试图将二者结合，但难免表现出重理论、轻实践的培养模式。由此，语言脑健康的人才结构严重失衡、数量严重不足的现状促使我们转换人才培养理念，探索新兴的人才培养模式。

跨学科联合培养模式是时代所趋，语言脑健康相关人才培养应借力大数据前沿技术，注重理论与实践并重，制定全新的语言脑健康人才培养目标，建立以需求为导向的语言脑健康人才培养新理念，进而革新现有人才培养模式。2020 年由教育部新文科建设工作组主办的新文科建设工作会议指出，构建世界水平、中国特色的文科人才培养体系，培养担当民族复兴大任的新时代文科人才，是新文科建设的终极目标（教育部，2021）。为深入贯彻新文科理念，各大高校陆续开始探索文科人才培养新模式，其中四川外国语大学于 2017 年设置“语言病理学”研究生方向，2020 年自设“语言智能”二级学科，下设智慧语言康复等特色方向，已连续招收 7 届语言病理学和 3 届语言智能硕士研究生，现已制定了完整的跨学科人才培养方案，开设了《脑科学与类脑智能》《心智哲学与人工智能》《智能语言统计与技术》《人工智能数学基础》等近 20 门核心主干课程。学校持续优化人才培养模式，注重科教结合、产教融合、协同育人，语言智能研究生采取学术导师与技术导师相结合的培养模式，目前在语言脑健康的人才培养方面已初具成效。

3.4 大数据有助于提升语言脑健康社会服务水平

语言脑健康是提高人民生活品质的有力保障与基本前提。社会服务有望助力语言脑疾病人群回归健康生活，重拾生活信心。作为西方社会福利的重要组成部分，社会服务早在 19 世纪开始萌芽（潘屹，2014）。美国言语-语言听力协会（American Speech-language Hearing Association，ASHA）于 1959 年成立，是语言病理学领域的权威认证协会，旨在为言语、语言、听力等障碍患者提供专业服务。在大数据时代背景下，发达经济体纷纷出台相关法案，如 2020 年欧盟发布《人工智能白皮书》（European Commission，2020），2021 年美国和法国先后发布《2020 国家人工智能倡议法案》（Congress of the United States，2020）《抗击癌症十年战略（2021-2030 年）》（MESRI，2022），旨在加强人工智能在精准医疗和健康分析领域的应用，推动健康服务的数字化转型。发达国家针对脑疾病的社会服务也逐步细化，如对神经退行性疾病群体可用社会服务的分析（Álamo Gómez et al.，2020），以及个性化预防痴呆的脑健康服务模式（Frisoni et al.，2020）。我国于 2014 年成立中国国际言语听力协会（Chinese International Speech-Language and Hearing Association，CISHA），旨在借鉴先进国家的成功经验，提升沟通障碍人士社会服务水平。党的二十大报告明确指出“未来五年是全面建设社会主义现代化国家开局起步的关键时期，主要目标任务是：……基本公共服务均等化水平明显提升，多层次社会保障体系更加健全……。”国家也出台“中国脑计划”“健康中国

2030”规划纲要等政策，党的二十大提出关于“提升公共服务水平”的目标，力图助力医疗大数据在脑疾病的社会服务中赋能。

然而，大数据方法虽已初步应用于脑疾病的社会服务中，但仍需构建语言脑疾病针对性的服务体系。国内各大高校在开设语言脑疾病相关学科专业的同时，也较为重视培养学生的社会服务能力。例如，四川外国语大学的语言智能与语言病理学培养方案中设有临床见习与实习环节，目前已派送多届研究生至各合作医疗院所进行临床见习实习，轮转科室包括诊疗“典型”语言脑疾病的儿童康复科、神经内科等，以期以临床诊疗现状为参照，借助大数据前沿技术开发智慧语言评估与康复辅具、惠及广大语言脑疾病患者。学校还计划借助智慧语言评估与诊疗系统，举办语言脑健康评估系列义诊活动，普及语言脑健康知识，为语言脑疾病个体提供免费咨询与评估等服务。上述举措旨在利用机器学习、深度学习、数据挖掘等时代科技之利器，加强语言脑疾病风险预测与智慧诊治，构建全生命周期“大健康”格局，探寻建设大数据助力语言脑疾病群体社会服务体系的新思路。

4 展望

在信息爆炸时代的健康研究领域，掌握大数据及其前沿技术就等于掌握了主动权，也就掌握了健康。目前大数据时代的语言脑健康研究面临着前所未有的机遇和挑战：一方面，大数据技术有助于高效整理浩如烟海的语言脑疾病数据，助力我们掌握数据规律、挖掘疾病机理、促进健康发展；另一方面，我们应思考如何利用恰当的大数据手段对语言脑疾病信息进行处理，如何对数据结果进行解释，而不是简单地将数据进行堆积。

随着大数据技术的不断发展和完善，其在语言脑健康领域的应用将更加广泛和深入。我们认为，未来大数据技术可能在以下3个方面进一步助力语言脑健康领域的发展。（1）大数据助力建立更加完善的语言能力评估体系，为个人和社会提供更加精准的语言能力评估服务；（2）大数据助力发展更加智能化的语言障碍诊断和治疗技术，提高语言脑疾病患者的康复效果和生活质量；（3）大数据助力厘清语言习得的内在规律和机制，为语言教育领域提供更加科学的指导和支持。总而言之，大数据时代的语言脑健康研究有望跨越脑科学、语言学、人工智能、医学等学科之鸿沟，助力不同群体远离语言脑疾病之苦。这既是现实所需，又指向深远。

参考文献

[1] AVAN A，HACHINSKI V，THE BRAIN HEALTH LEARN，ACT GROUP. Brain health：Key to health，productivity，and well-being[J]. Alzheimer's Dement，2021（18）：1-12.

[2] BELLENGUEZ C，KUCUKALI F，JANSEN E，et al. New insights into the genetic etiology of Alzheimer's disease and related dementias[J]. Nat Cenet，2022，54（4）：412-436.

[3] CAHANA-AMITAY. Breathe easy，speak easy：pulmonary function and language performance in aging[J]. Experimental aging research，2018，44（5）：351-368.

[4] FRISONI G B，MOLINUEVO J L，ALTOMARE D，et al. Precision prevention of Alzheimer's and other dementias: anticipating future needs in the control of risk factors and implementation of disease-modifying therapies[J]. Alzheimer's & Dementia，2020，16（10）：1457-1468.

[5] GROSSI E, VALBUSA G, BUSCEMA M. Detection of an autism EEG signature from only two EEG channels through features extraction and advanced machine learning analysis[J]. Clinical EEG and Neuroscience, 2021, 52(5):330-337.

[6] HUANG Y, WANG Y, WANG H, et al. Prevalence of mental disorders in China' a cross-sectional epideniological study [J]. Lancet Psyehiat, 2019, 6(3):211-224.

[7] SAPIRO G, HASHEMI J, DAWSON G. Computer vision and behavioral phenotyping: An autism case study[J]. Current Opinion in Biomedical Engineering, 2019(9): 1420.

[8] SHAARI A L, SPAULDING S L, XING M H, et al. The anatomical basis for preserving the blood supply to the parathyroids during thyroid surgery, and a review of current technologic advances[J]. American Journal of Otolaryngology, 2022, 43(1): 103 161.

[9] TERNES K, IYENGAR V, LAVRETSKY H, et al. Brain health innovation diplomacy: a model binding diverse disciplines to manage the promise and perils of technological innovation[J]. International Psychogeriatrics, 2020, 32(8): 1-25.

[10] ULLRICH S, CRICHTON J. Older people with dysphagia: transitioning to texture-modified food[J]. British Journal of Nursing, 2015,24(13):686-692.

[11] YANG L, LONG J, LI Z, et al. The lateral thoracic vessels: A novel recipient site for breast reconstruction with DIEP flap[J]. Journal of Plastic, Reconstructive & Aesthetic Surgery, 2019, 72(9): 1530-1536.

[12] 丁伶萍，郑芸，孟照莉，等. 四川大学华西临床医学院首届听力与言语康复学本科教育的思考[J]. 听力学及言语疾病杂志,2020,28(2):4.

[13] 李华勇. 大数据视野下的语言研究新观[J]. 重庆交通大学学报:社会科学版，2015,15(4):134-137.

[14] 李宇明. 语言学是一个学科群(节选)[J]. 语言战略研究,2018,3(1):15-24.

[15] 刘凤岚，朱梦梦，王青，等. 心血管病继发认知障碍与心脑同治的中医药防治策略[J]. 中国实验方剂学杂志，2022，28(21):179-184.

[16] 刘海涛，林燕妮. 大数据时代语言研究的方法和趋向[J]. 新疆师范大学学报:哲学社会科学版，2018，39(1):72-83.

[17] 陆林，刘晓星，袁凯. 中国脑科学计划进展[J]. 北京大学学报:医学版，2022，54(5): 5.

[18] 宁康，陈挺. 生物医学大数据的现状与展望[J]. 科学通报，2015,60(5): 534-546.

[19] 潘屹. 国际社会服务理论与实践[J]. 国际社会科学杂志,2014(1):17.

[20] 王霞，姜孟. 乘大数据之势 探语言脑疾病之理——管窥“大数据与全生命周期语言脑健康论坛”[J]. 外国语文，2023，(4): 168-171.

[21] 王晓妮，赵忠，韩璎. 中国多中心主观认知下降纵向研究——silcode 方案[J]. 医学研究杂志，2020，49(4): 5.

[22] 杨春晓，卢春明，郑永和. 教育神经科学研究:内涵，图景与发展进路[J]. 中国电化教育，2023(6): 25-32.

[23] 胥科，郑芸，孟照莉. 听力与言语康复学本科人才培养的思考[J]. 中华医学教育探索杂志，2019，18(8):4.

[24] 张环，李婧文，王海曼，等. 共情在社会互动提取中的作用:第二人称的视角[J]. 心理科学，2023，46(5): 1254-1261.

[25] 张敬，章志芳，肖永涛，等. 国内多省份医疗系统和非医疗系统言语治疗从业人员现状调查分析[J]. 中国现代医学杂志，2017,27(2):8.

[26] 张庆苏，李胜利. 我国康复治疗学本科专业言语治疗学课程教学的探讨与实践[J]. 中国康复理论与实践，2012,18(10):2.

[27] 朱祖德，张强，杨亦鸣. 中国临床语言学学科内涵与科学架构[J]. 中国社会科学文摘，2021(4): 2.

MiniRBT：一种基于两阶段蒸馏的中文小型预训练模型

王士进　姚　鑫　杨子清　崔一鸣　刘　聪
科大讯飞

摘要：在自然语言处理中，预训练语言模型已成为必不可少的基础设施。然而，这些模型经常面临诸如体积大、推理时间长和部署困难等问题。此外，大多数主流的预训练模型都集中在英语上，而针对小型中文预训练模型的研究则不足。在该文中，介绍了 MiniRBT，这是一个小型的中文预训练模型，旨在推进中文自然语言处理的研究。MiniRBT 采用了窄而深的模型结构，并在预训练期间结合了动态全词掩码和两阶段蒸馏技术，使其非常适合大多数下游任务。在机器阅读理解和文本分类任务上的实验表明，MiniRBT 达到了与 RoBERTa 相比 94%的性能，同时提供了 6.8 倍的速度提升，证明了其有效性和高效的推理速度。

关键词：自然语言处理；预训练模型；动态全词掩码；知识蒸馏

MiniRBT: A Two-stage Distilled Small Chinese Pre-trained Model

Wang Shijin, Yao Xin, Yang Ziqing, Cui Yiming, Liu Cong

ABSTRACT: In natural language processing, pre-trained language models have become essential infrastructures. However, these models often suffer from issues such as large size, long inference time, and challenging deployment. Moreover, most mainstream pre-trained models focus on English, and there are insufficient studies on small Chinese pre-trained models. In this paper, we introduce MiniRBT, a small Chinese pre-trained model that aims to advance research in Chinese natural language processing. MiniRBT employs a narrow and deep student model and incorporates whole word masking and two-stage distillation during pre-training to make it well-suited for most downstream tasks. Our experiments on machine reading comprehension and text classification tasks reveal that MiniRBT achieves 94% performance relative to RoBERTa, while providing a 6.8x speedup, demonstrating its effectiveness and efficiency.

Keywords: Natural language processing; Pre-trained models; Whole word masking; Knowledge distillation

1　引言

在人工智能领域，自然语言处理（NLP）一直是一个活跃并快速发展的研究方向。特别是自从 Vaswani 等人在 2017 年提出了 Transformers 模型以来，基于 Transformers 的预训练语言模型不仅在学术界引起了广泛关注，也在工业界得到了快速应用和发展。这些模型如 BERT、XLNet、RoBERTa、SpanBERT、ELECTRA 等，通过在大规模语料库上预训练，显著提升了诸多 NLP 任务的性能。它们不仅在自然语言处理任务中表现出色，也被广泛应用于计算机视觉等其它人工智能领域，推动了多模态研究的发展。

尽管这些模型取得了卓越的成就，但在大规模部署和应用时，仍面临着不少挑战。这些模型往往具有庞大的参数规模，导致了高昂的训练成本和不可忽视的运算延时，这对于资源受限的环境或需要实时响应的应用来说是一个严重的制约因素。因此越来越多的工作致力于预训练模型的压缩和加速。如经过通用知识蒸馏和特定任务蒸馏的 DistilBERT、TinyBERT，以及通过对学生模型设计新结构的 MobileBERT 等方法都得到了参数量更少、结构更精简的模型，能满足更广泛的应用需求。此外，还有结构化剪枝方法通过移除注意力头、注意力层、线性层等模型组成单元以加速推理，通过量化方法用较低位宽表示模型参数，从而减少参数存储空间与内存占用空间。

但是上述方法和研究都集中在英文领域上，对于中文等其他语言的研究相对较少，特别是在中文小型预训练模型方面的研究更是缺乏。中文作为使用人数最多的语言之一，其独特的语言结构和丰富的语境表达需要特别的处理方法，这也意味着有必要开发专门针对中文的高效预训练模型。

鉴于此，本文提出了一个创新的小型中文预训练模型——MiniRBT。MiniRBT 的设计理念是通过细致的模型设计和训练策略，实现在保持高效预训练性能的同时，大幅度减少模型的参数量和计算复杂度。本文采用动态全词掩码（Dynamic Whole Word Masking，WWM）技术生成训练样本，不仅有效地捕捉粗粒度语义，还考虑了中文词汇的完整性，从而提升了模型对中文语境的理解能力。在模型结构设计上，本文采用了窄而深的模型结构，通过增加模型的深度而不是广度来获得更好的表达能力和更快的推理速度。在预训练方法上，本文采用了两阶段蒸馏策略，通过引入教师辅助模型，有效地将大型教师模型的知识迁移到小型学生模型，减少了模型之间的性能差距，使得 MiniRBT 在多种下游任务中都表现出色。

本文的贡献可以概括为以下 3 点。

（1）本文通过实验验证了在参数数量相同的情况下，窄而深的模型结构比宽而浅的模型结构具有更高的效率和更好的性能，这一发现对于设计高效的 NLP 模型具有重要借鉴意义。

（2）本文提出了 MiniRBT 模型，这是一个专为中文设计的小型预训练模型。与中文 RoBERTa-wwm 相比，MiniRBT 的模型大小仅为其十分之一，但在多项性能评测中，保持了 94%的平均性能水平，同时在速度上实现了 6~7 倍的提升，这一结果在模型压缩和高效计算方面具有显著的应用价值。

（3）本文在不同类型的下游任务上进行了广泛测试，包括但不限于机器阅读理解和文本分类，结果表明 MiniRBT 在各类任务上都能达到或接近大型预训练模型的性能，验证了其广泛的适用性和实用性。

此外，MiniRBT 模型的开发也为未来在中文 NLP 领域的应用和研究提供了新的可能性。随着模型压缩技术的不断发展，未来将有更多轻量级、高效能的预训练模型出现，为实时处理和边缘计算等场景带来突破性的改变。

本文的第二部分对当前中文预训练语言模型现状尤其是中文 RoBERTa-wwm 做了详细的介绍，并对知识蒸馏目前取得的进展进行了阐述。第三部分详细描述了本文提出的 MiniRBT 采用的模型结构及训练策略，第四部分描述了实验中使用的下游任务及相关训练设置。在第五部分针对实验结果做了充分的分析。第六部分给出了全文的结论，并展望了未来的工作。

2 研究背景

2.1 中文 RoBERTa-wwm

BERT 模型自 2018 年提出以来,已经在自然语言处理领域引起了巨大的变革。基于 BERT 的诸多变种模型相继涌现,极大地推动了预训练技术的发展。中文语言处理由于其特殊的语言结构,对预训练模型的设计和实现提出了新的挑战。不同于英文的空格分词机制,中文文本通常需要更精细的分词方法。传统的中文预训练模型,如原始的中文 BERT,采用基于 WordPiece 的方法进行字符级别的分词,这种方法虽然简化了分词过程,但忽略了中文词汇的完整性和语义信息,可能导致语境理解的不准确。为了解决这一问题,中文 RoBERTa-wwm 应运而生,它采用了全词掩码(WWM)技术,该技术在预训练阶段将属于同一个词的字符集合一起掩码,这样不仅保留了词汇的完整性,还提高了模型对中文词汇语义的理解能力。中文 RoBERTa-wwm 的训练数据涵盖了简体和繁体中文维基百科,采用 512 的最大序列长度预训练,构成了一个广泛而深入的知识基础。综合考虑下,本文选择中文 RoBERTa-wwm 作为教师模型,以期通过知识蒸馏方法提取其强大的语言处理能力,传递给更加轻量级的学生模型。

2.2 知识蒸馏

近年来,随着预训练模型在多项任务上取得突破性进展,模型压缩技术也得到了极大的关注。模型压缩旨在减少模型的体积和计算需求,同时尽量保持模型性能,以适应资源受限的环境,如移动设备和边缘计算场景。量化、剪枝和知识蒸馏是目前最常用的模型压缩技术。特别是知识蒸馏,它通过训练一个较小的学生模型来模拟一个较大的教师模型的行为,以此实现将教师模型的知识和处理能力转移到学生模型上。例如,TinyBERT 首先在大规模通用语料库上进行预训练,得到一个通用的小型模型,随后在微调阶段针对特定任务用下游任务数据进行进一步蒸馏,以提高模型在特定任务上的表现。DynaBERT 则展示了一种宽度和深度都可调节的 BERT 模型,通过从完整尺寸的模型蒸馏知识到小型子网络,实现了在不同场景下的动态适应和性能提升。知识蒸馏不仅适用于生成较小的模型,还能与剪枝技术结合以进一步提升性能。如 GRAIN 提出一种结合了知识蒸馏和内部注意力裁剪的模型压缩方案,获得了更好的压缩效率,在下游任务上也达到了具有竞争力的效果。类似的方法还有 block pruning、CoFi 等。这些方法不仅提高了模型的推理速度和运行效率,还在很大程度上保留了模型的预测能力,为在实际应用中部署大型预训练模型提供了新的思路和可能性。

3 研究方法

与常规的预训练模型不同，MiniRBT 主要聚焦于中文小模型领域，以进一步满足预训练模型在实际任务中的应用。在第三部分，本文首先介绍了全词掩码方法的预训练过程，以更有效地捕捉上下文语义关系。随后，本文引入了一种创新的两阶段知识蒸馏策略，通过先从教师模型到助教模型再到学生模型的过程，实现了更高效的知识传递。最后，本文详细描述了 MiniRBT 的模型结构设计。这一系列策略的综合应用使得 MiniRBT 在各自然语言处理任务上表现突出，为中文小型预训练模型的设计和优化提供了新的思路。

3.1 全词掩码

原始基于 WordPiece 的分词方法将中文输入序列分割成独立的字符，并以一定的概率随机掩码这些字符。然而，这种方法简化了预测，因为模型只需要记住单词中特定字符的顺序就能够预测被掩码的字符，而无需考虑上下文语义关系。为了进一步提高模型的性能，本文在预训练过程中采用了动态全词掩码（WWM）方法作为训练样本生成策略，在 WWM 中，如果一个完整词的部分 WordPiece 子词被掩码，则同属该词的其它子词也会被掩码。此外，根据之前的研究，本文以 15%的概率对输入词进行掩码，在这个过程中，80%的标记被替换为相似的单词，10%的标记被替换为随机单词，而剩余的 10%标记保持原始单词。为了实现这一策略，本文首先使用传统的中文分词（CWS）方法对输入进行中文词汇分割，然后使用 WWM 进行掩码，具体示例如表 1 所示。在本文提出的方法中，选择了 LTP 作为提取分词信息的工具。

表 1 不同掩码策略的样本示例

掩码策略	示例
原始文本	使用语言模型来预测下一个词的 probability
分词文本	使用 语言 模型 来 预测 下 一个 词 的 probability
传统掩码	使 用 语 言 [MASK] 型 来 [MASK] 测 下 一 个 词 的 pro [MASK] ##lity
全词掩码	使 用 语 言 [MASK] [MASK] 来 [MASK] [MASK] 下 一 个 词 的 [MASK] [MASK] [MASK]

图 1 单阶段蒸馏（左）和两阶段蒸馏（右）过程对比

3.2 两阶段蒸馏

传统的知识蒸馏方法通常直接将知识从教师模型传递给学生模型,然而,当教师和学生模型的结构存在显著差异时,这种直接传递的方法可能会导致性能上的差距。为了应对这个问题,本文提出了在预训练阶段采用两阶段蒸馏方法的新策略,该方法建立在教师助理知识蒸馏的概念上。如图1所示,该方法首先从教师模型(RoBERTa)蒸馏知识到助教模型(RBT6),然后再从助教模型蒸馏知识到学生模型(MiniRBT)。助教模型的中间步骤有助于缩小教师模型和学生模型之间的大小差距,从而改善学生模型在下游任务中的性能。

为了应用知识蒸馏,包括预测层蒸馏和隐藏层蒸馏,本文使用了TextBrewer,一个基于PyTorch的自然语言处理模型蒸馏工具包。

知识蒸馏为从大型模型向小型模型传递知识提供了有效的方案。最简单的蒸馏目标包括学生模型和教师模型的预测概率之间的交叉熵损失:

$$\mathcal{L}_{pred} = -p(z^T)\cdot logp(z^S)$$

其中z^T和z^S分别是学生和教师预测的逻辑向量,$p = softmax(z/t)$是用温度t和逻辑值z缩放的概率。研究表明,通过将预测层蒸馏损失与隐藏层表示蒸馏损失相结合,知识蒸馏的性能可以获得进一步的提高:

$$\mathcal{L}_{layer} = \sum MSE\left(H_s^{i_{\neg}} W_h,\ H_t^i\right)$$

其中矩阵$H_s^{i_{\neg}} \in \mathbb{R}^{l\times d_{i\neg}}$和$H_t^i \in \mathbb{R}^{l\times d}$分别代表学生的第$i_{\neg}$层隐藏层和教师的第$i$层隐藏层的表示。$W_h \in \mathbb{R}^{d_{i\neg}\times d}$是一个线性变换,用于匹配学生网络的隐藏状态和教师网络的隐藏状态。

最终,本文将隐藏层蒸馏损失与预测层蒸馏损失结合起来:

$$\mathcal{L}_{distill} = \mathcal{L}_{layer} + \mathcal{L}_{pred}$$

用于计算梯度以更新学生模型。

3.3 窄而深的模型结构

本文进行了一系列的实验,旨在探究不同模型结构对于中文自然语言处理任务的影响。令人惊讶的是,通过初步实验,本文观察到在相同参数数量的情况下,采用窄而深的模型结构相较于宽而浅的结构表现更为出色。基于这一发现,本文为MiniRBT选择了窄而深的模型结构,表2中展示了MiniRBT模型结构的详细信息。MiniRBT包括两个模型分支,分别是MiniRBT-H256和MiniRBT-H288。这些模型的隐藏层维度分别为256和288,共包含6个Transformer层。为了获取更丰富的语言处理能力,本文采用了两阶段蒸馏方法及动态全词掩码技术,预训练阶段从中文RoBERTa-wwm模型中提取知识,然后通过下游任务微调,进一步优化MiniRBT在自然语言处理任务上的性能。

表2 模型结构信息

模型	层数	隐藏层维度	前馈层维度	头数	模型参数量	模型参数量(不包括嵌入层)	加速比
RoBERTa-wwm	12	768	3072	12	102.3M(100%)	85.7M(100%)	1x
RBT6(KD)	6	768	3072	12	59.8M(58.4%)	43.1M(50.3%)	1.7x

续表

模型	层数	隐藏层维度	前馈层维度	头数	模型参数量	模型参数量（不包括嵌入层）	加速比
RBT3	3	768	3072	12	38.5M（37.6%）	21.9M（25.6%）	2.8x
RBT4-H312	4	312	1200	12	11.4M（11.1%）	4.7M（5.5%）	6.8x
MiniRBT-H256	6	256	1024	8	10.4M（10.2%）	4.8M（5.6%）	6.8x
MiniRBT-H288	6	288	1152	8	12.3M（12.0%）	6.1M（7.1%）	5.7x

RBT 的名字由 RoBERTa 三个音节首字母组成，RBT3 是由 RoBERTa 的前三层初始化并进行了 100 万步的预训练（层数指 Transformer 层，不包括嵌入层和预测层），如表 2 所示。

4 实验设置

4.1 下游任务

4.1.1 机器阅读理解

机器阅读理解（MRC）是自然语言处理的核心任务之一，旨在让机器具有阅读并理解文章的能力，是一项文档级别的建模任务，要求模型基于给定的段落回答问题。本文在以下 2 个中文阅读理解数据集 CMRC 2018 和 DRCD 上评估了相关模型。

（1）CMRC 2018。哈工大讯飞联合实验室发布的中文阅读理解数据集，第二届"讯飞杯"中文机器阅读理解评测官方数据。包含近 20,000 个由人类专家在维基百科段落上标注的真实问题，要求在给定问题的情况下，系统从章节中提取一个片段作为答案，与 SQuAD 的形式相同。评估指标是 F1 和 EM。

（2）DRCD。由中国台湾地区台达研究院发布，其形式与 SQuAD 相同，是一个开放域的繁体中文机器阅读理解数据集。该数据集包含来自 2,108 篇维基百科文章的 10,014 个段落和由注释者生成的 33,941 个问题-答案对。评估指标同样是 F1 和 EM。

4.1.2 文本分类

文本分类是自然语言处理领域内的经典任务，其目标是将给定的文本划分到预定义的类别中，可以根据输入文本的形式分为单句分类和句对分类。对于单句分类，本文使用了 TNEWS 和 ChnSentiCorp 数据集。对于句对分类，本文选择了 3 个数据集，分别为 OCNLI、LCQMC 和 BQ Corpus。相关数据集介绍如下。

（1）TNEWS。来自今日头条的新闻板块，涵盖了包括旅游、教育、金融、军事等 15 个类别的新闻。TNEWS 是中国语言理解评测（CLUE）基准的一部分，评估指标为准确率。

（2）ChnSentiCorp。中文情感分析数据集，每条数据中包括一句购物评价，以及一个标识，表明这条评价是一条好评还是一条差评，即将文本分类为正面或负面，被评价的商品主要是书籍、酒店、计算机配件等，评估指标为准确率。

（3）OCNLI。原生中文自然语言推理数据集，是第一个大规模的非翻译中文自然语言推理数据集,OCNLI也是CLUE的一部分,评估指标为准确率。

(4)LCQMC。中文问题匹配语料库,由哈尔滨工业大学深圳研究生院智能计算研究中心发布,该语料库包含260,068个手工标注的问题对,评估指标为准确率。

(5)BQ Corpus。银行金融领域的问题匹配数据,由哈尔滨工业大学深圳研究生院智能计算研究中心发布,包含来自在线银行客服日志的120,000个问题对,评估指标为准确率。

以上数据集的训练集、开发集、测试集数据量信息如表3所示。

表3 下游任务训练集、开发集、测试集样本量

	CMRC 2018	DRCD	TNEWS	ChnSentiCorp	OCNLI	LCQMC	BQ Corpus
训练集	10.3k	26.9k	53.4k	9.6k	50.5k	238.8k	100k
开发集	3.4k	3.5k	10k	1.2k	3k	8.8k	10k
测试集	4.9k	3.5k	10k	1.2k	3k	12.5k	10k

4.2 基线模型

如表2所示,本文选择中文RoBERTa-wwm作为教师模型,基础结构为12层Transformer结构,隐藏层维度为768,前馈层维度为1024。RBT表示RoBERTa三个音节的首字母,其中助教模型RBT6使用中文RoBERTa-wwm的第0、2、4、7、9、11层权重初始化,隐藏层维度及前馈层维度与中文RoBERTa-wwm一致,并进一步通过对教师模型蒸馏获取知识。RBT3由中文RoBERTa-wwm的前3层进行初始化并继续预训练100万步得到。RBT4-H312为4层Transformer结构,隐藏层维度为312,前馈层维度为1200,直接由中文RoBERTa-wwm蒸馏得到。

4.3 训练设置

在预训练阶段,为了更好地从已有的预训练语言模型中获取知识,本文首先将中文RoBERTa-wwm知识蒸馏到助教模型RBT6,然后进一步将RBT6作为教师模型知识蒸馏到MiniRBT。训练中采用了4096的训练批次大小和4e-4的峰值学习率,最大输入序列长度设置为512,温度设置为8,训练步数为10万步,并使用AdamW作为优化器。

在微调阶段,本文分别在下游任务上对模型进行了2、3、5和10轮的微调,学习率从{5e-5,1e-4}中选取,不同任务的最佳学习率如表4所示。为了进行公平的比较,对于每个数据集,本文保持相同的超参数(如最大输入序列长度,学习率预热步数等)。同时为了减少随机性对实验结果的影响,本文使用不同的随机种子运行每个任务三次,并报告开发集上的平均性能得分。值得注意的是,对于较小的模型,增加迭代次数和学习率往往能进一步提高下游任务的性能。

模型加速度采用单个NVIDIA M40 GPU进行测试,以中文RoBERTa-wwm为基准进行评估。所有任务的输入长度均设置为512,批次大小为128。

表 4 微调阶段不同任务的最佳学习率

	CMRC 2018	DRCD	OCNLI	LCQMC	BQ Corpus	TNEWS	ChnSentiCorp
RoBERTa	3e-5	3e-5	2e-5	2e-5	3e-5	2e-5	2e-5
*	1e-4	1e-4	5e-5	1e-4	1e-4	1e-4	1e-4

注：*代表所有小型预训练模型，包括 RBT3，RBT4-H312，MiniRBT。

5 实验结果

表 5 展示了 MiniRBT 在阅读理解和文本分类任务上的性能结果。值得注意的是，尽管 MiniRBT 的参数量仅是中文 RoBERTa-wwm 的 10%，但在阅读理解任务中实现了超过 92% 的性能，这表明 MiniRBT 在性能和参数规模之间取得了良好的平衡。特别值得强调的是，相比于参数规模为 3-4 倍的 RBT3，在阅读理解任务中，MiniRBT 实现了显著的性能提升，呈现了出色的性价比。在文本分类任务中，MiniRBT 更是展现了优越的性能，其性能最高达到了 RoBERTa 的 98%，平均相对性能为 95.3%。这不仅证明了 MiniRBT 在处理不同任务时的通用性，也凸显了 MiniRBT 通过巧妙的结构设计和知识蒸馏方法，成功实现了在小型模型规模下保持卓越性能的目标。

从表 5 中可以看到，在 CMRC 2018 和 DRCD 任务中，MiniRBT-H256 在 F1 和 EM 指标上均超过了 RBT4-H312，说明与参数量相同（不包括嵌入层）的 RBT4-H312 相比，MiniRBT 表现更为出色。通过进一步对比，本文观察到 MiniRBT-H256 在多个任务上持续展现出优异的性能，包括 DRCD、LCQMC、BQ Corpus 和 TNEWS，这一致的优势表明，窄而深的模型结构在各种自然语言处理任务中都具备广泛适用性。同时，MiniRBT-H288 相较 MiniRBT-H256 在阅读理解任务上有着更好的效果，其它任务上则基本相同，这表明在更复杂的自然语言处理任务中，模型参数量对性能有一定的影响作用，这也强调了在处理语义丰富、复杂的任务时，资源受限情况下尽量选择更大参数规模的模型可更好地捕捉任务的复杂性，从而提升性能水平。

表 5 在阅读理解任务和文本分类任务上，MiniRBT 与基线模型的实验结果

	CMRC 2018（F1/EM）	DRCD（F1/EM）	DRCD（F1/EM）	LCQMC（Acc）	BQ Corpus（Acc）	TNEWS（Acc）	ChnSentiCorp（Acc）
RoBERTa-wwm	87.30/68.00	94.40/89.40	76.58	89.07	85.76	57.66	94.89
RBT6（KD）	84.40/64.30	91.27/84.93	72.83	88.52	84.54	55.52	93.42
RBT3	80.30/57.73	85.87/77.63	69.80	87.30	84.47	55.39	93.86
RBT4-H312	77.90/54.93	84.13/75.07	68.50	85.49	83.42	54.15	93.31
MiniRBT-H256	78.47/56.27	86.83/78.57	68.73	86.81	83.68	54.45	92.97
MiniRBT-H288	80.53/58.83	87.10/78.73	68.32	86.38	83.77	54.62	92.83

表 6 中结果表明，采用两阶段预训练蒸馏的 MiniRBT-H256 在各任务上均明显优于单阶段蒸馏。以 CMRC 2018 任务为例，两阶段蒸馏的 MiniRBT-H256 在 F1 值和 EM 上分别达到了 77.97 和 54.6，相较于单阶段蒸馏的 77.57/54.27 均有稳定提升。这一性能优势在其他任务中同样显著，包括 OCNLI、LCQMC、BQ Corpus 和 TNEWS，这清晰展示了两阶段蒸馏在不同任务上的有效性及普适性。两阶段蒸馏方法通过更细致的知识传递机制，成功地缩小了教师模型和学生模型之间的规模差距，使得学生模型即使在尺寸较小的情况下也能够保持卓越的性能水平，为实际应用中小型模型的高效部署提供了借鉴方案。

表 6 两阶段蒸馏和单阶段蒸馏的实验结果

	CMRC 2018 （F1/EM）	OCNLI （Acc）	LCQMC （Acc）	BQ Corpus （Acc）	TNEWS （Acc）
两阶段	77.97/54.6	69.11	86.58	83.74	54.12
单阶段	77.57/54.27	68.32	86.39	83.55	53.94

注：表中所述模型是经过 3 万步预训练的 MiniRBT-H256，与已发布的经过 10 万步预训练的模型不同。

6 结论

本文提出了 MiniRBT，这是一个使用动态全词掩码技术、两阶段蒸馏和窄而深的模型结构预训练的小型中文预训练模型。MiniRBT 仅有中文 RoBERTa-wwm 参数量的 10%，就实现了 94%的平均相对性能和 6.8 倍的速度提升。本文研究表明，MiniRBT 在相同参数量的其它模型中具有显著的性能优势，甚至可以超过参数量是其 3~4 倍的较大模型。在未来，将进一步结合模型剪枝和参数量化等方法，进一步提升轻量级模型的任务效果和推理效率。同时，也将探索将两阶段蒸馏方法应用在大模型的知识蒸馏上，使大模型的效率得到进一步提升，使之能够在资源受限的场景下得以部署和使用。

参考文献

[1] CUI Y, CHE W, LIU T, et al. Pre-training with whole word masking for chinese bert[J]. Transactions on Audio, Speech, and Language Processing, 2021(29): 3504-3514.

[2] HOU L, HUANG Z, SHANG L, et al. Dynabert: Dynamic bert with adaptive width and depth[J]. Advances in Neural Information Processing Systems, 2020(33): 9782-9793.

[3] JOSHI M, CHEN D, LIU Y, et al. Spanbert: Improving pre-training by representing and predicting spans[J]. Transactions of the association for computational linguistics, 2020(8): 64-77.

[4] TAN S, ZHANG J. An empirical study of sentiment analysis for chinese documents[J]. Expert Systems with applications, 2008, 34(4): 2622-2629.

[5] VASWANI A, SHAZEER N, PARMAR N, et al. Attention is all you need[J]. Advances in neural information processing systems, 2017(30):283-286.

[6] YANG Z, DAI Z, YANG Y, et al. Xlnet: Generalized autoregressive pretraining for language understanding[J]. Advances in neural information processing systems, 2019(32):139-146.

隐喻研究的发展趋势与未来前景 ①

张冬瑜[1] 张小玲[1] 杨 亮[2] 林鸿飞[2]
1. 大连理工大学外国语学院;2. 大连理工大学计算机科学与技术学院

摘要:隐喻用于描述和理解抽象概念,其研究领域涵盖计算机科学、人工智能、语言学、心理学等多个学科,属于交叉学科研究领域,是具有前瞻性的研究课题。然而,目前国内外对隐喻研究的中外比较分析尚不充分,同时缺乏关于语言大模型等人工智能技术在隐喻研究中的深入讨论。因此,该文借助 CiteSpace 可视化软件,以 1980 年以来的国内外隐喻相关文献为研究对象,对隐喻研究的主题、热点和前沿课题等进行深入分析。同时,该文对国内外隐喻研究的现状进行了比较研究,以揭示不同地区和学科领域对隐喻研究的关注程度和重点。此外,结合自然语言处理的最新进展,该文对隐喻的未来前景进行了探讨和预测,以揭示隐喻在不断发展的学科交叉和技术创新中的重要作用。
关键词:隐喻研究;趋势分析;语言大模型;语言智能

The trend and future prospect of metaphor research

Zhang Dongyu, Zhang Xiaoling, Liang Yang, Hongfei Lin

ABSTRACT: Metaphor is used to describe and understand abstract concepts. Its research field covers many disciplines such as computer science, artificial intelligence, linguistics, psychology, etc. It belongs to the interdisciplinary research field. Therefore, metaphor research is prospective. However, at present, the comparative analysis towards metaphor research between China and foreign countries is not sufficient, and there is a lack of in-depth discussion on the application of artificial intelligence techniques such as language large model in metaphor research. Therefore, with the help of Cite Space visualization software, this paper takes domestic and foreign literature related to metaphor since 1980 as the research object, aiming to make an in-depth analysis of the themes, hotspots and frontiers of metaphor research. At the same time, in order to reveal the degree of attention and emphasis of metaphor research in different regions and disciplines, this paper also makes a comparative study of the current situation of metaphor research at home and abroad, In addition, combined with the latest development of natural language processing, this paper also makes discussions and predictions towards the future prospect of metaphor, so as to reveal the important role of metaphor in the evolving interdisciplinary and technological innovation.
Keywords: Metaphor research; Trend analysis; Large Language Model; Language Intelligence

1 引言

隐喻是用来描述和理解抽象概念的主要手段,它不但是一种语言现象,也是一种认知方式。人们常常使用简单的、具体的、熟悉的概念去描述和解释那些复杂的、抽象的、未知的概

① 国家自然科学基金:基于认知视角和语义表示的隐喻识别与应用研究, No. 62076051;细粒度仇恨言论检测关键技术研究, No.62376051;面向社交媒体的中文幽默计算研究, No.62076046。国家语委重点项目:汉语自然口语语料库建设及应用研究,项目编号 ZDI145-80。

念,从而形成概念并用以体验和认知世界。隐喻的本质是从具体概念域(源域)到抽象概念域(目标域)的系统映射(Lakoff, Johnson, 1980)。隐喻计算旨在赋予计算机像人类一样分析隐喻的能力,涉及计算机科学、人工智能、语言学、心理学等多个学科的交叉,是一项极其重要并且富有挑战性的前沿研究课题。

隐喻研究的起源可以追溯到古希腊时期,当时隐喻被视为一种修辞手法,用来通过一种事物来描述另一种事物。然而,在20世纪中期,以理查兹(Richards)为代表的学者们挑战了修辞观点的主导地位,标志着隐喻从仅仅是修辞手法的概念逐渐演变为语义概念(Richards, 1936)。然而,直到20世纪80年代,随着现代认知科学的快速发展,隐喻研究进入了一个新阶段,即认知阶段。概念隐喻理论在这一时期产生了深远的影响,奠定了理解隐喻的认知本质的理论基础(Lakoff, Johnson, 1980)。这一转变推动了隐喻研究从纯粹的语义关注向认知角度的转变,促进了在语言学、心理学、神经科学、计算机科学等各个学科领域的蓬勃发展。

近年来,随着推特、微博、论坛等国内外提供用户评论功能、发表个人观点的网络媒介迅速地崛起,与产品服务、热点事件、社会舆情等相关的隐喻文本出现在更加多元化的平台上,得到了更广泛的关注。在这种情况下,人们迫切需要自然语言处理和人工智能的技术方法处理海量的隐喻信息。因此,近年来隐喻研究,特别是隐喻计算领域,受到了国际顶级会议、期刊和组织机构的广泛关注。例如,国际著名的计算语言学会议ACL自2012年起开始举办关于隐喻计算的专题研讨会,其中收录了关于隐喻标注、隐喻计算模型以及隐喻语义特征提取等研究成果。此外,自然语言处理领域的EMNLP和COLING,以及人工智能领域的AAAI、ACII、HCI等国际顶级会议都涉及了隐喻相关的主题研讨会和讨论。在这种形势下,隐喻研究受到多学科研究者的广泛关注,在语言智能领域逐渐成为一个重要的研究方向。

如何让人类和计算机都能够深刻理解语言的"言外之意",实现深层次的交流,需要有效的隐喻研究作为支撑,这将有助于人类认知的提升以及改善诸如人机对话、智能写作、机器翻译、阅读理解和情感分析等自然语言处理任务的效果。因此,对于隐喻研究的深度梳理分析以及未来前景预测是重要的研究问题,具有极其重要理论和应用价值。然而,之前学者研究隐喻的综述文章主要基于经验总结隐喻研究的主题、焦点和趋势(Chen Yan, Huang Xiting, 2006; Salinas Barrios, Ivan, 2021;林书武, 2002;周运会,吴世雄, 2015),或者基于文献计量学研究使用计量手段分析特定时间段内的隐喻研究(孙毅, 2015;孔珍, 2019;薛冰,向明友, 2018;侯学昌,孙亚,梁宇航, 2022)。然而,这些研究局限于时间跨度和数据源,缺乏国际比较分析,最重要的是,缺少基于人工智能和大模型等最先进技术隐喻研究的讨论。

因此,本文深入分析了隐喻研究发展脉络和趋势,结合自然语言处理与人工智能技术的进展,对隐喻的未来前景进行了预测和讨论。本文首先借助CiteSpace可视化软件,以1980年以来40余年间国内外隐喻相关文献为研究对象,进行了隐喻研究主体、研究热点以及研究前沿的分析,并对国内外隐喻研究情况进行了比较。此外,结合自然语言处理与人工智能技术的进展,本文还对隐喻的未来前景进行了深入探讨和预测。这包括了如何利用大型语言模型来更好地理解和生成隐喻,以及通过深入分析语言结构和语法特征来揭示隐喻在语言交流中的作用和影响。本文旨在揭示隐喻研究在不断演变的学科交叉和技术创新中的重要角色，并为未来研究方向提供启示。

2 研究方法

本文分别从 Web of Science Core collection 和 CNKI 两大数据库中提取数据。为了提高研究数据的质量并确保研究结果的可靠性，本文从 SCI-E 和 SSCI 中下载与隐喻有关的英文文献，从 CNKI 中下载与隐喻有关的中文文献。将 Web of science core collection 数据库中的数据检索条件确定为 TI=metaphor* OR AK=metaphor*，检索事件范围为 1980-2022 年。将 CNKI 数据库中的数据检索条件确定为篇名“隐喻”或者关键词“隐喻”。由于 CNKI 中的核心期刊是从 1992 年开始收录文献，因此知网中的检索时间范围为 1992-2022 年。根据以上检索条件进行检索。在 web of science core collection 中，检索到符合要求的文献共 10 018 篇，由于研究主题是隐喻研究领域的发展脉络及趋势，因此只选取论文和综述论文作为研究数据，经过筛选之后，符合要求的文献有 7 421 篇。在 CNKI 中，检索到符合要求的期刊论文共 5580 篇，经人工筛选剔除与本文无关的文献，共下载 5503 条文献。以上文献资料构成了本文的研究对象。

3 隐喻研究主体分析

3.1 国际隐喻研究主体分析

3.1.1 国外隐喻研究年度发文量

某一主题或者研究领域学术论文的数量及其变化轨迹体现该研究领域在一定时期内的发展水平、趋势和速度。图 1 可以明显看出国外隐喻研究的现状与前景。从 1980-2022 年，共有 7421 篇关于隐喻研究的文献。随着《我们赖以生存的隐喻》(*Metaphors We Live By*)在 1980 年的出版，学者们开始意识到隐喻不仅仅只是一种语言现象，还是一种思维方式。之后，随着理论的发展和成熟，隐喻的应用研究增多。如图 1 所示，从图中的文献出版时间可知，自从 20 世纪 80 年代以来，总体上有关隐喻研究的文献数量一直呈现上升趋势，表明各国学者越来越关注隐喻研究。2021 年国外相关隐喻研究的文献量达到了峰值，发文量为 448 篇。以 2004 年为节点，2004 年以前关于隐喻研究的文献数量增长速度较慢，在 2004-2021 年这一时间段增长速度尤为显著，可以看出这个时期隐喻研究进入了较快的发展阶段。

3.1.2 国际隐喻研究高产国家

本文还整理了在隐喻研究方面产出量较高的国家，如表 1 所示。从表 1 可以看出，从 1980 年至今隐喻研究领域最为活跃的十个国家和地区中，文献数量超过 400 篇的共有 5 个国家。美国高居榜首，美国学者共发表了 2702 篇文章，约占所有出版物的 36.4%，具有绝对优势，其次是英国。

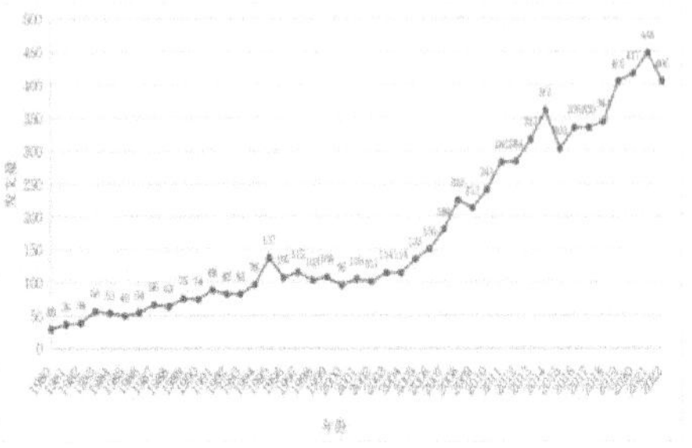

图1 国外隐喻研究年度发文量

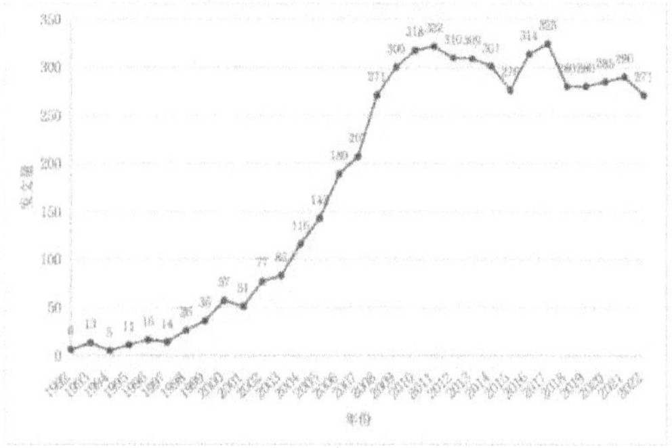

图2 国内隐喻研究年度发文量

表1 国际发文量排名前10的国家

排名	国家	发文量	排名	国家	发文量
1	美国	2702	6	德国	316
2	英国	1050	7	西班牙	310
3	中国	504	8	荷兰	304
4	加拿大	503	9	意大利	200
5	澳大利亚	403	10	以色列	182

3.1.3 国际隐喻研究高产机构

隐喻研究出版量排名前十的机构,如表2所示。10所机构中,有6所来自美国, 1所来自英国,1所来自加拿大,2所来自荷兰。出版物数量排名前十的机构中,美国高校和机构占比一半以上。占据榜首的也是来自美国的加利福尼亚大学(University of California)。前十名中未出现中国高校或者中国机构,说明国内针对隐喻研究的国际影响力仍待提高。

表2 国际发文量排名前十的机构

排名	机构	所在国家	发文量	排名	机构	所在国家	发文量
1	加州大学	美国	242	6	多伦多大学	加拿大	79
2	伦敦大学	英国	182	7	阿姆斯特丹大学	荷兰	69
3	俄亥俄州立大学	美国	85	8	佛罗里达州立大学	美国	68
4	宾夕法尼亚州立大学	美国	84	9	阿姆斯特丹自由大学	荷兰	66
5	哈佛大学	美国	79	10	纽约州立大学	美国	64

3.2 国内隐喻研究主体分析

3.2.1 国内隐喻研究年度发文量

国内隐喻研究年度发文量如图2所示。从1992-2022年,共有5502篇关于隐喻研究的文献。1996-2020年我国隐喻研究整体为增长趋势。以2017年为节点, 2017年以前关于隐喻研究的文献数量增长速度较快，在 2003-2011 年这一时间段尤为显著，可以看出这个时期隐喻研究进入了较快的发展阶段。2017 年之后，发文量有所减少，隐喻研究进入成熟期。早期国内学者主要引进并介绍国外的理论（束定芳，1996）。随着理论的引介、发展和成熟，隐喻的应用研究增多。很多学者在外语教学、外语习得和语篇分析等领域进行应用研究，2017 年国内相关研究的文献量达到了峰值，发文量为 325 篇。

3.2.2 国内隐喻研究高产机构

隐喻研究领域国内发文量排名前 10 的机构如表 3 所示，排名前 10 的机构均来自高等院校，这说明我国隐喻研究领域的主要阵地在高校。发文量排名前 10 的机构大多与外语、文学、哲学等专业相关，只有一个中医学院。这表明我国隐喻研究的主力为外语、文学、哲学和中医专业的学者。

表 3 国内隐喻研究发文量排名前十的机构

排名	机构	发文量	排名	机构	发文量
1	上海外国语大学	35	6	北京中医药大学中医学院	25
2	东北师范大学外国语学院	32	7	浙江大学语言与认知研究中心	22
3	四川大学文学与新闻学院	29	8	吉林大学公共外语教育学院	20
4	山西大学科学技术哲学研究中心	28	9	西安外国语大学	19
5	南京师范大学外国语学院	27	10	西安外国语大学英文学院	19

4 隐喻研究热点分析

4.1 国际隐喻研究热点分析

4.1.1 国际隐喻研究关键词分析

国际隐喻研究中排名前 50 的高频关键词见附录表 1。从关键词的频率来看，频次排名前五的关键词分别有概念隐喻、隐喻、具身认知、概念隐喻理论和认知语言学。由此可见，排名前五的关键词都与认知和概念隐喻有关。这是因为自从隐喻被视为一种认知方式，而不是一种修辞方法后，隐喻的研究快速发展。在 CiteSpace 中，关键词的节点中心性越大，关注度越高。关键词节点的中心性大于 0.1 表明该关键词很重要。从关键词的中心强度来看，很明显，只有一个关键词的中心性高于 0.1。概念隐喻的中心性为 0.13。这是因为概念隐喻是由 Lakoff 和 Johnson 在《我们赖以生存的隐喻》一书中提出的。从那时起，学者们开始认识到隐喻是一种认知方法而不是修辞方式。由于隐喻是一种认知方法，所以它可以出现在各个领域。因此，学者们研究隐喻在各个领域的应用。换句话说，与其他关键词相比，只有概念隐喻连接了许多其他关键词，起着枢纽的作用。从关键词的内容来看，排名前 50 的关键词内容涉及隐喻理论、隐喻领域内的研究、隐喻应用研究和研究方法。

4.1.2 国际隐喻研究关键词聚类

在关键词共现图谱的基础上进行聚类,聚类采用LLR算法,共得到10个聚类。经过筛选之后,聚类图谱显示如图3所示。陈悦等(2015)指出,聚类模块性指数Q值聚类轮廓性指数S值可用作评价图谱绘制效果的依据。Q值应当在0.3以上,S值需大于0.5。如图3所示,Modularity Q = 0.780 1,Silhouette S = 0.884 4,可见本文所得到的关键词聚类图谱具有一定的合理性。

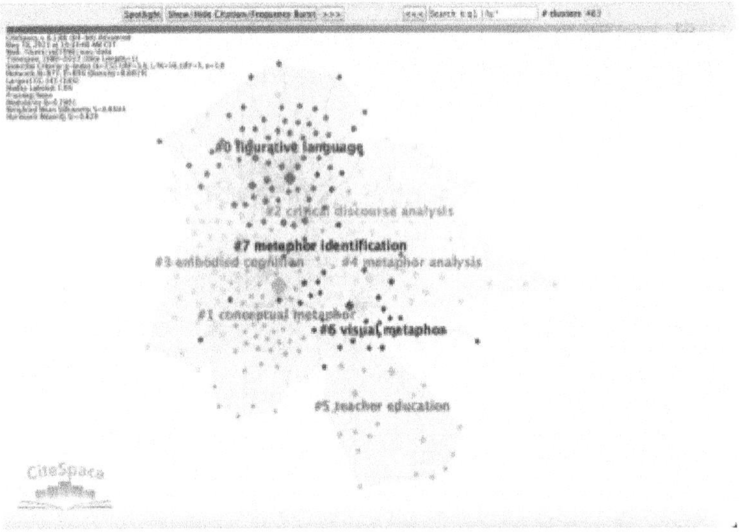

图3 国际隐喻研究关键词聚类图谱

(1)概念隐喻(conceptual metaphor)。

聚类#1被命名为“概念隐喻”。高频关键词概念隐喻(conceptual metaphor)和空间认知(spatial cognition)出现在这个聚类中。概念隐喻是Lakoff隐喻理论的重要概念,它的提出标志着隐喻研究已从传统的辞格和语义研究进入到了一个崭新的领域,那就是隐喻的认知研究。他们指出,隐喻是人类的一种普遍认知方式,是人们思维、行动和表达思想的一种系统性方式。

(2)批评话语分析(critical discourse analysis)。

聚类#2被命名为“批评话语分析”。高频关键词认知语言学(cognitive linguistics)和话语分析(discourse analysis)出现在这个聚类中。批评话语分析致力于利用语言呈现出社会现实不平等事件中的意识形态、权力,并寻求避免该种不平等的方法。但是有的学者认为这种基于一定立场的分析损害了批评话语分析研究的有效性。近年来,很多学者在运用语料库研究方法进行批评话语分析,在一定程度上减少了主观性(郭松,2019)。话语中的隐喻对认知过程会产生影响,Charteris-Black(2004)综合概念隐喻理论、批评话语分析、语料库语言学和语用学提出了批评隐喻分析(Critical Metaphor Analysis),用以揭示语篇生成者潜在的意识形态、态度和信念,了解语言、思维和社会背景之间的复杂关系。

(3)隐喻识别(metaphor identification)。

在MIP出现之前,研究者主要基于直觉识别隐喻。这种识别方法具有很强的主观性且费时费力。为了为隐喻识别提供一套普适性的规则和简便易行的法则，Pragglejaz Group（2007）课题组研制了 Metaphor Identification Procedure（简称 MIP）。在 Pragglejaz Group 所研制的 MIP 隐喻识别程序的基础上，由 Steen 率领的隐喻实验室课题组（Metaphor Lab Team）进一步细化、说明、补充其中的步骤，形成了形成 MIPVU 隐喻识别程序。MIP 和 MIPVU 为隐喻研究提供了实用工具，修正了以往过于主观且费时费力地隐喻识别方法。之后，很多学者的研究验证了 MIP 和 MIPVU 的可靠性。之后，Gerard J. Steen 教授（2018）在《视觉隐喻：结构与加工》一书中详细介绍了 VISMIP 视觉隐喻的识别程序，为视觉隐喻研究提供了实用工具，修正了以往过于主观的视觉隐喻的识别方法。

4.2 国内隐喻研究热点分析

除时间跨度为 1992-2022，其他参数设置同之前分析国际隐喻研究热点时相同。最终运行出来得到 1196 个节点，2202 条连线。国内隐喻研究的关键词聚类图谱如图 4 所示，高频关键词见附录表 2。

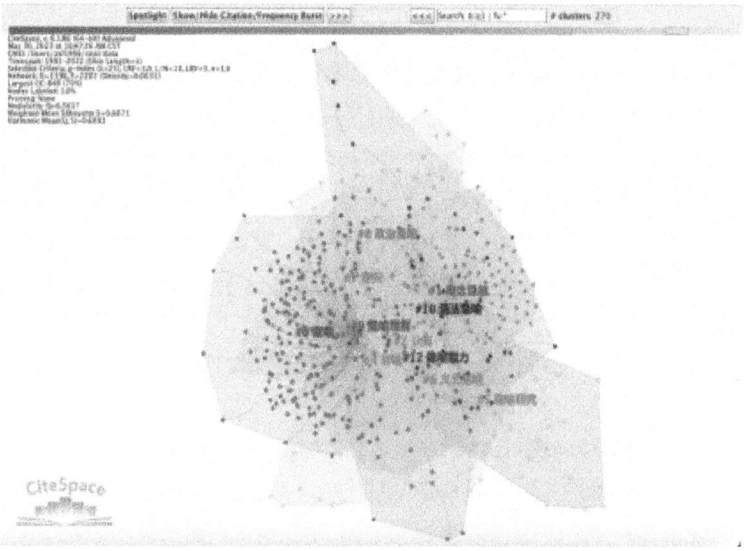

图 4 国内隐喻研究关键词聚类图谱

4.2.1 国内隐喻研究关键词分析

从关键词的频率来看，频次排名前五的关键词分别有隐喻、概念隐喻、认知、转喻和语法隐喻。由此可见，与国外研究不同，排名前五的关键词除了认知和隐喻，还包括转喻和语法隐喻。从关键词的中心强度来看，很明显，只有一个关键词的中心性高于 0.1。隐喻的中心性为 0.81，远高于 0.1。这是因为隐喻是一种认知方法，所以它出现在各个领域。因此，学者们研究隐喻在各个领域的应用。从关键词的内容来看，排名前 50 的关键词内容涉及隐喻理论、隐喻领域内的研究、隐喻应用研究和研究方法。

4.2.2 国内隐喻研究关键词聚类分析

在关键词共现图谱的基础上进行聚类，聚类采用 LLR 算法，共得到 18 个聚类。经过筛选之后，聚类图谱显示如图4所示。下面以转喻、文化隐喻、隐喻理解和隐喻能力四个聚类为例加以说明。

（1）转喻。自亚里士多德时期起，转喻一直被视为词语之间相互替代的修辞手段。1980年，Lakoff和Johnson在《我们赖以生存的隐喻》一书中提出，转喻与隐喻一样，是人类认知思维的重要方式。这标志着转喻修辞开始被纳入认知科学研究范畴之中。1999年沈家煊在《转指和转喻》一文中从认知语言学视角下的转喻观出发，论证汉语"的"字结构"转指"本质上是"转喻"。自此，国内转喻研究发生认知转向。学者开始引入并介绍国外转喻理论并从各个层次对转喻进行探究。高频关键词转喻和相似性出现在转喻这个聚类中。就转喻研究而言，总的来说，国内学者的研究可分为四种。第一种是研究者对转喻本身的研究和论述（蔡晖，2006；文旭、叶狂，2006；魏在江，2007；徐盛桓，2008；简政珍，2013；张炜炜，2019；李书卿，甘芬，2022）；第二种是研究者对转喻与隐喻的关系研究（刘正光，2002；杨波、张辉，2008；朱建新，左广明，2012；彭佳，汤黎，2018；王怿旦，刘宇红，张雪梅，2021；杨京鹏，袁凤识，2022）；第三种是转喻在不同语言面的应用研究，如词汇、语法、语篇等（张建理，2005；李勇忠，2008；项成东，2018）。第四种是转喻在不同领域的应用研究。如英语教学、翻译、漫画和电影等。

（2）文化隐喻。2001年Gannon在《文化隐喻：选读、研究转译及评论》一书提出了"文化隐喻"的概念，并对其下了定义："文化隐喻是一个国家或民族文化中的一种独特的或者非常具有特色的风俗、现象或活动，而这种风俗、现象或活动是它的绝大多数民众认为十分重要的并使得他们和其他民族区别开来的特征。"（张静，樊葳葳，2003）。在国内学术领域，文化隐喻虽然是众多学者的研究重点，但到目前为止，没有人对文化隐喻作过任何定义。国内学者对于文化隐喻的研究涉及非常之多。文化隐喻这个聚类中，两个重要的关键词是文化隐喻和视觉隐喻。由此可见，文化隐喻的研究对象并不仅仅只限于文本。作者进一步查看关键词"视觉隐喻"的节点信息，发现，文化隐喻的研究对象还包括其他很多种模态，其中以影视作品居多。

（3）隐喻理解。在隐喻理解这个聚类中，高频关键词为隐喻理解和语境。国内学者对隐喻理解的研究涉及综述国外相关研究和实证研究。就综述研究而言，我国学者一方面引介国外对隐喻理解的加工模式（周榕，黄希庭，1999；龚玉苗，周榕；2009），另一方面，我国学者综述了国外对隐喻理解的研究成果，以便国内学者能够了解到隐喻理解研究的最新进展（龚玉苗，周榕，2009；龚玉苗，孙毅，2014）。就实证研究而言，我国有学者采用了实验法（方晓湘，周榕，2011）、问卷测试（徐知媛，王小璐，2014）和ERP（李霄翔，封叶，季月，2019）进行相关研究。在隐喻理解这一聚类中，第二个重要的关键词是"语境"，这是因为隐喻的理解离不开语境。

（4）隐喻能力。隐喻能力是顺应隐喻研究的认知转向应运而生的。出现在这个聚类中的高频关键词有隐喻能力和隐喻分析。隐喻能力在国内起步较晚。早期国内学者将"隐喻能力"引入国内学界，如陈道明于1998年发表于《外国语》的《从习语的可分析性看认知语言学的隐喻能力观》，2001年严世清发表于《山东外语教学》的《隐喻能力与外语教学》两篇文章。之后学者们运用实证研究和非实证研究从各个方面争先地探讨隐喻能力与外语教学的关系（袁凤识，许保芳，2019；陈宏俊，王玮仪，袁芳，2022）。除此之外，为了推动隐喻能力及应用认知语言学研究向纵深发展，更好地为外语教学服务。国内学者还做了很多跟隐喻能力相关的综述性研究（袁凤识，许保芳，王立非，2012；陈朗，2016；石进芳，2019）。

5 隐喻研究前沿分析

5.1 国际隐喻研究前沿分析

本文运用 CiteSpace 的突现功能，在国内外关键词共现图谱的基础上找到突现关键词。在国外关键词共现图谱的基础上，点击“burstness（突现功能）”，共有 13 个突现关键词出现，如图 5 所示。

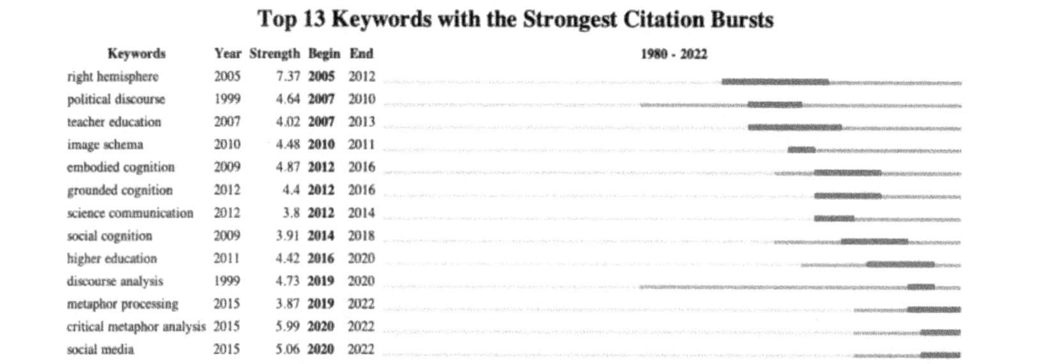

图 5 国际隐喻研究关键词突现图谱

从图 5 可以得知国外隐喻研究前沿的演变过程，1980-2004 年，国外隐喻研究未出现突出的高频关键词，说明这一阶段研究范围宽泛但不聚焦的特点。其原因为 1980-2004 年间的发文量较少，虽然《我们赖以生存的隐喻》一书的出版已经让学者意识到隐喻是一种思维方式，但是各国学者对隐喻的研究并不深入。2005-2018 年期间，突现关键词为增多，主要有，右半球（right hemisphere），政治话语（political discourse），教师教育（teacher education），意象图式（image schema），具身认知（embodied cognition）等。由此可见，这一阶段，各国学者的研究重点在隐喻理论和应用研究。2019-2022 年期间，突现的关键词有高等教育（higher education），话语分析（discourse analysis），隐喻处理（metaphor processing）、批评隐喻分析（critical metaphor analysis）以及社交媒体（social media）。由此可见，这一时间段内的研究重点依然是隐喻的应用研究。但是相比于上一个阶段，应用研究的重点有所变化。

5.2 国内隐喻研究前沿分析

在国内关键词共现图谱的基础上，点击“burstness（突现功能）”，共有 36 个突现关键词，本文只选取前 25 个突现关键词进行分析。25 个突现关键词如图 6 所示。

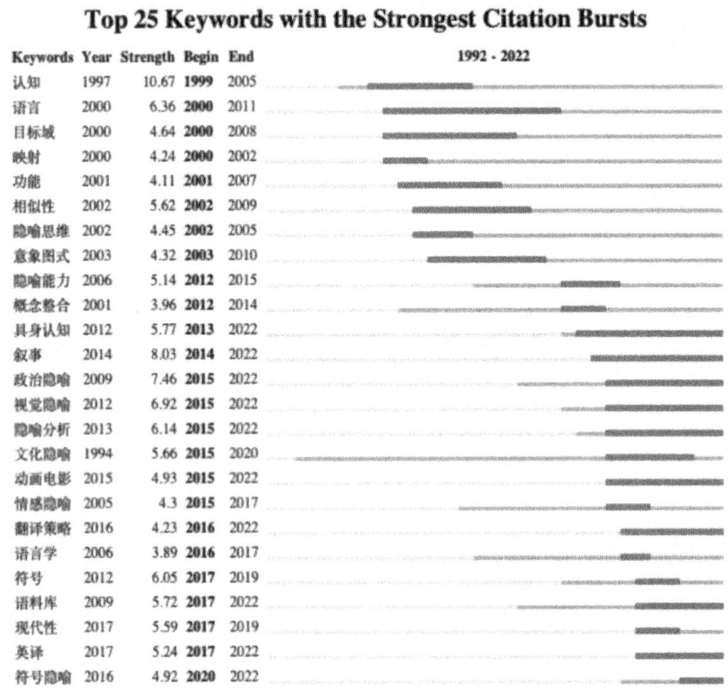

图6　国内隐喻研究关键词突现图谱

从关键词的突现时间来看,我们可以了解到隐喻研究的前沿演化。根据图6可以将国内隐喻研究前沿大致划分为三个阶段。第一阶段为1992-1998年,国内隐喻研究未出现突出的高频关键词。这主要是因为,这一阶段国内隐喻研究的发文量较少,国内仅有部分学者刚刚将国外的隐喻理论引进。第二阶段为1999-2010年,这一阶段的突现关键词为“认知、语言、目标域、映射、功能、相似性、隐喻思维、隐喻图式”。在这一阶段,隐喻研究的重点是对“概念隐喻”理论的阐释以及对隐喻概念的解读。第三阶段为2011-2022年,这一时期,国内隐喻研究的发文量急剧增多,突现关键词数量也相对较多。突现关键词包括文化、翻译、概念隐喻、隐喻能力、概念整合、具身认知、多模态、文化隐喻、情感隐喻、视觉隐喻、政治隐喻等。由此可见,这一阶段国内学者的研究重点主要集中在两个方面:一方面,以概念隐喻、概念整合和具身认知为理论框架进行隐喻研究;另一方面,隐喻研究呈现出与其他学科融合的趋势,以及在其他领域应用的倾向,如文化、翻译、政治等。

通过观看图6中突现时间持续至2022年的关键词,我们可以得知国内最新的隐喻研究前沿。由图可知,突现至2022年的关键词包括具身认知、叙事、政治隐喻、视觉隐喻、隐喻分析、动画电影、翻译策略、语料库、英译和符号隐喻。将这些关键词进一步整合,我们可以了解到国内隐喻研究前沿的理论、应用研究以及研究方法。首先,国内隐喻研究前沿的理论之一是具身认知理论。其次,国内学者的隐喻应用研究重点集中在翻译、动画电影、符号隐喻、政治隐喻和空间隐喻等领域。最后,国内学者还应用叙事和语料库等方法来研究隐喻。另外,从图6中可以得知,具身认知、叙事、政治隐喻、视觉隐喻、动画电影、翻译策略、语料库和英译这几个突现关键词的持续时间在五年以上。这表明这些关键词不仅在过去很长一段时间内是国内的研究重点，未来也有可能继续是国内的研究热点。

6 趋势分析和未来前景

6.1 趋势分析

本文通过文献计量学分析隐喻研究的主要研究主体、研究热点和新兴趋势，揭示了国际与国内隐喻研究领域的发展脉络。这些研究热点和发展趋势可以从研究规模、研究主题、研究方法 3 个方面进行进一步讨论与分析。

（1）从研究规模来看，自从《我们赖以生存的隐喻》一书发表以来，隐喻的地位得到了极大提升，吸引了来自不同国家、不同学科背景的学者从各个层面对其进行深入研究。隐喻既是研究的主体，可以作为理论框架来构建，同时也是研究的客体，可以作为探索对象来研讨。1980-2022 年间，共有 7421 篇关于隐喻研究的核心国际英文期刊论文发表，作者人数众多，规模庞大。隐喻的研究内容广泛，涵盖语言学、哲学、心理学、环境科学、传播学等多个领域。这表明，隐喻研究作为与人类思维方式息息相关的研究领域，已经引起了各相关领域学者的广泛兴趣和关注。从国内发刊量来看，隐喻研究也确实成为各家刊物争相刊载的学界热点，发文总量庞大，涵盖学科范围广，且研究成果质量较高。由此可见，隐喻研究在国内也吸引了众多不同学科背景的研究者。

（2）在研究主题方面，通过高频关键词和聚类分析可以看出，国内外隐喻研究的主题非常丰富。就隐喻领域内的研究而言，国内外学者均对隐喻识别和理解进行了大量研究。在隐喻应用研究方面，国内外学者均对政治隐喻、多模态隐喻、空间隐喻、疾病隐喻等方面进行了深入分析。然而，国内外隐喻应用研究的差异也较为明显，国外学者还对气候变化、教育教学、社交媒体、家庭治疗、社会认知、心理理论、虚拟现实、动物隐喻、实验语用学等方面的隐喻表现出浓厚兴趣；而国内学者则更关注文化隐喻、翻译隐喻、语境隐喻、时间隐喻、符号隐喻、叙事隐喻等方面。此外，在隐喻理论方面，国内外研究均对概念隐喻、具身认知、视觉隐喻、语法隐喻、意象图式、概念整合等进行了深入探讨。但国内外研究的差异也体现在：国外学者还对基础认知（grounded cognition）、批评话语分析（critical discourse analysis）、批评隐喻分析（critical metaphor analysis）这三个理论进行了较多探讨和应用；而国内学者则对转喻研究表现出较多关注。

（3）在研究方法上，国内外学者均对语料库青睐有加，利用语料库进行数据统计、频率分析、搭配研究等进行隐喻分析。相比之下，国外研究方法已进入隐喻处理阶段（metaphor processing），即对隐喻进行基于计算机技术、生物医学技术、认知科学技术等方面的研究，涌现出一批多学科交叉的新技术、新方法。尤其在自然语言处理和人工智能领域的隐喻计算研究方面，最先进的信息技术被融入隐喻研究中，为隐喻研究带来了新的活力与视角。这种融合推动了隐喻处理的多个方面的发展，包括自动化隐喻识别、生成和理解，以及将隐喻应用于各种实际场景。

在自动化隐喻识别方面，自然语言处理中的隐喻计算研究致力于开发算法和模型，以自动识别文本中的隐喻。这对于处理大规模语料库和文本数据至关重要。最先进的技术，如深度学习和自然语言处理模型(如BERT、GPT等),已被广泛应用于隐喻识别任务中。这些模型能够分析文本并自动捕捉含义的复杂层面,包括隐喻。例如,在情感分析中,隐喻识别可以帮助确定文本的情感色彩,从而更准确地了解用户的情感反馈。这对于市场营销、社交媒体分析和品牌声誉管理等方面具有重要意义。

在自动化隐喻生成方面,自然语言处理技术不仅被用于隐喻的识别,还被用于隐喻的生成。生成隐喻文本的任务涉及将抽象概念转化为生动且富有表现力的比喻性语言。最先进的生成模型能够创造出有趣且具有创造性的隐喻文本,这对于广告、创意写作和文学创作等领域具有潜在价值。随着生成模型的不断改进和优化,我们有望看到自动化隐喻生成在教育、娱乐和广告等领域的广泛应用。这些模型能够为创作者提供关于如何增强其内容的创造性的建议,同时也能够生成吸引人的隐喻性广告宣传语。

在自动化隐喻理解方面,最先进的自然语言处理技术还支持对隐喻的深入理解和推理。这意味着计算机可以更深入地理解隐喻的含义,将其与上下文相结合并进行逻辑推理。例如,在自然语言推理任务中,计算机可以识别文本中的隐喻,并将其用于逻辑推理过程中。这对于智能问答系统、虚拟助手和自动文档总结等方面非常重要,因为它们需要在理解用户意图和上下文的同时处理包含隐喻的文本。

6.2 未来前景和挑战

6.2.1 未来的前景

自动理解和生成隐喻是语言智能领域一项具有挑战性但至关重要的任务,也是未来隐喻研究的重要发展方向。隐喻理解技术的不断进步为各个领域带来了全新的机遇。随着持续的研究和创新,我们可以期待看到更多智能应用的诞生,推动各行各业迈向更加智能化和人性化的未来。

大型语言模型,如GPT等,已经引领了人工智能技术的发展潮流,为处理隐喻语言及其在各个领域的应用提供了强大的工具和支持。例如,在教育领域,隐喻理解技术可以帮助学生更好地理解文学作品、历史事件等课程中的隐喻性内容。教育者可以利用这些模型提供的解释和示例,协助学生深入领会隐喻的含义和用法。同时,在创意写作领域,作家和广告人员可以借助大型语言模型生成富有创意和隐喻性的文本,激发灵感并创作出引人入胜的作品。在自然语言生成方面,隐喻理解对于生成自然、生动的文本至关重要,这一技术可以广泛应用于广告、内容创作、翻译等多个领域,确保生成的文本更具表现力和说服力。在医疗保健领域,隐喻理解的应用有助于医生更好地理解患者的描述和症状。通过分析隐喻性语言,医生能够更准确地诊断疾病,提供更具针对性的医疗建议,从而改善患者的治疗体验。此外,社交媒体平台和内容推荐系统也可以利用隐喻理解技术来更好地理解用户的兴趣和情感,进而提供更相关、个性化的内容和广告。最后,在多语言和多文化环境中,隐喻理解的应用有助于促进文化交流与理解。这些模型可以帮助人们更好地理解不同文化背景中的隐喻性语言,提升跨文化交流的有效性和深度。

6.2.2 面临的挑战

然而,基于大型语言模型等最先进的人工智能技术在隐喻理解方面也面临着诸多困难与挑战。首先是模型的解释性问题。理解大型语言模型内部的工作机制是一个重要的研究方向。虽然这些模型在隐喻理解方面表现出色,但其内部决策和推理过程通常是黑盒的,难以解释。为了构建更可信赖的应用和系统,我们需要研究如何提高模型的解释性,以便用户和开发者能够理解模型的决策过程。

其次是数据偏差问题。大型语言模型依赖于大规模的训练数据,但这些数据中可能存在偏差。这意味着模型可能会继承数据中的偏见,并在隐喻的理解和生成中体现出来。解决数据偏差问题是至关重要的,以确保模型能够公平、准确地处理各种隐喻。

最后是社会和伦理问题。隐喻理解也涉及社会和伦理层面的考量。模型可能会误解或误用隐喻,导致不适当的表达或歧视性言论。因此,研究人员和开发者需要考虑如何制定伦理标准,并建立防止模型滥用的机制。

隐喻理解是语言智能领域的一个重要任务,它涉及理解和生成文本中的隐喻性表达。大型语言模型,如 GPT 等,已经成为处理隐喻语言的强大工具,因为它们能够捕捉上下文信息、理解语言结构,并在多种应用中提供支持。尽管面临模型透明度、数据偏差和伦理问题等挑战,但随着技术的不断进步和研究的深入,我们可以期待在隐喻理解方面取得更多进展。这将有助于改善教育、创意写作、自然语言生成、医疗保健等多个领域的应用,并促进文化交流和社会互动。

总之,隐喻理解不仅是语言智能领域的一个重要问题,还具有广泛的实际应用潜力。它将继续受到研究和开发的关注,以推动技术的不断发展和创新。通过解决隐喻理解所面临的挑战,我们可以更好地利用人工智能技术,以改善人们的生活和工作。

参考文献

[1] LAKOFF G, JOHNSON M. Metaphors we Live by[M]. Chicago: the University of Chicago Press, 1980.

[2] RICHARDS I A. The Philosophy of Rhetoric[M]. London: Oxford University Press, 1936.

[3] CHEN Y, HUANG X. A review on time metaphor[J]. Advances in Psychological Science, 2006, 14(4): 604-609.

[4] SALINAS BARRIOS I. A Review of Studies About Conceptual Metaphors in Science and Science Education[J]. Pensamiento Educativo, 2021, 58(1): 1-15.

[5] 林书武. 隐喻研究的基本现状、焦点及趋势[J]. 外国语, 2002(1):38-45.

[6] 周运会,吴世雄. 国外语料库隐喻研究综述[J]. 外语学刊, 2015(1):72-78.

[7] 孙毅. 当代隐喻学在中国:一项基于 CSSCI 外国语言学来源期刊的文献计量研究[J]. 西安外国语大学学报,2015(3):17-22.

[8] 孔珍. 基于 CiteSpace 的国内隐喻研究计量学分析[J]. 西安外国语大学学报, 2019,27(4): 16-20.

[9] 薛冰,向明友. 近十年国际语料库隐喻研究的知识图谱分析[J]. 解放军外国语学院学报, 2018, 41(4): 43-51.

[10] 侯学昌,孙亚,梁宇航. 国外隐喻实验方法研究综述[J]. 外语学刊,2022(5):15-21.

[11] G. 赖可夫, M. 约翰森,刘宁生. 我们所依存的隐喻[J]. 当代修辞学, 1992(6):7-9.

[12] 束定芳. 试论现代隐喻学的研究目标、方法和任务[J]. 外国语, 1996(2):9-16.

[13] 陈悦,陈超美,刘则渊,等. CiteSpace 知识图谱的方法论功能[J]. 科学学研究,2015,33(2):242-253.

[14] 郭松. 批评话语分析:批评与进展[J]. 北京第二外国语学院学报,2019,41(4):34-47.

[15] CHARTERIS BLACK J. Corpus Approach to Critical Metaphor Analysis[M]. Basingstoke: Palgrave Macmillan, 2004.

[16] 殷融,苏得权,叶浩生. 具身认知视角下的概念隐喻理论[J]. 心理科学进展,2013,21(2):220-234.

[17] GERARD J. STEEN. Visual metaphor: Structure and Process[M]. Amsterdam/Philadelphia: John Benjamins Publishing Company, 2018.
[18] 沈家煊. 转指和转喻[J]. 当代语言学，1999（1）：3-15+61.
[19] 蔡晖. 转喻思维产生动因的多元思考[J]. 外语学刊，2006（6）：41-45.
[20] 文旭，叶狂. 转喻的类型及其认知理据[J]. 解放军外国语学院报，2006（06）：1-7.
[21] 魏在江. 概念整合、语用推理与转喻认知[J]. 四川外语学院报，2007（01）：90-95.
[22] 李书卿，甘芬. 转喻表征和识解的认知研究：框架参照点模型[J]. 外语教学，2022，43（02）：56-62.
[23] 徐盛桓. 转喻与分类逻辑[J]. 外语教学与研究，2008（02）：93-99+160.
[24] 简政珍. 转喻与抽象具象化[J]. 北京大学学报：哲学社会科学版，2013，50（05）：71-79.
[25] 张炜炜. 概念隐喻、转喻研究的热点问题与方法探讨[J]. 外语教学，2019，40（04）：20-27.
[26] 刘正光. 论转喻与隐喻的连续体关系[J]. 现代外语，2002（01）：62-70+61.
[27] 杨波，张辉. 隐喻与转喻的相互作用：模式、分析与应用[J]. 外语研究，2008（05）：1-8+112.
[28] 朱建新，左广明. 再论认知隐喻和转喻的区别与关联[J]. 外语与外语教学，2012（05）：59-62.
[29] 彭佳，汤黎. 论隐喻——转喻的双重机制：符号学透视[J]. 中国比较文学，2018（03）：30-40.
[30] 王怿旦，刘宇红，张雪梅. 隐喻、转喻与隐转喻的认知拓扑升维研究[J]. 外语研究，2021，38（04）：18-22+30.
[31] 杨京鹏，袁凤识. 隐喻，转喻，还是隐转喻？虚构运动认知理据研究[J]. 现代外语，2022，45（04）：451-463.
[32] 张建理. 汉语"心"的多义网络：转喻与隐喻[J]. 修辞学习，2005（01）：40-43.
[33] 李勇忠. 语篇构建中的转喻和隐喻[J]. 外语学刊，2008（02）：50-54.
[34] 项成东. 隐喻和转喻对语法的影响[J]. 外语教学，2018，39（01）：32-38.
[35] 张静，樊葳葳. 文化隐喻研究现状及概念初探[J]. 外语教育，2003（00）：30-33+48.
[36] 周榕，黄希庭. 隐喻理解加工机制的研究[J]. 心理学动态，1999（03）：19-25.
[37] 龚玉苗，周榕. 隐喻生涯模型及其解释力[J]. 外国语文，2009，25（03）：65-70.
[38] 龚玉苗，周榕. 隐喻理解的 ERPs 研究述评[J]. 心理学探新，2009，29（02）：38-42.
[49] 龚玉苗，孙毅. 国外隐喻理解半球效应研究述评[J]. 外语研究，2014（02）：13-18.
[40] 方晓湘，周榕. 并列中英双语者在隐喻理解中的强化和抑制机制研究[J]. 华南师范大学学报：社会科学版，2011（02）：145-151.
[41] 徐知媛，王小潞. 中国英语学习者的隐喻理解策略及理解模型建构[J]. 外语教学与研究，2014，46（01）：98-110+159-160.
[42] 李霄翔，封叶，季月. 中国英语学习者英语隐喻加工与概念整合——来自 ERP 的证据[J]. 外国语，2019，42（01）：50-60.
[43] 陈道明. 从习语的可分析性看认知语言学的隐喻能力观[J]. 外国语，1998（06）：21-27.
[44] 严世清. 隐喻能力与外语教学[J]. 山东外语教学，2001（02）：60-64+88.
[45] 许保芳，于巧丽，袁凤识. 隐喻能力与语言能力关系的理据分析[J]. 外语研究，2014，143（01）：47-50.
[46] 陈宏俊，王玮仪，袁芳. 二语水平和流体智力对中国英语学习者隐喻生成能力的影响[J]. 外语研究，2022，39（06）：47-55+107.
[47] 袁凤识，许保芳，王立非. 再论隐喻能力的定义[J]. 外语教学，2012，33（05）：1-7.
[48] 陈朗. 国外隐喻能力研究综述——回眸与前瞻[J]. 外语研究，2016，33（04）：22-26+52.
[49] 石进芳. 二语隐喻能力及其可学性和可教性：回顾、分析与启示[J]. 外语教学理论与实践，2018（02）：44-50.

附录

附录表 1　国际隐喻研究频次排名前 50 的关键词

排名	频次	中心性	关键词	排名	频次	中心性	关键词
1	261	0.13	conceptual metaphor	19	22	0.01	novel metaphor
2	104	0.04	figurative language	20	19	0	higher education
3	90	0.03	embodied cognition	21	19	0	social cognition
4	80	0.05	conceptual metaphor theory	22	17	0.01	metaphor processing
5	65	0.02	cognitive linguistics	23	16	0.01	multimodal metaphor
6	60	0.03	discourse analysis	24	16	0	critical metaphor analysis
7	54	0.03	visual metaphor	25	15	0	abstract concept
8	54	0.04	metaphor analysis	26	15	0.01	grounded cognition
9	39	0.01	political discourse	27	15	0.01	event-related potential
10	36	0.01	critical discourse analysis	28	14	0	social media
11	35	0.02	qualitative research	29	12	0	spatial cognition
12	34	0	grammatical metaphor	30	11	0.01	narrative inquiry
13	33	0.01	metaphor comprehension	31	11	0.01	organizational change
14	31	0.01	corpus linguistics	32	9	0.01	analogical reasoning
15	27	0	right hemisphere	33	9	0	primary metaphor
16	26	0.01	climate change	34	9	0	professional identity
17	24	0	image schema	35	9	0	spatial metaphor
18	23	0.01	teacher education	36	8	0	language comprehension
37	8	0	conceptual blending	44	8	0	qualitative method
38	8	0	semantic processing	45	7	0.02	linguistic metaphor
39	8	0.01	family therapy	46	7	0	autism spectrum disorder
40	8	0	cognitive science	47	7	0.01	virtual reality
41	8	0	academic writing	48	7	0	cognitive semantics
42	8	0	metaphor detection	49	7	0.01	animal metaphor
43	8	0	theory of mind	50	7	0	experimental pragmatics

附录表 2　国内隐喻研究频次排名前 50 的关键词

排名	频次	中心性	关键词	排名	频次	中心性	关键词
1	2300	0.81	隐喻	26	30	0	概念整合
2	270	0.1	概念隐喻	27	30	0.01	隐喻理解
3	222	0.06	认知	28	28	0.01	意识形态
4	169	0.01	转喻	29	28	0.01	叙事

续表

排名	频次	中心性	关键词	排名	频次	中心性	关键词
5	91	0.01	语法隐喻	30	28	0	语料库
6	74	0.03	文化隐喻	31	25	0.01	隐喻意义
7	72	0.02	空间隐喻	32	25	0	身体
8	66	0.01	象征	33	24	0	修辞
9	60	0.02	映射	34	22	0.01	隐喻翻译
10	59	0.01	文化	35	22	0	隐喻分析
11	54	0.01	意象	36	21	0	汉语
12	53	0.05	隐喻性	37	20	0	时间
13	49	0.01	翻译	38	20	0	认知隐喻
14	48	0.02	隐喻认知	39	20	0	体验哲学
15	48	0.01	隐喻能力	40	20	0	疾病
16	41	0.01	意象图式	41	19	0	隐喻识别
17	41	0.02	隐喻研究	42	18	0	语法化
18	38	0.01	政治隐喻	43	18	0	意义
19	36	0.01	语言	44	17	0	目标域
20	36	0	空间	45	17	0	诗歌
21	35	0	语境	46	17	0	符号
22	35	0.01	相似性	47	17	0	多模态
23	34	0.01	隐喻思维	48	16	0	主题
24	31	0	具身认知	49	15	0.01	功能
25	31	0.01	视觉隐喻	50	15	0	一致式

面向人工智能技术创新的语料库技术现状研究①

李景玉[1,2,3] 游新冬[4] 吕学强[1,2,4]
1. 首都师范大学;2. 中国语言智能研究中心;3. 北京电子科技职业学院
4. 北京信息科技大学网络文化与数字传播北京市重点实验室

摘要:近年来人工智能技术已经成为国家重要的科技命脉,教育部的“十四五”规划中亦是将人工智能教育上升到国家战略的层面。中文信息智能处理是其重要的环节,如何合理有效地构建面向人工智能技术创新的语料库建设是新形势下迫切、紧急和重要的任务。通过走访多家语言资源建设的高校科研院所和具有人工智能创新能力的知名企业,结合文献调研法以及团队在语料库建设过程中积累的经验,针对人工智能领域的特点,该文从语料库的获取、代表性语料库,以及语料库的建设路径三方面对面向人工智能技术创新的语料库进行阐述。

关键词:人工智能;语料库;语料库获取;语料库构建

Research on the Current Situation of Corpus Technology for Artificial Intelligence Technology Innovation

Li Jingyu, You Xindong, Lv Xueqiang

Abstract: In recent years, artificial intelligence technology has become an important technological lifeline of the country, and the 14th Five Year Plan of the Ministry of Education also elevates artificial intelligence education to the level of national strategy. Intelligent processing of Chinese information is an important aspect, and how to reasonably and effectively construct a corpus for artificial intelligence technology innovation is an urgent, urgent, and important task in the new situation. By visiting multiple language resource construction universities, research institutes, and well-known enterprises with artificial intelligence innovation capabilities, combined with literature research methods and the team's experience in corpus construction, this article elaborates on the characteristics of the field of artificial intelligence from three aspects: corpus acquisition, representative corpus, and corpus construction path.

Keywords: Artificial Intelligence; Corpus; Corpus Acquisition; Corpus Construction

1 引言

人工智能是国家“十四五”规划中科技攻关的三个重点赛道之一。作为当今世界的第一大新兴领域,人工智能在我国海量的互联网数据金矿的支持下,成为最有可能抢占先机的赛道,并将成为国家战略的科技力量。教育部的“十四五”规划更是将人工智能教育提升到

① 国家语委科研项目:面向人工智能技术创新的语料库现状及建设路径研究(YB145-3)。

国家战略的层面。国家语委在“十三五”科研规划中就已指出，云计算、大数据、智能化等新技术的不断涌现为语言文字信息化建设和社会应用赋予了新内涵。因此，在“十四五”科研规划中，国家语委将“利用大数据、云计算、人工智能等技术手段推动语言学习、语言服务、语言管理，以构建国家语言文字事业发展基础数据库群，为社会应用、政府决策和事业发展提供技术服务与数据支撑”作为重点探讨的内容。

另一方面，随着大数据和人工智能技术的不断发展，语料库的建设已成为支撑人工智能技术创新的重要手段之一，因此语料库的构建受到了越来越多的关注。为了实现人工智能技术在不同行业和领域的创新，经过近二十年的积累，业界和学术界已经针对不同应用场景、不同任务、不同领域构建了大量的语料库。本文将研究面向人工智能技术创新的语料库在国内外的现状，构建合理的分类体系，对现有的语料库建设情况进行有效的梳理和分析。同时，本文将探讨面向人工智能技术创新的语料库的建设路径，包括标注体系、流程、方法和手段等。研究不同语料库在不同场景下的应用情况、存在的问题以及发展趋势，比较国内外面向人工智能技术创新的语料库在建设重点、建设方法和建设路径等方面的异同点。这些研究对于提升我国的人工智能技术创新能力具有重要的理论指导意义和实践意义。

2 向人工智能技术创新语料库的获取

语料库的发展由来已久，20世纪80年代以来，以语料库为基础的计算语言学与自然语言处理研究得到了极大的发展。不同的国家建立了多种规模、类型、语言的语料库，语料库的加工程度也越来越深化和细致。

通过对国内外知名语料库建设团队进行访谈方式的调研，以及利用互联网数据采集和分析技术，发现目前语料库的主要获取途径大致分为两种。一是从专业的语言资源平台获取语料库，二是通过参加国内外各类评测，获取语料库，比拼算法，提高人工智能技术。当然，除本文介绍的两种途径获取数据之外，不同人工智能应用的典型语料库也可以出自某一机构，但该机构共享的语料库并没有形成体系，故不再一一列举。

2.1 语言资源平台

语料库是语言学研究、人工智能应用研究的基础资源，语言资源平台提供了大量优质的、多语言的语料库，可供研究人员或公司使用。本小节将会对常见的语言资源平台进行详细的介绍，包括主持者、规模、运营机制等细节。

2.1.1 中文语言资源联盟

中文语言资源联盟（Chinese Linguistic Data Consortium，CLDC）是由中国中文信息学会语言资源建设和管理工作委员会发起，由中文语言资源建设和管理领域的科技工作者自愿组成的。该联盟得到了国家高科技研究规划发展项目（863）和国家重点基础研究发展规划项目（973）以及其他项目的支持，是一个学术性、公益性、非营利性的社会团体。该团体隶属于中国中文信息学会，接受中国中文信息学会语音资源建设和管理工作委员会的业务指导和监督管理。

CLDC以代表中文信息处理国际水平的、通用的汉语语言语音资源为目标，目前涵盖了中文信息处理各个层面上需要的语言语音资源,包括词典和各种语音语言资料库、工具等,共计拥有超过四十余种资源库,可用于机器翻译、句法语义语法、语音识别、语音合成、手写识别、文本分类等方面的技术研究和开发。CLDC 为汉语语言信息处理等基础研究和应用开发提供了支持,并服务于教育、科研、政府研究部门和工业技术开发等领域。

通过访谈中国科学研究院中文信息处理实验室孙乐研究员,了解到 CLDC 是一个公益性的、非营利性的语言资源平台,该平台为从事中文信息处理的科研人员、公司经营者等提供了一个获取语言资源的方式,是为了解决中文信息处理过程中语料库无从获取的问题而构建的。但众所周知,构建一个语料库需要花费大量人力、物力,且分享语料库涉及知识版权等问题,故在 CLDC 上,除少部分用于研究的语言资源是免费的,还有大部分语言资源是收费的。想要购买语言资源的人可通过 CLDC 与分享语言资源的人或机构联系,从而获取相应语言资源的使用权等,而 CLDC 作为提供语言资源信息的平台会收取非常少的服务费。截至目前, CLDC 上共有约 40~50 个由公司提供的语言资源,包括文本、语音等多种形式的语言资源。

2.1.2 语言资源联盟

语言资源联盟(Linguistic Data Consortium, LDC)是一个由大学、图书馆、企业、政府、研究机构共同合办的联合企业,于 1992 年成立,目前主要运营在宾夕法尼亚大学,隶属于宾夕法尼亚大学文理学院,主要负责科研语言资源的收集、保存与管理分发。最初, LDC 主要是作为语言资源的存储和发布,后来在会员的帮助下, LDC 发展成为一个建设和发布语言资源的组织。自 1993 年起, LDC 截至目前已有语料库 900 余个,涉及语言包括英语、汉语、阿拉伯语、波斯语、土耳其语、格鲁吉亚语、普什图语等,并且每年 LDC 都会增加 30~36 个新资源。

LDC 是会员制联盟,任何机构都可以交钱加入 LDC,成为 LDC 的会员。成为会员后,可以享受 LDC 提供的会员价,也可直接使用很多免费的语言资源,但一般版本较早。依据机构是否盈利,会员的费用有所不同。对于营利机构,是 24 000 美元/年,而对于非营利机构,是 2400 美元/年。而且如果是非营利机构,即使该机构已经不是会员,仍可以永久使用其在会员期间购买或获取的语言资源。当然任何成员或机构获取到的语言资源只能供自己使用,如果想要把数据拷贝给其他人或机构使用,是需要单独交钱的,同样的,会员拥有一定的优惠。

LDC 的会员费用较贵,且后续新增语言资源大多需要付费,对于没有经济收入的学生而言,如果他所属院校并没有购买 LDC 的数据,那么想要利用 LDC 上的语言资源进行科学研究几乎是不可能的,因为负担不起。所以 LDC 针对在校学生提供了免费申请数据的机会,但是申请人必须满足两个条件:一是学生必须是在校本科生或研究生,且学生所在学校并没有购买 LDC 的数据;二是学生本人需要提交申请说明自己所需数据、研究方向、成功概率等情况,且需要申请人的导师或系主任提供证明。一年有两个申请期,春秋各一次。

2.1.3 世界语言资源平台

世界语言资源平台包含多种语言的语料库、标注工具等多种类型的语言资源,具体会介绍该资源的简介、内容、下载地址等信息,同时也会提供一些和语料库相关的论文作为参考,为研究学者提供便利。该平台最大的特点是涵盖多种语言的语料库,且语料库不止包括文本数据,也包括图片数据等,但该平台并没有根据语料库的应用领域或所属语言种类进行分类管理,且没有搜索功能,如果想获取指定类型或指定名字的语料库,查找工作并不方便。

综上可见,在人工智能技术应用领域,语言资源联盟是较为出色的语言资源管理分发机构,目前已有900余个语言资源,且每年都会有更新。但语言资源联盟的语言资源是以英语为主,随着中文信息处理技术的发展,由中国中文信息学会主持的中文语言资源联盟应运而生。但目前中文语言资源联盟上共有50个语言资源,其资源的规模和语言资源联盟有所差距。本文认为中文语言资源联盟的发展相对滞后,有三方面原因,一是中文信息处理技术起步较晚;二是运营机制可以改善;三是版权等问题牵涉较多,不易解决。这三方面的原因都有可能导致了中文语言资源联盟发展缓慢。

2.2 评测会议

评测会议是指研究人员和公司人员针对某一特定任务,使用相同的语料进行测评的会议。通过系统化、大规模的定量测评,可以快速形成某一方向的一系列实现方法,从而极大地推动该方向上的技术发展。同时,评测会议上共享的语料库虽然规模不一定很大,但其标注质量有所保证,即使在评测会议结束后,该语料库也有可能成为该任务的经典语料库,作为基准数据被广泛应用于论文中的技术测评。因此,评测会议不仅推动了语言资源的发展,也极大地推动了人工智能技术的发展。本节将介绍三个较为经典的评测会议。

2.2.1 ACE

自动内容抽取(Automatic Content Extraction, ACE)是信息抽取领域的国际测评会议,对信息抽取技术的发展起到了很大的推动作用。ACE于2000年12月正式启动,由美国国家安全局(NSA)、美国国家标准和技术学会(NIST)以及中央情报局(CIA)共同主管,测评中需要的大量训练集和测试集均由语言资源联盟提供。ACE主要关注6个领域的信息,分别为网络上的专线新闻(Newswire)、通过ASR(自动语音识别)得到的广播新闻(Broadcast Conversations)、通过OCR(光学字符识别)得到的报纸新闻(Newspaper)、新闻组(Usenet)、对话性的电话谈话(Conversational Telephone Speech)和网络日志(Weblog)。ACE的目标是发展包括自动识别和标识文本在内的自动内容抽取技术,以支持对语料库的自动处理。

随着ACE测评会议数年的发展,ACE测评的任务量和语料库都有了大幅度提高,其中语料库的发展体现在训练语料和测试语料的数量变大、语种变多、数据来源的类型变多。如数据来源类型方面从最初的仅Newspaper一类已经发展到了包括Newswire、Broadcast News、Weblog、Broad-cast Conversations、Newspaper、Usenet、Conversational Tele-phone Speech等在内的多种来源。且语言资源联盟LDC不但为ACE测评提供了多语言的资源,且为ACE测评提供了一套系统的测评体系。

2.2.2 MUC

消息理解系列会议(Message Understanding Conference, MUC)从1987年开始到1998年共举行了七届,是由美国国防高级研究计划委员会(DARPA, the Defense Advanced Research Projects Agency)资助。MUC的显著特点并不是会议本身,而在于对信息抽取系统的评测,会议要求只有参加信息抽取系统评测的单位才被允许参加MUC会议。MUC系列会议使信息抽取发展成为自然语言处理领域一个重要分支,并一直推动这一领域的研究向前发展。

从历次 MUC 会议发布的信息抽取任务中,可以看出信息抽取技术的发展历程,同时相应的语言资源也在不断地丰富,逐渐成为该方向上的代表语料库。尤其是 MUC-6/7 更是成为命名实体识别领域中的代表性语料库,是众多论文进行算法比较时采用的语料库。

2.2.3 TREC

文本检索会议(Text Retrieval Conference, TREC)是文本检索领域人气最旺、最权威的评测会议,由美国国防部高等研究计划署(Defense Advanced Research Projects Agency,简称 DARPA)与美国国家标准和技术局(National Institute of Standards and Technology,简称 NIST)联合主办。自从 1991 年举办第一届会议起,每年的参与者包括 MIT、Stanford、UCB、北京大学、微软研究院、Google、IBM 研究院、新加坡国立大学、台湾大学、清华大学、上海交通大学、加拿大 Quenes 大学、日本东京大学、香港中文大学、英国城市大学等当今 IT 界一流学府和企业科研机构,并且在不断增加。该会议细分为三大主要方向,包括问题回答(QA)、特定领域检索(Legal、Genomics、Enterprise、Blog)和传统 Web 检索等。会议负责组织收集并向与会者提供标准的语料库(Corpus)、检索条件和问题集(Query Set)以及评测办法(Evaluation),与会者则被要求在规定的时间内构造检索系统并提交检索结果(Runs),由会议负责评测各个检索结果的优劣,最终依据评测结果召开大会进行学术交流,发表会议论文。

值得注意的是, TREC 评测所使用的数据是由 LDC 等多家单位免费提供的,但少数数据有所修改,且必须签订协议。

综上所述,不论是 ACE, MUC,还是 TREC,这类评测会议都提供了高质量的标注语料,因有高质量的标注语料作为基准数据,相应研究方向上的技术得到了快速的发展。值得注意的是, ACE 和 TREC 两大评测会议提供的全部或部分语料都是由语言资源联盟提供的,这说明语言资源平台在语料库的构建、汇总和共享方面起着十分重要的作用。

3 面向人工智能技术创新的代表性语料库

语料库作为人工智能应用研究的基础资源,人工智能技术的发展是离不开语料库的,而且为了更好地对比分析人工智能技术方法的优势和不足,通用、公开的语料库就显得尤为重要。本小节将介绍面向人工智能技术创新的代表性语料库,从语料库应用范围的角度,将人工智能技术创新的代表性语料库划分为基础语料库和应用语料库。面向人工智能创新技术的基础语料库是指可用于人工智能基础任务或可用于多个人工智能应用的语料库,当然如果想用在多个任务中,那么有可能需要根据不同的任务需求,对语料库进行二次标注,再使用。面向人工智能技术创新的应用语料库是指人工智能各应用研究方向所使用的典型语料库,这部分语料库出现在较多论文中被用于人工智能创新技术方法的比较,可以说是衡量该方向上的技术方法的基础语料库。

3.1 面向人工智能技术创新的基础语料库

随着计算机技术的迅猛发展,中文信息处理技术的不断进步,以语料库为基础的语言学研究、人工智能创新技术研究都取得了丰硕的成果。语料库在人工智能创新技术的发展中发挥着重要的作用,其应用范围覆盖了各个任务方向。但在中文信息处理领域中,有一些语料库是服务基础应用的,或者可以根据不同任务进行二次标注,再参与计算的或生成新的语料库。因此,本文列举了目前国内具有代表性的基础语料库,主要包括国家语委现代汉语通用平衡语料库、北京语言大学语料库中心 BCC 语料库、北京大学 CCL 语料库、人民日报标注语料库。同时介绍国外面向人工智能技术创新的基础语料库的相关情况。

3.1.1 国家语委现代汉语通用平衡语料库

国家语委现代汉语通用平衡语料库(http://www.cncorpus.org/)是由国家语言文字工作委员会于1991年主持构建的,并在1998年底建成,被列为国家语委"九五""十五"科研重大项目,得到科技部"863""973"计划多个项目支持,包括"智能中文信息处理平台""图像、语音和自然语言理解"和"中文信息处理应用基础研究"等。该语料库语料选材类别广泛,收录了人文与社会科学、自然科学及综合三个大类约40个小类的语料,全库规模达到1亿字符,且该语料库的时间跨度为1919-2002年,具有时间跨度大的特点。该语料库可适用于语言文字信息处理、语言文字规范和标准的制定、语言文字的学术研究、语文教育以及语言文字的社会应用。

3.1.2 北京语言大学 BCC 语料

BCC 语料库(http://bcc.blcu.edu.cn/)是由北京语言大学主持构建的,该语料库以汉语为主,兼有英语、西班牙语、法语、德语、土耳其语等语言,覆盖了较多的语言现象,总字数约95亿字,包括报刊(20亿)、文学(30亿)、综合(19亿)、古汉语(20亿)和对话(6亿,来自微博和影视字幕)等多领域语料,是可以全面反映当今社会语言生活的大规模语料库。BCC 语料库包括了生语料、分词语料、词性标注语料和句法树,目前已对汉语、英语、法语的语料进行了词性标注,中英文的句法树则是引自美国宾州大学的中文和英文树库。同时 BCC 语料库处于动态更新状态,能够及时捕获新的语言现象[1]。

3.1.3 北京大学 CCL 语料

CCL 语料库(http://ccl.pku.edu.cn:8080/ccl_corpus/)是由北京大学中国语言学研究中心主持构建的,该语料库包含现代汉语语料、古汉语语料两类单语语料,所涉及的文献时间从公元前11世纪到当代。其中现代汉语语料涵盖了文学、报刊、戏剧、翻译作品、应用文、电视电影、学术文献、网络语料、史传、相声小品等多个类型,共计约有6亿字符。而古代汉语语料则收录了从周代到民国的语料、大藏经、二十五史、历代笔记、全唐诗、诸子百家、全元曲、全宋词、道藏、辞书、蒙学读物等的杂类语料,共计约有2亿字符。近年来,CCL 语料库一直在坚持为现代汉语、古代汉语两大单语语料库扩容,同时还融入了一些专题语料库,比如早期北京话材料、留学生汉语作文语料、汉语构式语料库、中文学术文献语料库和海外华文网络语料等。

3.1.4 人民日报标注语料库

人民日报标注语料库是我国第一个大型的现代汉语标注语料库。它以《人民日报》

1998 年的纯文本语料为基础,完成了词语切分、词性标注、专有名词标注、语素子类标注、动词和形容词特殊用法标注、短语类型标注等多项加工工作,并已扩充至 3500 万字的规模。此后,北京大学计算语言学研究所在此基础上,又完成了另外 100 万字语料的词语切分、词性标注和汉语拼音标注的加工任务。同时,他们还利用所研制的《现代汉语语义词典》,并参照《现代汉语词典》,根据语料实际使用情况对词义描写进行了调整,从而研发出了一个大规模、高质量的现代汉语词义标注语料库。

3.1.5 国外面向人工智能技术创新的基础语料库

国外面向人工智能技术创新的基础语料库最大的数据来源是维基百科。对于自然语言处理的研究人员来说,维基百科就是一个庞大的语言资源。英文维基百科的静态版本,即 html 文档,是可以从官方网站获取到的。在此基础上,研究人员再根据各个不同的人工智能任务对语料库进行标注。目前,人工智能技术中常用到的预训练语言模型就是基于维基百科的语料库建模而成的。

3.2 面向人工智能技术创新的应用语料库

人工智能的研究内容包括机器人、语音识别、图像识别、自然语言处理和转接系统等,而不同的研究内容所需要的语料库类型不同,如文本、语音等。本小节主要以文本语料库为例,按照自然语言处理的应用进行分类,分别介绍实体识别技术、关系抽取技术、机器翻译技术、情感分析技术和机器阅读理解技术中的代表性语料库。这些语料库在各自对应的研究方向中都拥有举足轻重的地位,要么是出现在众多论文中的技术方法所使用的评估语料,要么是某方向的公开评测语料,引得众多研究机构、大型公司争相打榜。

3.2.1 实体识别技术的代表性语料库

命名实体识别是指对文本中的命名实体进行定位和分类的过程,也就是识别出文本中具有特定意义的命名实体,其中命名实体包括人名、地名、机构名、时间、日期、货币和百分比。面向中文的命名实体识别起步较晚,且由于中文语言自身的特性,这也为中文领域的命名实体技术的发展增加了难度。

常用的命名实体识别的英文数据集包括 MUC-6/7、CoNLL2002-2003、ACE2004-2005、GENIA、OntoNotes5.0、BC5CDR、NCBI Disease 和 Few-NERD 等。

常用的命名实体识别的中文数据集包括 1998 年人民日报数据集、MSRA、OntoNotes5.0、BosonNLP NER、Weibo NER、Chinese Resume、CCKS2017-2020 和 CLUENER2020 等。

3.2.2 关系抽取技术的代表性语料库

在 1998 年 MUC-7 会议上,关系抽取任务首次被提出。该任务具体是指在命名实体识别的基础上,识别出两个已知实体之间的语义关系,从而构成三元组<实体 1,实体 2,关系>。根据两个实体所在文本的范围,可以将关系抽取分为句子级关系抽取和全文本级关系抽取。

常用的关系抽取公开数据集包括 DocRED、CDR、GDA、SemEval-2010 Task8、ACE2004、ACE2005 和 CoNLL04 等。

3.2.3 机器翻译技术的代表性语料库

机器翻译领域的公开数据集主要来源于公开的评测任务,根据组织机构的不同,将评测任务主要分为两类,一类是由政府及国家机构组织的,代表是美国国家标准技术研究所组织的 NIST,另一类是由相关学术机构组织的,代表是倾向新闻领域的 WMT。评测任务提供了免费、公开、质量高的双语数据集,以及相关的预处理工具,这一举动在为研究学者的工作提供方便的同时,也因为有了相同的比较基础,而极大地促进了不同机器翻译领域的发展。

3.2.4 情感分析技术的代表性语料库

常见的中文情感分析任务数据集包括 NLPCC 系列数据集、各类评论数据等。

自然语言处理与中文计算会议(NLP&CC)是由中国计算机学会(CCF)主办的 CCF 中文信息技术专业委员会年度学术会议。NLP&CC 专注于自然语言处理及中文计算领域的学术和应用创新,致力于推动该领域学术界和工业界研究、创新与应用的发展,成为覆盖全国、具有国际影响力的学术与创新交流平台。

NLPCC-2012、NLPCC-2013、NLPCC-2014 三年会议的评测任务都涵盖了情感分析不同角度的任务,极大地推动了情感分析技术的发展。

3.2.5 机器阅读理解技术的代表性语料库

机器阅读理解任务是自然语言处理和人工智能领域的重要前沿课题,在近年来受到越来越多的学者的关注。机器阅读理解任务可分解成多个子任务,如抽取式机器阅读理解、观点型机器阅读理解等。抽取式机器阅读理解是指从一段文字中找到对应问题的答案,即需要计算出答案在文本中的起始位置和结束位置,从而确定答案。观点型机器阅读理解是指给定问题和一段文本后,计算出问题对应的是非观点极性,比如文本"香蕉能放冰箱吗 香蕉剥皮冷冻保存_健康贴士_保健_99 健康网"和问题"香蕉能放冰箱吗",计算出的是非观点极性是"No"。

常见的抽取式阅读理解数据集包括 SQuAD、CMRC2018 和 DuReader robust。

4 面向人工智能技术创新语料库的建设路径

通过访谈法、文献法等多种方式,听取人工智能各领域的专家关于人工智能技术创新的语料库建设的建议或者看法,这使得本文对语料库建设路径的研究思路逐渐清晰。本文根据文献中论述的语料库建设路径,或访谈中各位专家的建议等信息,总结归纳面向人工智能技术创新的语料库建设的通用路径;因为人工智能不同任务对语料库标注的需求不同,将从人工智能不同任务的角度,总结归纳面向人工智能技术创新的不同任务的典型语料库建设路径,比如情感分析、命名实体识别、信息抽取等。

4.1 面向人工智能技术创新的语料库建设的通用路径

黄水清梳理了近 30 年来国内语料库研究的发展脉络和发展方向,从定量角度分析了我国语料库研究的发文趋势、作者合作态势以及各时代研究热点。从定性角度详细梳理并探讨了国内语料库的构建和标注的方法、流程和策略,并阐述了语料库在语言教学、信息检索等领域的应用现状。文献[8]认为构建语料库一般需要经过语料库设计、语料采集、数据标注、数据存储、数据更新和维护等步骤。

本文在黄水清文献的基础上,将具体的步骤内容进行细化、补充,归纳总结构建语料库流程如图 1 所示。

本文作者认为,在语料库设计阶段,除了需要确定语料库的总体架构及功能模块、明确语料库的总体目标、服务对象和服务内容,以及确定语料库语料的来源及语料采集方案外,还需制定标注规范、确定标注粒度和标注体系。在数据采集阶段,不仅可以获取新的数据,还可以从现有语料库中进行选择,并进一步进行标注,这也是一种有效的数据采集方式。而在数据标注阶段,受文献的启发,本文认为标注平台不仅可以规范标注流程、辅助人工标注、显示标注结果,还能帮助检查标注结果。因此,数据标注平台的搭建与使用应成为未来数据标注的规范步骤之一。在标注实施流程中,试标注、正式标注和复查三个步骤能够确保标注的质量。

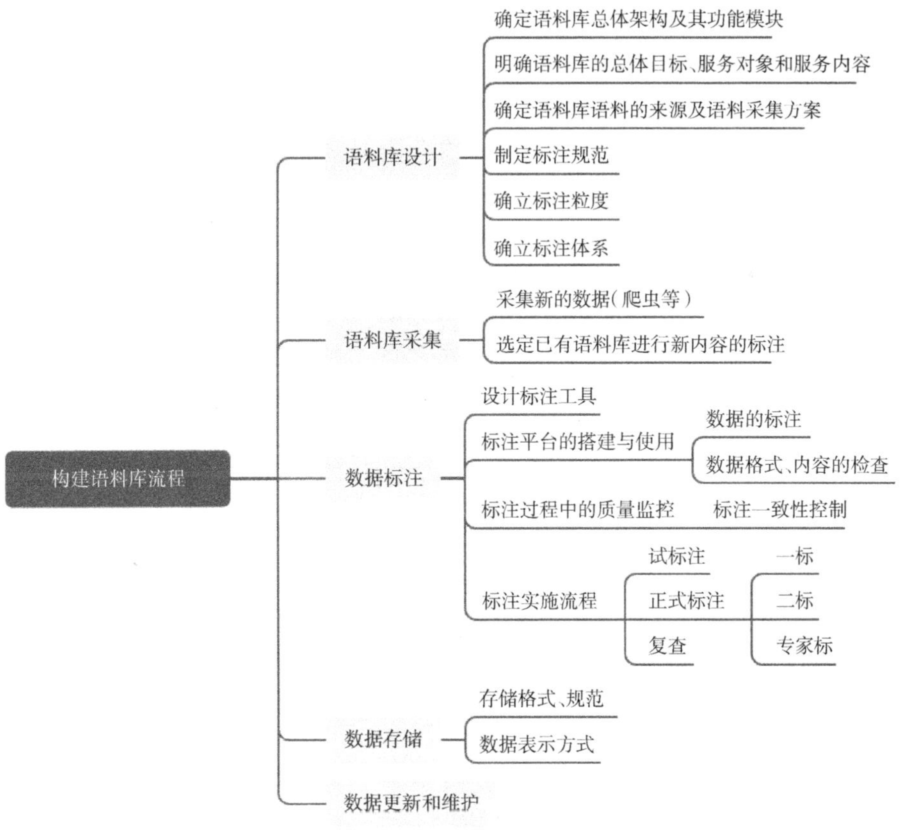

图 1 构建语料库流程

4.2 面向人工智能技术创新的典型语料库建设路径

针对不同的任务(实体识别、关系抽取等),不同语料库建设支持者(国家、企业、学术界以及小团队),不同的标注方式(人工、半自动、全自动)等方面,不同的语料库的建设路径中涉及的特定步骤、特定环境以及定制工具等都有差别,本小节将从情感分析、命名实体识别、信息抽取三个人工智能应用方向介绍语料库的构建情况。

4.2.1 情感分析

徐琳宏等学者在《情感语料库的构建和分析》一文中探讨了情感语料库构建方面的经验,讨论在设计和建设情感语料库中的基本问题,包括制定标注规范、选择标注集、设计标注工具以及标注过程中的质量监控。该文在收集语料时,从时间轴(反映时代特征)、空间轴(反映地域特征)、学科轴(反映知识特征)、风格轴(反映语体特征)[11]四方面筛选语料,以达到较高的语料库覆盖率。再通过预先标注了部分语料,在总结标注中发现问题的基础上,综合考虑其他类型语料的标注经验和文本情感标注自身特点,制定了情感标注体系。具体标注是在 TEI(Text Encoding Initiative)的基础上,结合情感标注的特殊需求定制标注集表达规范,同时建立标注系统、动态更新标注规范。标注完成后,为保障语料的正确性和一致性,设置部分交叉标注、机器自动检查、人工修正的纠错机制。最终完成包含有 1 035 601 字、39 488 句的情感语料库。

徐琳宏等学者在《中文文献引文情感语料库构建》一文中提出了一套适用于引文情感表示的标注体系,并详细阐述了语料库建设的技术和方法。采用人机结合的标注策略,借助完善的引文标注系统,构建了规模较大的中文文献的引文情感语料库。

徐琳宏等学者在《俄语多模态情感语料库的构建及应用》一文中,在分析多模态情感语料库的相关研究及情感分类方法的基础上,制定了一套科学完整的标注体系,同时遵循情感主体原则和情感连续性原则,制定了相应的标注规范,从而构建了俄语的多模态情感分析语料库。文献[13]构建了包含 11 个元组构成的标注框架,从获取方式上可以分为自动获取的内容信息,包括俄语原文文本信息、语音信息、图像信息、中文译文;半自动获取的时空信息,包括开始时间、结束时间、发言者、场景;大量人工标注的情感信息,包括情感类型、情感极性、内心情感。同时将情感分类为喜、怒、悲、恐 和 愧 5 大类别,每个类别按情感强度划分为 15 个小类,分别为得意、喜爱、快乐、惊喜、愧疚、抱怨、厌恶、生气、愤怒、沮丧、悲伤、担忧、害怕、惊慌和恐惧。

4.2.2 命名实体识别

李雁群等学者在已有命名实体语料的基础上采用半自动化方法构建了两个中文嵌套命名实体语料库。首先利用已有中文命名实体语料库中的标注信息自动地构造出尽可能多的嵌套命名实体,然后再进行手工调整以满足对中文嵌套实体的标注要求,从而构建高质量的中文嵌套命名实体识别语料库。

李雁群等学者对中文维基百科的条目进行实体分类,利用实体条目构造实体的嵌套结构,从而自动生成大规模的中文嵌套命名实体识别语料库。

JIE ZHOU 等学者提出一种基于中文维基的大规模命名实体识别(NER)语料自动生成方法。利用该方法能自动抽取并标记中文维基中的句子,从而为中文 NER 任务提供有效的语料支持。

4.2.3 信息抽取

孔芳等学者从服务于篇章分析的角度出发,对汉语零指代进行了表示体系的研究,并基于这一体系构建了中等规模的服务于篇章分析的汉语零指代语料库,为后续在篇章视角下开展汉语零指代消解的研究奠定了扎实的基础。该语料库构建的过程中,参考了宾州汉语树库的成分句法分析结果、OntoNotes 语料的实体指代结构、语义角色标注等多方面信息,以及苏州大学自然语言团队发布的基于连接词驱动的篇章树结构的汉语篇章树库的内容。具体标注工作分为三个阶段:一是确定初步的标注规范,设计开发相应的标注平台;二是预标注阶段;三是正式标注和质量保证阶段。在正式的标注过程中,根据任务的层级先后顺序,分步骤进行标记。最终构建了篇章视角的汉语零指代语料库,共包含 325 篇文档(chtb0001~chtb0325),全部来源于 CTB 语料,包括零指代链 2672 个,平均每个段落包含零指代关系 1.95 个。

尤昉等学者以句子理解为出发点,讨论在设计和建设一个基于语义依存关系的汉语大规模语料库过程中的几个基础问题,包括:标注体系的选择、标注关系集的确定,标注工具的设计,以及标注过程中的质量控制。

王瑞民等学者通过分析研究语料、确立标注粒度和标注体系,再制定规范、标注一致性控制方案及合理的评价方法,最终构建了面向时政新闻文本的事件标注语料库 EACPN。在构建过程中,首先对数据进行预处理,然后利用数据平台进行标注,数据平台应用了基于规则的方法对标注数据进行自动化的格式及内容检查。通过试标注、正式标注(一标、二标、专家)、复查(自动化检验,结果反馈给一标),以保证语料库的标注一致性。

昝红英等学者通过收集多来源医疗文本,详细分析语料的结构特征,结合医学知识的语义特点,制定了医学命名实体和实体关系的标注体系和规范;并开发了标注工具,构建出的中文医学知识图谱 CMeKG1. 0 版,共包括 6310 种疾病、19 853 种药物(西药、中成药、中草药)、1237 种诊疗技术及设备,关联到的医学实体达 20 余万,概念关系实例及属性三元组达 100 余万。

王贵荣等学者从动宾搭配知识体系的构建、检索式构成及书写、动宾搭配抽取及消歧等方面展开工作,共制定检索式 140 个,抽取到动宾搭配 300 万对,构建了一个规模较大、质量较高的动宾搭配知识库。该文特点是人工制定检索式,再第一轮抽取后,总结动宾规则,优化检索式,再次进行动宾消歧等工作,再人工校对,最终得到动宾搭配知识库。

吴婷等学者提出了一种基于同义推理的篇章级实体上下位关系标注策略,并以国防科技领域的文本作为具体实施对象,最终构建了一个中等规模的篇章级上下位关系语料库,该语料库涵盖国防军事领域的新闻文本和科技文献两种题材,共计 962 篇文本,共标注了 11 020 个语义关系。文献[24]所设计的语料库构建流程包括文本数据的准备、人工标注(试标注和正式标注)、开发了篇章内和跨篇章的上下位关系标注平台,以及标注好后进行了标注一致性分析。

4.2.4 其他

TUTUBALINA ELENA 对药物反应语料库的建设路径进行研究, MARIA CAROLINA ZUPPARDI 对语言学语料库的建设路径展开研究, ISABEL MORENO 对命名实体识别语料库的建设路径进行研究, MARÍA NAVAS-LORO 等学者对情感分析的西班牙语语料库的建设路径展开研究。

综上所述,在构建人工智能中不同任务的语料库时,还需要在语料库通用构建路径基础上,制定有针对性的标注体系、标注策略、标注规范等。

5 结束语

随着大数据和人工智能技术的发展,语料库的构建受到越来越多的关注,因为任何人工智能技术创新都离不开语料库。而语料库建设的规模、语料库标注的质量都极大地影响着人工智能技术的应用效果,且针对不同应用场景、不同任务、不同领域,研究人员所需的语料库也是不同的。这些都使得语料库的建设成为支撑人工智能技术创新的重要手段之一。

本文从研究面向人工智能技术创新的语料库获取、代表性语料库以及语料库建设路径出发,以微见著,洞察人工智能技术的发展趋势,把握人工智能技术的发展方向,以提升我国的人工智能技术创新能力,为面向人工智能技术创新的语料库的建设提供理论、方法和路径支撑。同时本文总结归纳出面向人工智能技术创新的语料库的通用建设路径,以期能够为语料库的加工规范、加工流程的制定提供有效的支撑。除了规范语料库构建过程中的具体建设路径,未来应关注该如何组织与构建语料库,或者构建好的语言资源该如何运营,如何扩大语料库的影响力,如何评价构建好的语言资源等方面。

参考文献

[1] 荀恩东,饶高琦,肖晓悦,等. 大数据背景下 BCC 语料库的研制[J]. 语料库语言学,2016,3(1):93-109.

[2] 詹卫东,郭锐,常宝宝,等. 北京大学 CCL 语料库的研制[J]. 语料库语言学,2019,6(1):71-86.

[3] 俞士汶,朱学锋,段慧明. 大规模现代汉语标注语料库的加工规范[J]. 中文信息学报,2000(6):58-64.

[7] 何建树. 基于深度学习的神经机器翻译技术研究[D]. 成都:电子科技大学,2021.

[8] 黄水清,王东波. 国内语料库研究综述[J]. 信息资源管理学报,2021,11(03):4-17.

[9] 张坤丽, 赵旭, 关同峰, 等. 面向医疗文本的实体及关系标注平台的构建及应用[J]. 中文信息学报, 2020, 34(6): 36-44.

[10] 徐琳宏,林鸿飞,赵晶. 情感语料库的构建和分析[J]. 中文信息学报,2008(01):116-122.

[11] 张普. 关于大规模真实文本语料库的几点理论思考[J]. 语言文字应用,1999(1):34-43.

[12] 徐琳宏,丁堃,陈娜,等. 中文文献引文情感语料库构建[J]. 情报学报,2020,39(01):25-37.

[13] 徐琳宏,刘鑫. 俄语多模态情感语料库的构建及应用[J]. 计算机科学,2021,48(11):312-318.

[14] 李雁群,何云琪,钱龙华,等. 中文嵌套命名实体识别语料库的构建[J]. 中文信息学报, 2018, 32(08): 19-26.

[15] 李雁群,何云琪,钱龙华,等. 基于维基百科的中文嵌套命名实体识别语料库自动构建[J]. 计算机工程,2018,44(11):76-82

[16] JIE ZHOU, BICHENG LI, GANG CHEN. Automatically building large-scale named entity recognition corpora from Chinese Wikipedia [J].Frontiers of Information Technology & Electronic Engineering, 2015, 16(11):940-957.

[17] 孔芳,葛海柱,周国栋. 篇章视角的汉语零指代语料库构建. 软件学报[J], 2021,32(12):3782-3801.

[18] 尤昉,李涓子,王作英. 基于语义依存关系的汉语语料库的构建[J]. 中文信息学报, 2003(01):46-53.

[19] 王瑞民,叶娅娟,张坤丽,等. 面向时政新闻文本的事件标注语料库构建[J]. 郑州大学学报:理学版, 2023,55(2):25-32.

[20] 昝红英, 窦华溢, 贾玉祥, 等. 基于多来源文本的中文医学知识图谱的构建[J]. 郑州大学学报:理学版, 2020, 52(2): 45-51.

[21] 王贵荣,饶高琦,荀恩东. 基于大规模语料库的现代汉语动宾搭配知识库构建[J]. 中文信息学报, 2021,35(01):34-42+53.

[22] 吴婷,李明扬,孔芳. 基于同义推理的篇章级实体上下位关系语料库构建[J]. 中文信息学报，2020，34(04):38-46.

[23] TUTUBALINA ELENA. The Russian Drug Reaction Corpus and neural models for drug reactions and effectiveness detection in user reviews.[J]. Bioinformatics,2021,37(2):243-249.

[24] MARIA CAROLINA ZUPPARDI. Review：Hansen 2018 Corpus Linguistics and Sociolinguistics[J]. Corpora，2020，15(1)：121-124.

[25] ISABEL MORENO. DrugSemantics：A corpus for Named Entity Recognition in Spanish Summaries of Product Characteristics[J]. Journal of Biomedical Informatics，2017(72)：8-22.

[26] MARÍA NAVAS-LORO，VÍCTOR RODRÍGUEZ-DONCEL. Spanish corpora for sentiment analysis：a survey[J]. Language Resources & Evaluation，2020，54(2)：303-340.

融入知识图谱的预训练语言模型综述 ①

王晓艺 [1,2]
1. 首都师范大学;2. 中国语言智能研究中心

摘要:预训练模型通过自监督方式从海量未标注、无结构化的数据中学习,由于缺少外部知识指导存在模型效果不佳、知识推理能力受限等弊端,阻碍了其进一步发展。而将知识图谱中的结构化知识注入预训练模型中,使之既能学习到自由文本中的通用语义知识,又能学习到文本背后的现实世界知识,从而有效应对下游知识驱动任务。该文介绍了预训练模型和知识图谱的相关概念,并阐述研究现状,概述了融入知识图谱的预训练模型方法,并根据融合方式提出了三种分类方法,其后对应用领域进行了概述。最后,对融入知识的预训练模型的未来研究方向进行了总结与展望。

关键词:预训练语言模型、知识图谱、自然语言处理

A Review of Language Intelligence Research in the Era of Big Data

Wang Xiaoyi

Abstract: Pre-trained models learn from massive amounts of unannotated and unstructured data through self-supervised learning. However, they suffer from limitations such as inadequate performance and limited knowledge reasoning capabilities due to the lack of external knowledge guidance. To address these limitations, integrating structured knowledge from knowledge graphs into pretrained models enables them to acquire both general semantic knowledge from free text and real-world knowledge behind the text, thereby effectively addressing downstream knowledge-driven tasks. This paper introduces the concepts of pretrained models and knowledge graphs, discusses research advancements, provides an overview of methods for integrating knowledge into pretrained models, and proposes three classification approaches based on fusion methods. It also outlines the application domains where these approaches can be applied. Finally, the paper summarizes and discusses future research directions for pretrained models integrated with knowledge.

Keywords: Pre-trained language model; Knowledge graph; Natural language processing

1 引言

近年来,以深度学习为代表的数据驱动方法,尤其是预训练语言模型在各类任务上取得了巨大的成功。深度学习利用神经网络的分布式表示和层次结构泛化,可以充分利用大规模数据,使基于深度学习的预训练模型有了质的飞跃,可以从大量自由文本中学习到诸如词语语义关系、词语共现关系、句法层次结构等通用语义知识,并以参数的形式存在于网络模型中,在自然语言处理领域下游任务的取得重大突破。

然而,在预训练语言模型快速发展的同时,也存在不容忽视的弊端。首先,预训练语言

① 基金项目:国家新一代人工智能(2030)重大项目(2020AAA0109700);国家自然科学基金资助项目(62076167)。

模型是统计模型，根据共现信息学习文本中实体的隐式关联，导致不具备深度理解和逻辑推理的能力。其次，受限于长尾数据分布，模型等鲁棒性变差。另外，预训练模型缺乏常识知识，无法联系现实情形且难以解决专业领域问题，不利于在真实应用场景中等大规模推广。如图 1 所示，当预训练语言模型面临“文学作品《活着》的主人公是谁?”这个问题时，可能会因为“活着”一词在训练文本中常常与作者“余华”共现而匹配出该错误答案。此时若要得出正确答案，就需要使用大量包含“活着”和正确答案“福贵”的文本来更新模型参数。而如图一右侧实例所示，如果将自由文本和知识图谱（KG）结合，那么模型只需要学习知识图谱中“活着-主人公-福贵”这一个三元组，就可以获得回答上述问题的相关信息并给出正确答案。

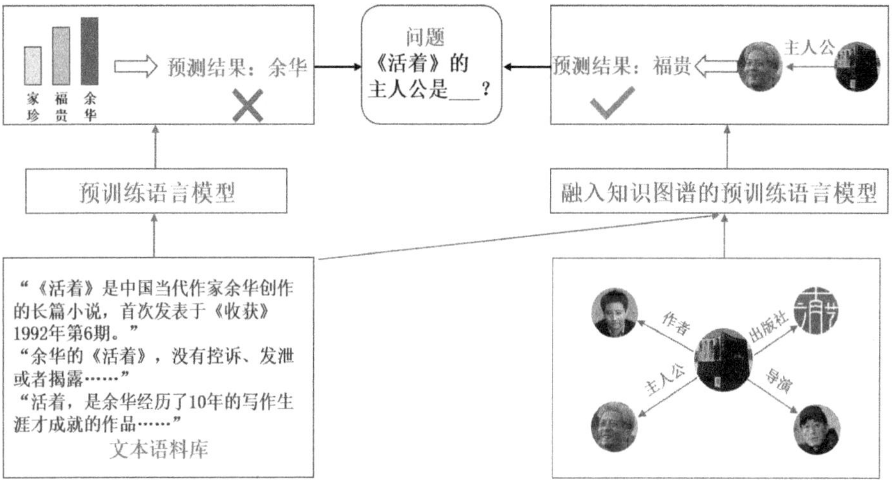

图 1　融入知识图谱的预训练语言模型解决现实问题

知识图谱以三元组的形式表示，含有丰富的结构化知识，能够为预训练语言模型提供更全面丰富的实体语义和实体关联信息，为知识如何在使用场景中发挥作用引入了可解释性。同时通过提供常识和领域知识，克服训练数据长尾分布的限制，能够增强预训练模型的鲁棒性。预训练模型在一定程度上可以从非结构化的文本信息中获取知识，而知识图谱可以看做从文本中抽取语义和结构化的数据，在这样的背景下，自然语言处理领域涌现出了许多将知识与预训练模型相结合的研究工作，尝试为预训练模型融入知识，从而更好地将预训练模型应用于知识驱动和语义理解任务。

该文主要概述了自然语言处理领域中融入知识图谱的预训练语言模型技术，阐述了为预训练模型引入知识的必要性。其后第 2 节简要概述了预训练模型的发展进程；第 3 节提出了一种新的融入知识的预训练模型分类方法，并介绍经典模型；第 4 节小结了融入知识的预训练模型的部分应用；第 5 节对自然语言处理领域中融入知识图谱的预训练语言模型的发展趋势进行了展望。

2 研究现状

2.1 知识图谱

知识图谱最早于2012年由Google正式提出,以结构化的语义知识网络描述世界万物之间的关系,致力于从数据中发现和推断出存在于事物之间的复杂联系。通过将丰富的网络数据有序地组织起来,用户可以直观且清晰的学习知识,极大满足了用户对于知识服务的渴求,同时也顺应了网络时代的发展要求。知识图谱从覆盖范围层面来看,分为领域和开放域。领域图谱的知识覆盖面比较窄,能够为使用者提供行业内知识的建议。开放域知识图谱的对象是整个世界,知识覆盖的范围很辽阔,在自然语言处理的多个领域中发挥了巨大的作用,如Freebase知识库、DBpedia等。知识图谱系统采用了结构化的方法组织和管理大量网络数据,把网络知识描述成易于被人们掌握的知识形式,更加生动地说明了实体与理论之间的关联,从而推动了网络的信息搜索方式从传统的数据服务转向了更加智慧的信息服务方式。

2.2 预训练语言模型

预训练语言模型一直是学习深度神经网络参数的有效方法,然后对下游任务进行微调。早在2006年,深度学习的突破就出现在分层无监督预训练之后的监督微调[8]。随着深度学习模型的出现和计算能力的发展,预训练模型的架构由浅及深推进。

第一代预训练模型旨在学习好的词嵌入。由于下游任务不需要这些模型本身,因此计算效率通常很浅薄,例如Bag-of-Words(CBOW)和Skip-Gram(SG)模型。虽然结构简单,但仍然可以学习高质量的词嵌入来捕获潜在的句子和语义相似度。Word2vec和Glove也是广泛使用的模型,获取的预训练词嵌入可以用在自然语言处理领域中的不同任务。虽然这些预训练的词向量可以捕获单词的语义,但它们与上下文无关,当用于下游任务时整个模型的其余部分需要从头开始学习,不能获取文本的高级语义。同一时期,一些学者尝试学习句子、段落或文档的嵌入,如Paragraph vector、Skip-thought vectors、Context2Vec,但这些模型将输入句子编码为固定维度向量表示,并不是上下文表示。

由于大多数自然语言处理任务都超出了词级别,因此在句子级、文档级等更高级别上预训练编码器是很自然的发展趋势。第二代预训练模型专注于获取具有上下文语境信息的词嵌入。Dai提出了第一个将预训练模型成功用于自然语言处理的实例,使用语言模型或序列编码器初始化LSTM,解决了RNN在处理时序数据时不能实时处理反向传播的问题,并发现预训练可以提高其在许多文本分类任务中的训练和泛化能力。2018年,ELMo提出了一种上下文相关的文本表示方法,能够有效地处理一词多义问题,并在多个任务上表现惊艳,成为预训练模型的代表性工作之一。随后,BERT、GPT等工作相继被提出,将词汇的上下文信息融入表示中,从而能够获取更为合理的词嵌入,在通用语言表示方面显示出强大的能力。其中BERT模型更是成了自然语言理解发展过程中的里程碑,各种变体在一系列下游任务中表现优异，训练大规模深度神经网络模型逐渐成为主流方式。

伴着 BERT 等模型的流行以及知识图谱技术的成熟，融入知识图谱的预训练语言模型也悄然兴起，主流思路是引入知识图谱表示学习得到的词嵌入。KG-BERT 首次将预训练语言模型用于知识图谱中，运用预训练好的 BERT 模型进行微调，将三元组用“[SEP]”分隔开再输入到模型中进行训练，也就是使用 BERT 来结合知识实现图谱补全。KT-NET 将注意力机制应用到对知识图谱内知识抽取中，并将其融入 BERT，从而提升知识相关的机器阅读理解下游任务的效果。清华大学提出的 ERNIE 通过改造模型结构，直接在模型中注入知识图谱信息，同时改造预训练的目标任务，让模型学习到更多知识图谱的知识。大部分之前的工作都是将知识图谱的知识转化为知识导向的训练任务，通过更新整个模型的参数进行训练，K-ADAPTER 提出通过知识适配器引入知识的框架，保留原本模型参数不变，有效支持并行训练和持续训练。其后，一系列以 BERT 为基础的改进模型相继被提出，这些融合知识图谱的预训练语言模型大大推动了自然语言处理领域的进步。

3 融入知识图谱的预训练模型分类及举例

由于知识图谱是以图的形式表示实体关系，因此需要对其进行转换和改造以融入预训练模型中。该文按照融合方式将融入知识图谱的预训练模型方法分为三种类型，分别为改造模型输入的融合方式、改造模型结构的融合方式和改造模型输出的融合方式。三种融合方式在整个预训练模型中的流程如图 2 所示。

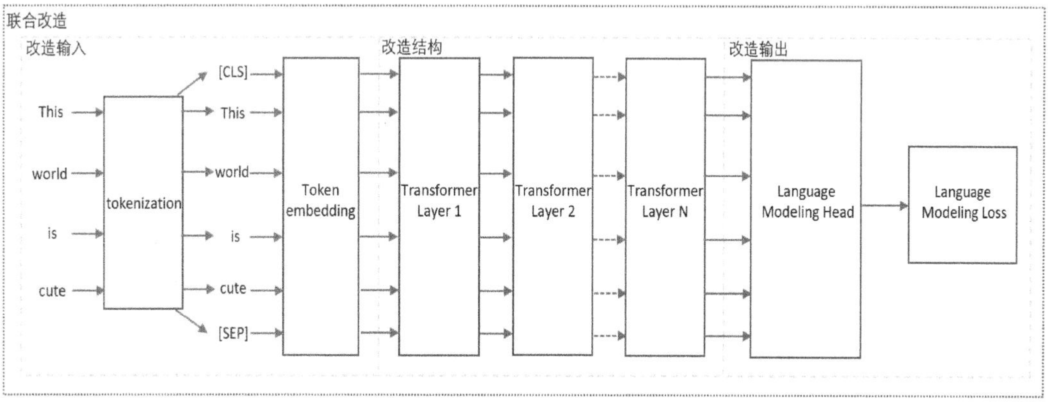

图 2 三种融合方式在整个预训练模型中的流程图

3.1 改造模型输入的融合方式

改造模型输入的融合方式是指对进入预训练模型的输入数据进行改造，既包括在预处理阶段将知识图谱的三元组知识融入输入数据中，也包括将输入中实体的嵌入和输入本身的嵌入结合起来。

K-BERT 模型。针对文本中的词嵌入向量和从知识图谱中实体的词嵌入向量的向量空间不一致和过多引入知识图谱知识造成噪声的问题，K-BERT提出用引入软位置索引(soft position index)和可视化矩阵(visible matrix)在BERT模型中引入外部知识。软位置将三元组的位置索引号与原始语句分开计算从而还原结构信息,而可视化矩阵则通过限制每个单词能够“看见”的范围,将单词之间的相互影响限制在语句树的同一分支上,从而缓解三元组引入的误差。其整体模型框架如下图3所示。

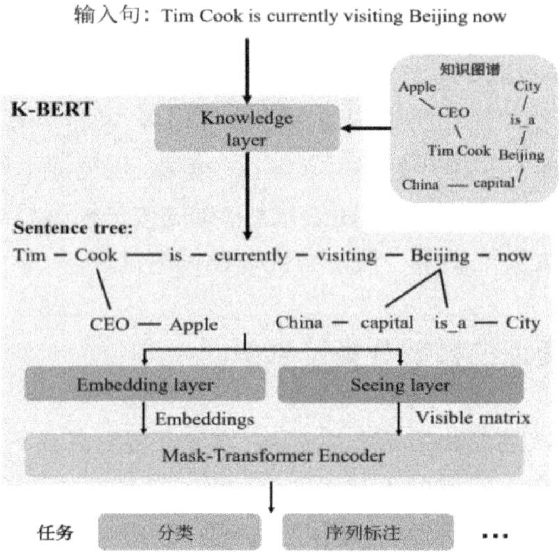

图3 K-BERT模型图

对于输入的句子,知识层先融入从知识图谱中抽取的该句子的相关三元组,将原始的句子转换为蕴含有知识图谱知识的句子树。句子树同时进入Embedding layer和Seeing layer,然后再分别输出对应的token级嵌入表示和可见矩阵,解决知识噪声的问题。这种改造输入和结构的方式消除了预训练模型产生的表示与知识图谱之间映射的向量空间不一致的问题,因此可以很容易地将领域知识注入模型中,而不需要对模型进行预训练。

3.2 改造模型结构的融合方式

改造预训练模型结构的方式来融合外部知识,既包括在原有预训练模型的层结构之间加入额外的层,也包括在最终层之后添加额外的层。

KT-NET模型。同时融合了语言-知识融合的KT-NET模型,采用注意力机制从知识图谱中自适应地选择所需的知识,并将其融入BERT预训练模型,以实现上下文感知和知识感知预测。KT-NET的模型架构如图4所示。

给定问题和文档,首先检索潜在相关的知识表示(KB embedding),并将其编码在知识存储器中。具体来说,模型的输入经过预训练好的BERT模型,得到最后一层的隐层向量表示(BERT vector),而输入的文本内容会抽取对应的实体,通过Bilinear得到对应的知识图谱中每个实体的KB embedding;利用注意力机制将两个表示结合,并通过双层自注意力机制进一步融合,最终将几种知识图谱对应的输出结果做拼接后进入最终预测层。采用这种改造模型结构的融合方式可以同时融合多种知识图谱,提升与知识相关的下游任务的效果。

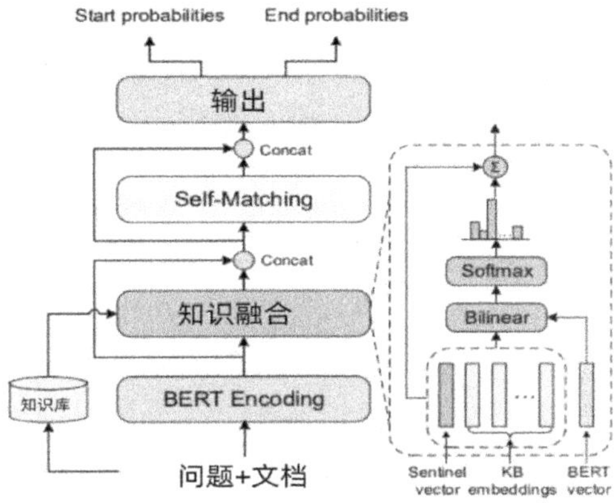

图 4　KT-NET 模型图

3.3　改造模型输出的融合方式

改造模型输出的融合方式是基于知识图谱构建的，包括改造预训练或微调任务，隐性地通过训练模型去适应蕴含知识图谱知识的任务来实现知识图谱的融入，也包括对损失函数的重新定义。

KG-BERT 模型。针对知识图谱完整性的判断任务，Yao 等人将知识图谱视为一个三元组<头实体、关系、尾实体>的文本序列，并且提出了一个新的知识图谱双向 Transformer 编码框架（KG-BERT），这是首次将预训练语言模型用于知识图谱中。针对三元组的合理性判断问题，直接用预训练好的 BERT 模型进行微调，模型的输入也是直接将三元组中的三个元素直接用特殊标记[SEP]分隔送入模型，如图 5 所示。同样地，对于预测两个实体之间的关系也是将两个实体用"[SEP]"分隔开。

```
# (c) for sequence triples:
#  tokens: [CLS] Steve Jobs [SEP] founded [SEP] Apple Inc .[SEP]
#  type_ids: 0 0 0 0 1 1 0 0 0 0
```

图 5　输入示例

但这种只是改造输出的融合方式模型结构没有变化，实现简单，没有充分利用知识图谱中三元组之间相互关联的深层知识信息。

ERNIE 模型。清华大学的 ERINE 模型通过改造 BERT 原本的模型结构，直接在模型中注入知识图谱信息，同时改造预训练的目标任务，通过任务的方式隐性地让模型学习到更多知识图谱的知识。如图 6 所示，ERNIE 的整个模型架构由两个堆叠的 encoder 构成，分别是底层的文本编码器（T-Encoder），负责获取输入词语的词法和句法信息，和上层的知识型编码器（K-Encoder），负责将额外的面向词语的知识信息整合自底层的文本信息，这样就可以在一个统一的特征空间中表征词语和实体的异构信息。

与 BERT 类似，ERNIE 采用了带掩蔽（Mask）的语言模型，以及预测下一句文本作为预训练目标。此外，其采用了一种新型预训练目标，即随机掩蔽掉一些对齐输入文本的命名实体，并要求模型从知识图谱中选择合适的实体以完成对齐。现存的预训练语言表征模型只利用局部上下文预测缺失词,但 ERNIE 的新目标要求模型同时聚合上下文和知识实体的信息,并同时预测缺失词和实体,从而构建一种知识化的语言表征模型。这种同时改造模型结构和输出的融合方式可以兼容原版的 BERT 模型,通过连接可以融合多种知识图谱知识。

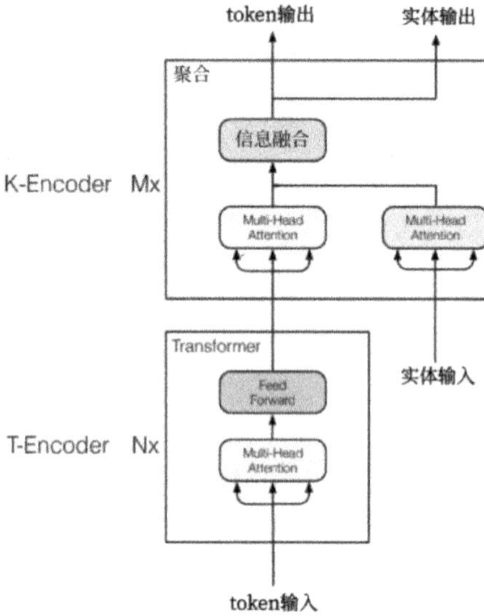

图 6 ERNIE 模型结构图

除了以上代表性融合知识图谱的预训练语言模型外,还有其他模型,如 K-ADAPTER 通过改造模型结构和输出的方式融入知识,并不需要使用图谱嵌入,同时可以持续融入多种知识,训练效率很高; KnowBERT 分别引入 WordNet 和 Wikipedia 学习语法和常识知识,对任何下游任务都可以微调;BERT-MK 是对 ERNIE 的改进,从知识图谱中抽取了特定实体的相邻节点作为实体背景补充信息,使获取实体嵌入更加合理; WKLM 通过改造输入和输出的方式分别融入 Wikidata,但并不使用知识嵌入,对模型结构改动很小,可以根据实际需求融入多种知识图谱;相比于 K-BERT 更进一步, CoLAKE 的输入策略通过图结构而不是树结构进行组织,将知识图谱中三元组的上下文也融入模型中去。我们在表 1 中总结了部分模型的方法及特点,可以清晰地看到知识图谱融入的模型改进方式多种多样,不论是从模型输入、模型结构、模型输出进行融合,在一定程度上都可以提升模型在与知识导向相关的下游任务上的表现。

表 1 融合知识图谱的预训练语言模型方法总结

模型名称	融入方式	使用的 KG	是否使用 KG 嵌入	是否在预训练或微调阶段融入 KG	优点	缺点
K-ADAPTER	改造结构+输出	Wikipedia、dependency parse	否	微调	①只需更新少量参数,训练效率高; ②支持持续多种知识的融入,且新融入的知识不会对旧知识学习到的参数产生影响	没有对如何针对不同的知识设计不同的训练任务进行探索和说明

续表

模型名称	融入方式	使用的 KG	是否使用 KG 嵌入	是否在预训练或微调阶段融入 KG	优点	缺点
KT-NET	改造结构	WordNet、NELL	是	微调	①可以同时融合多种知识图谱；②对与知识相关的 MRC 任务提升效果明显	没有考虑 KB embedding 和 BERT 向量通过不同模型映射得到，可能存在 gap
KnowBERT	改造结构+输出	WordNet、Wikipedia	是	预训练+微调	①不针对特定任务，对任何下游任务都可以微调；②只增加了少量参数，模型轻量	需要更新预训练模型的全部参数，训练速度较慢
K-BERT	改造输入+结构	CN-DBpedia、HowNet、MedicalKG	否	微调	①与原始的 BERT 模型相兼容；②解决了知识噪声的问题	微调一次只能融入一种知识图谱知识
ERNIE	改造结构+输出	Wikipedia	是	预训练+微调	与原始的 BERT 模型相兼容	①模型结构复杂；②效果可能强依赖于抽取实体的精准度
BERT-MK	改造结构+输出	UMLS	是	预训练+微调	对 ERNIE 的改进，获取实体嵌入更合理	模型结构复杂
KG-BERT	改造输出	Wikipedia	否	微调	模型结构无变化，实现简单	没有充分利用三元组之间的深层知识信息
WKLM	改造输入+输出	Wikidata	否	预训练	实现方式简单	没有充分利用三元组之间的深层知识信息
CoLAKE	改造输入+结构	Wikipedia	否	预训练	对模型结构改动小，可根据实际需求融入多种知识图谱	在应对需要理解语义的下游任务时没有改进

4 应用领域

近年来融合知识图谱的预训练语言模型已经在多个领域崭露头角，在各种自然语言处理任务中应用广泛，本节总结了在几个经典 NLP 任务中的一些应用。

4.1 问答系统

让机器像人一样有逻辑、有知识、有情感地与人交流，是人机交互的重要发展方向之一。问答系统由简到繁，可以分成三种问答任务：单轮抽取、多轮生成、多跳推理问答。

BERT 将抽取式问答任务转化为跨度预测任务，即预测答案的开始和结束的位置，成了一个有竞争力的基线模型。对于单轮抽取问答评估，Zhang 等人提出了一种追溯阅读器架构，并用预训练模型(如 ALBERT)初始化编码器。对于多轮生成任务评估，Ju 等人提出“预训练模型+对抗训练+基本原理标注+知识蒸馏”的模型。对于多跳问答任务评估，Tu 等人提出了一种可解释性的“选择、问答并解释”系统，预训练模型作为选择模块中的编码器；

Sun 等人通过获取关系知识和注入领域知识,改进在问答中发挥关键作用的句子级文本分类和文本匹配任务。

4.2 命名实体识别

命名实体识别在信息抽取中起着重要作用,大部分命名实体识别方法都是在序列标注的框架中。句子中的实体信息被转换成标签序列,一个标签对应一个单词。

AKbik 等人使用预训练的字符级语言模型为命名实体识别生成词嵌入。LICHEE 等人提出将细粒度嵌入和粗粒度嵌入被分别学习并集成为多粒度嵌入,然后将其传递到语言模型的编码器中。采用了自适应的 Transformer 编码器来对字符级特征和单词级特征进行建模。TNER 通过结合定向软件、距离感知和非缩放注意力对 transformer 进行改造,改造后的编码器对 NER 任务有显著提升。FLAT 将 Lattice 结构和 Transformer 相结合,解决中文会因为分词引入额外的误差,并且利用并行化提升推理速度。Liu 等人将知识图谱与预训练语言表示模型 BERT 相结合,使机器在阅读特定领域文本时,能够利用相关领域知识进行推理。

4.3 情感分析

情感分析是指通过文本来挖掘人们对于产品、服务、组织、个人、事件等的观点、情感倾向、态度等。与其他 NLP 工作一样,通常被认为是一个分类问题,自在然语言处理领域十分重要。

Tang 等人使用微博中情感极性明确的表情符过滤得到大量弱标注的情感文本语料,将弱标注的情感信息融入词向量表示中,使上下文相近但情感不同的词的向量表示有明显的差异,验证了融入情感表情符知识的有效性。同时,他们还进一步自动构建大规模情感词典,该词典被应用到 Twitter 情感分类任务上。Tian 等人在预训练 BERT 语言模型基础上,将文本中的评价对象(属性)、情感词等情感元素引入掩码语言模型预训练任务,进一步提高了 BERT 类模型在多个情感分类数据集上的性能。Ke 等人在预训练语言模型中引入词级别的情感、词性知识,依据词性信息推断情感极性并预测语言学标签。Ghosal 等人利用 ConceptNet 为所有领域构建一个小规模知识图谱,然后找出每个文档中独有的名词、形容词、副词集合,再依据从中抽取出一个文档相关的子图,进而提供一个由知识库知识提取而来的特征表示,与文档本身的情感表示一起做最后的情感分类。

随着预训练技术的快速发展,融入知识图谱的知识预训练模型有着非常广阔的应用场景,除了问答系统、命名实体识别、情感分析之外,还有搜索引擎、推荐系统、智能创作、文档分析、金融风控、智慧医疗等,未来将还有很多新的应用和技术不断涌现。

5 总结与展望

本文系统阐述了融入知识图谱的预训练模型的发展脉络,分析了现有知识图谱融合的方法并进行了分类,通过问答系统、命名实体识别、情感分析 3 个方面详细介绍了知识增强预训练模型的应用。知识对于语义的理解至关重要，在预训练语言模型大行其道的当下，将知识图谱融入语言预训练模型中是重要的技术发展方向，但我们也应注意到存在的问题，如现有的知识增强预训练模型依旧难以解决逻辑、常识等；并且由于模型是基于深度神经网络方法来建立的，模型的可解释性、可靠性和可控性仍然较差等，仍然存在许多值得深入探索的问题，其未来可能的研究方向包括以下四个方面。

一是合理注入知识。在一些下游任务上知识图谱的融入不总是有效的，反而有可能会扰乱预训练模型从非结构化的文本中理解到的知识体系，同时过多的知识引入也可能带来噪声，反而造成模型损失。因此我们需要在不盲目的前提下，将知识图谱融入预训练模型。

二是多种模型共同作用。知识图谱融入的模型改进方式多种多样，不论是从模型输入、模型结构还是模型输出进行融合，在一定程度上都可以提升模型在与知识导向相关的下游任务上的表现，因此可以考虑将多种模型的改进共同作用在一个模型上。

三是知识图谱构建本身。知识图谱融入预训练模型的效果，除了融合方法的改进和尝试，知识图谱本身构建的合理性和高效性也关系到融合技术是否有效落地到实际业务中，因此可以更多兼顾知识图谱本身构建的技术研究上去。

四是多模态知识融合。随着多媒体数据的不断增长，将语言模型与图像、音频等多模态数据相结合，可以提供更全面、丰富的信息，因此未来研究应该关注如何有效融合多模态知识以进一步提升模型的性能和应用能力。

参考文献

[1] QIU X P, SUN T X, XU Y G, et al. Pre-trained models for natural language processing: a survey[J]. Science China Technological Sciences, 2020, 63: 1872-1897.

[2] JI S X, PAN S R, CAMBRIA E, et al. A survey on knowledge graphs: representation, acquisition and applications[J]. IEEE Transactions on Neural Networks and Learning Systems, 2022, 33(2): 494-514.

[3] JI S, PAN S, CAMBRIA E, et al. A Survey on Knowledge Graphs: Representation, Acquisition, and Applications[J].IEEE transactions on neural networks and learning systems, 2020,33(2):494-514.

[4] BIZER C, LEHMANN J, KOBILAROV G, et al. Dbpedia-a crystallization point for the web of data[J]. Journal of web semantics, 2009, 7(3): 154-165.

[5] 王一鸣. 基于知识图谱的推荐技术研究及应用[D]. 成都：电子科技大学，2018.

[6] GEOFFREY E HINTON, RUSLAN R SALAKHUTDINOV. Reducing the dimensionality of data with neural networks[J]. Science, 2006, 313(5786):504–507.

[7] JOSHI M, CHEN D, LIU Y, et al. Spanbert: Improving pre-training by representing and predicting spans[J]. Transactions of the Association for Computational Linguistics, 2020(8): 64-77.

[8] LIAO W, ZENG B, YIN X, et al. An improved aspect-category sentiment analysis model for text sentiment analysis based on RoBERTa[J]. Applied Intelligence, 2021(51): 3522-3533.

[9] YANG Z, DAI Z, YANG Y, et al. Xlnet: Generalized autoregressive pretraining for language understanding[J]. Advances in neural information processing systems, 2019(32):419-126.

[10] DONG L, YANG N, WANG W, et al. Unified language model pre-training for natural language understanding and generation[J]. Advances in neural information processing systems, 2019(32):268-276.

[11] MILLER G A. WordNet: an electronic lexical database[M]. Cambridge: MIT Press, 1998.

[12] VRANDEČIĆ D, KRÖTZSCH M. Wikidata: a free collaborative knowledgebase[J]. Communications of the ACM, 2014, 57(10): 78-85.

自然语言理解技术发展综述

胡菊香[1,2]
1. 首都师范大学 2. 中国语言智能研究中心

摘要：自然语言理解技术是人工智能领域的一个重要分支，旨在计算机通过自然语言处理技术，将自然语言文本转换为计算机可理解的形式，从而实现自然语言文本的理解和处理。自然语言理解技术归纳了包括词法分析、句法分析、情感分析、语义分析、语言理解、文本生成、机器翻译等多个方面研究，并针对重大的研究工作做粗浅的评述。
关键词：自然语言理解；研究成果；人工智能；技术归纳；

Development Overview of Natural Language Understanding Technologies

Hu Juxiang

Abstract: Natural Language Understanding (NLU) technology is a crucial subfield of artificial intelligence. Its purpose is to enable computers to comprehend and process natural language texts by employing language processing techniques, thereby converting text into a machine-understandable format. This article provides an overview of NLU technology, encompassing various aspects such as lexical analysis, syntactic parsing, sentiment analysis, semantic analysis, language comprehension, text generation, machine translation, and more. Additionally, it presents a brief assessment of significant research accomplishments in the field.
Keywords: Natural Language Understanding; Research Achievements; Artificial Intelligence; Technological Overview;

1 引言

自然语言理解技术的演进为人工智能技术的发展提供了不可或缺的支撑和推动。在过去几十年中，自然语言理解技术已经取得了显著的发展。随着技术的不断发展以及新技术不断地涌现，自然语言理解技术将会在更多的领域得到应用，为人类带来更多便利和效益。任何事物的发展都具有两面性，自然语言处理技术发展历程也不例外，快速发展的同时也面临一些巨大的困难和挑战，如：语言多样性、语义歧义、上下文的理解等复杂问题，这些问题有待深入的探索和调研。

自然语言理解是人工智能领域中的重要方向之一，旨在使计算机能够像人一样理解和处理自然语言。随着人工智能技术的不断发展和进步，自然语言理解和自然语言处理技术也在不断地完善和提升，越来越多的自然语言理解和自然语言处理技术被应用于各个领域，如：智能客服、机器翻译、语音识别、文本分类、问答系统、金融舆情检测以及智能风控等。特别值得注意的是，在中国人民银行印发银发《金融科技（FinTech）发展规划（2019-2021年）》（以下简称《规划》）中，明确提出未来三年金融科技工作的指导思想、基本原则、发展目标、重点任务和保障措施。在《规划》中,一共列出了二十七项重点任务。其中,第六项、第十项以及第十一项重点任务与人工智能密切相关,旨在稳妥推动人工智能技术与金融业务深度融合。这一系列举措的目的是促进金融领域与人工智能的有效结合,以推动金融业务的智能化发展。

本文重点关注自然语言理解的基本概念和技术发展,并展望了未来的前景。随着深度学习等新技术的发展,自然语言理解领域带来了新的机遇和挑战。

2 自然语言理解的基本概念

自然语言理解技术是指计算机对自然语言进行理解和处理的能力。它是能够读懂、理解用户在书面语言及口头语言中使用的自然语言,并将其转化为人工能够理解的语言,从而实现人机交互的技术。随着人工智能技术的不断发展,自然语言理解技术也得到了广泛研究,核心任务包括词法分析、句法分析、语义分析、语法分析、语用分析等。自然语言理解技术发展综述的代表性概念及模型如图 1 所示。

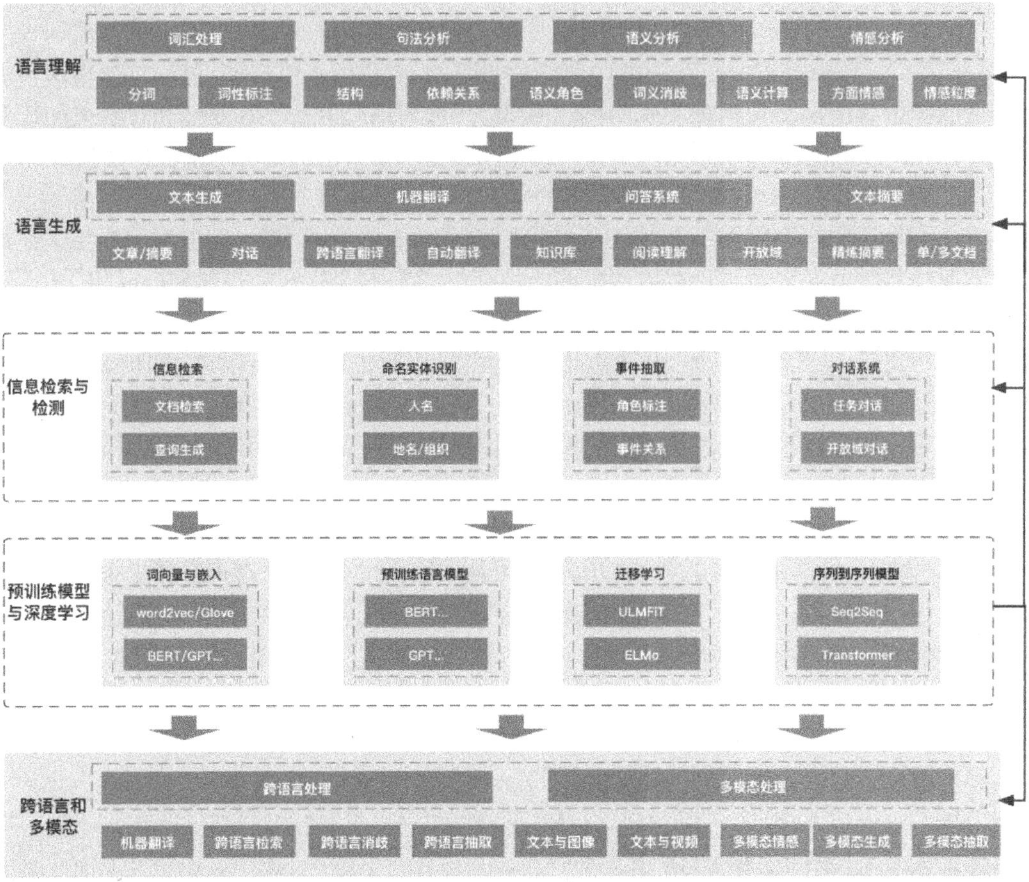

图 1 自然语言理解技术发展综述的代表性概念及模型应用

(1)词法分析是将自然语言文本分解成单词或词汇单元,并对其中的单词进行分析和分类的过程。例如,假设词法分析器输入端有一个句子为“我喜欢吃水果”,则词法分析器输出端为三个单词:“我”“喜欢”“吃水果”,并为每一个词分配一个词法类别。例如,“我”可能被分配为代词类别,“喜欢”可能被分配为动词类别,“吃水果”可能被分配为动词短语类别。进一步深入分析,词法分析器还需要处理一些复杂的情况,例如将“吃水果”分解为“吃”和“水果”,或者将整个短语分配一个词法类别。此外,词法分析器还需处理歧义情况,例如“苹果”既可以表示水果种类,也可以表示苹果电脑,正确的分类需根据上下文确定。

(2)句法分析在自然语言理解和自然语言处理中扮演着关键角色,将自然语言文本分析为多个短语结构,进而分析句子的结构、语法规则以及它们之间的语法关系。以“我喜欢吃水果”为例,句法分析器会将该句子分解成主语短语和谓语短语,并确定它们之间的语法关系。具体而言,“我”是主语短语,“喜欢吃水果”构成谓语短语,其中“喜欢”充当谓语动词,“吃水果”则是宾语短语。

(3)语义分析涉及句子的意义和语义关系解析,将自然语言文本的内涵转化为计算机可理解的形式,即对语句的含义进行分析和理解。以“我想买一部新手机”为例,语义分析将此句转化为表示购买行为的语义表达,并辨认其中的关键信息。例如,“我”是购买行为的主体,“买”是购买行为的动作,“新手机”是购买的对象。

(4)语法分析是对句子中的词语排列、结构和功能进行深入研究的过程,旨在揭示句子是如何按照语言的语法规则组织起来的。例如“猫捉老鼠”,其中“猫”是主语,表示动作的执行者;“捉”是谓语,表示具体的动作;“老鼠”是宾语,是动作承受的对象。汉语的基本语序是“主语-谓语-宾语”(SVO)。

(5)语用是指语言的运用,包括句子的语用关系和语用规则,将语句中的描述与实际事物及其属性相联系。它是对自然语言中的语境和语用关系进行分析和理解。以句子“尽管我今天很忙,但如果你需要帮助,请随时让我知道。”为例,在自然语言理解中的语用分析可以解释其含义为:“虽然我很忙,但我愿意帮助你,所以请告诉我如果你需要任何帮助。”这个句子的语用含义传达了说话人的意愿和目的,可能是为了表达友好、关心、耐心等情感。这种理解不仅仅依赖于字面意义,还需要考虑上下文、说话人和听者之间的关系,以及可能存在的语言隐喻和推理。

这些任务的完成需要依赖于自然语言处理中的各种技术和算法,如机器学习、深度学习、自然语言生成等。随着人工智能和机器学习技术的发展,自然语言理解技术也在不断更新和完善中,自然语言理解技术不仅为人机交互提供了更加智能化和便捷方式,也在智能客服、智能翻译、智能搜索、智能问答、金融科技等领域得到了广泛应用。总之,自然语言理解技术的不断发展为人工智能的不同应用领域带来了前所未有的机遇。通过不断改进和创新,我们有望进一步提升自然语言理解技术的效能,从而实现更智能、高效和自然的人机交互以及在多领域的智能化应用。

3 自然语言理解技术发展历史

随着人工智能技术的发展,自然语言理解(NLU)技术也逐渐得到了广泛的应用和推广。自然语言理解技术的发展经历了不同的阶段、不同的方法，也有各自的优缺点。但是随着技术的不断发展和创新，自然语言理解技术的应用前景依然十分广阔。自然语言理解技术发展历程中从最初的语法规则到统计机器学习再到最近的深度学习算法，取得了显著的进展。国外相比国内起步较早，其发展阶段可分为五个阶段，分别为早期研究、基于规则的方法和认知语言学的兴起、统计机器学习的兴起、语义网和上下文相关词向量的引入、预训练语言模型和深度学习的应用。

3.1 早期研究

早期研究阶段是自然语言理解技术的初步探索时期，研究者主要聚焦于基于语法规则、信息表示及逻辑推理的语言理解模型。然而，鉴于自然语言的错综复杂性，这些模型在实践中常常暴露出其局限性，难以应对语言的多义性和歧义性。

历史可追溯至 17 世纪，莱布尼茨等哲学家已开始对语言哲学等问题进行深思。而 20 世纪初，诸如 Andrej Andreevich Markov 和 Leonard Bloomfield 等研究者，在语言学及其相关领域内贡献了大量研究成果。

1936 年，计算机科学之父 Alan Turing 发表论文，提出了革命性的“图灵机”概念，这是一种用于理论计算的抽象模型，为计算机处理自然语言和进行推理奠定了理论基础。

1948 年，贝尔实验室的 Claude Shannon 成为自然语言处理（NLP）领域的先驱之一。他深入研究了将语音流转换为二进制代码的方法，揭示了基本的语音编解码原理，为语音识别技术的后续发展奠定了基础。

1949 年，同为贝尔实验室研究员的 Warren Weaver 发表了一篇名为“翻译”的论文，不仅提出了机器翻译的概念，还探讨了利用数学模型实现这一目标的可能性。此论文被公认为机器翻译研究的基石。

1960 年代，以色列数学家 Yehoshua Bar-Hillel 致力于开发形式化语义学方法，以应对自然语言中的逻辑复杂性。他的研究为自然语言识别和处理技术提供了新的抽象方法。同期，IBM 研究员 Peter Luhn 发明了关键词上下文索引系统（KWIC），这是搜索引擎技术的早期形态之一，也是基于文本的自然语言处理系统的先驱。

1970 年代的自然语言理解技术主要依赖人工模式匹配和逻辑规则等传统方法。然而，这些方法因需要大量人力、物力和财力投入，在处理大规模模式匹配和海量规则时显得力不从心。

随着 1980 年代计算机技术的突飞猛进，数据驱动的机器学习方法异军突起，极大地推动了自然语言处理技术的进步。基于统计机器学习的模型在自然语言理解领域得到广泛应用。

回顾 20 世纪 40~50 年代初期，人们开始尝试利用计算机模拟人类语言处理过程，研究焦点集中在语音识别和机器翻译上。随着计算机技术的不断进步和自然语言处理领域的日益壮大，自然语言理解技术也获得了长足发展。

早期的自然语言理解研究为当今的自然语言处理技术打下了坚实基础，并持续推动该领域的发展。尽管当时面临计算资源和技术限制，但先驱们的努力激发了后续研究者的创新精神，共同推动了自然语言处理领域的快速进步。在早期研究中，学者们致力于构建理论框架,将语言的结构和语义形式化为规则、逻辑和知识,为后来的自然语言理解系统提供了宝贵指导。同时,早期研究还引入了诸多关键概念,如规则系统、知识表示和逻辑推理等,这些概念在随后的技术发展中不断得到拓展和深化。

3.2 基于规则的方法和认知语言学的兴起

追溯到20世纪70-80年代,自然语言处理开始采用基于规则的方法,如语法转换和逻辑表达式。此外,认知语言学理论在自然语言理解领域的应用也逐渐受到重视。

Roger Schank 在这一时期开发了一个基于场景的自然语言理解系统。无论是基于规则的方法还是认知语言学,它们都为自然语言理解提供了独特的视角和方法。未来的研究将更加注重将这两种方法融合起来,以进一步提高自然语言理解的水平。

Noam Chomsky 是语言学领域的著名学者之一,他提出了常用于自然语言研究的上下文无关文法(Context-Free Grammar, CFG)和转换生成语法(Transformational-Generative Grammar,TGG)等语法理论,以及 Earley 算法(1970s)和 CYK 算法等解析算法。

Noam Chomsky 通过提出 CFG 等语法理论,为自然语言的语法结构研究提供了重要思路。虽然 CFG 等语法理论存在一些局限性,但它们依然是自然语言处理领域中广泛应用的基础模型。

Joakim Nivre 等人在依存句法分析方面提出了一系列优化方法(2003-2017)。

Richard Montague 提出了逻辑语义学(1970s),基于逻辑的语义分析方法。同时, Zellig Harris 提出了用分布式语义表示单词的方法(1954); Hearst 和 Caraballo 提出了词汇语义资源 WordNet,用于词汇的语义组织和检索。

基于规则的方法和认知语言学的兴起为自然语言理解的研究提供了新思路和方法,这些研究成果的诞生离不开众多重要研究者的努力和贡献。

3.3 统计机器学习的兴起

20世纪90年代,随着机器学习技术的发展,自然语言处理开始使用统计机器学习方法。这个时期恰逢互联网的崛起,大量的文本数据成为可用资源。斯坦福大学的 Christopher Manning 和当时还是博士生的 Hinrich Schütze,提出了一种基于统计的自然语言处理方法:最大熵法。

Michael Collins 在论文《Head-Driven Statistical Models for Natural Language Parsing》中提出了一种基于统计机器学习的自然语言解析方法,该方法使用了头驱动的上下文无关文法和一种基于鉴别性训练的算法。

Dan Klein 和 Christopher Manning 提出了一种无词表的、基于概率的自然语言解析方法,该方法使用了隐马尔可夫模型和条件随机场模型。

统计自然语言处理方法与传统的基于人工规则和规则推理方法不同,前者更具自动化和数据驱动的特点。传统方法在处理复杂自然语言任务时可能受到规则难以描述或数量庞大的限制。而统计机器学习方法则能够通过训练模型,自动从文本数据中学习规律和模式。例如,通过采用统计机器学习算法,可以建立文本分类模型、命名实体识别模型、情感分析模型、金融风险模型等。这些模型在大规模文本数据上进行训练,还能够自动地调整模型参数,以达到最佳效果。

3.4 语义网和上下文相关词向量的引入

语义网和上下文相关词向量的引入为自然语言理解领域带来了很多新的方法和技术,它们在不同的任务中都取得了显著效果,也为该领域的发展提供了新的方向和思路。

Tim Berners-Lee 是语义网的奠基人之一。他在 20 世纪 90 年代提出了“语义网”的概念,旨在构建一个可以自动理解和处理不同数据之间关系的网络。语义万维网通过使用标准、置标语言和相关的处理工具来扩展万维网的能力。他提出了 RDF(Resource Description Framework)等关键技术,促进了语义网的发展。

Goble C 提出一种系统化的方法来设计语义网格组件或应用程序,通过明确定义机制,让人们能够明确使用语义和相关知识来支持各种服务能力,从而扩展开放网格服务架构。

Tim Berners-Lee、James Hendler 和 Ora Lassila,提出了“语义网”的概念,从而引发了对于自然语言理解和知识表达的探索。此外,上下文相关词向量的引入,如 ELMO、GPT 等也持续改善了自然语言处理的结果。

Tomas Mikolov 在 2013 年的 Word2Vec 论文中引入了连续词袋(CBOW)和 Skip-Gram 模型,这些模型能够训练出上下文相关的词向量。这些模型的应用大大提高了词向量的语义表示能力。

Jacob Devlin、Ming-Wei Chang 等人,提出了 Transformer 模型,其中的“自注意力机制”使得模型能够在处理序列数据时更好地捕捉上下文信息,促进了自然语言处理任务的发展,如 BERT 等预训练模型的诞生。

“语义网和上下文相关词向量的引入”描述了两个在自然语言处理领域中具有重要影响的概念的引入。语义网是 Tim Berners-Lee 等人提出的概念,旨在构建一个能够自动理解和处理不同数据关系的网络,通过使用标准、置标语言和技术来扩展万维网的能力。上下文相关词向量则是近年来兴起的概念,主要由 Tomas Mikolov 等人在 2013 年的 Word2Vec 论文中引入。这些词向量不再是静态的单词嵌入,而是能够捕捉词语在不同上下文中的含义变化,从而提升了词向量的表达能力。

3.5 预训练语言模型和深度学习的应用

自然语言处理领域的研究人员主要关注两个核心方向,分别为预训练语言模型的发展和深度学习技术的实际应用。通过使用大量数据, BERT 和 GPT 等预训练语言模型在多个自然语言处理基准测试上取得了显著的进展。同时,深度学习技术的应用也逐渐趋于成熟,使得自然语言处理任务的解决精度得到了显著提高。

Collobert 等人提出了一种新的基于深度学习的自然语言处理方法,并成功地解决了多项自然语言处理任务,例如词性标注、命名实体识别和语义角色标注等。

Q. Le 等人提出了一种新的基于神经网络的文本表示方法,即 Paragraph Vector,用于解决文本分类和情感分析等任务。

A. Vaswani 等人发表了《Attention Is All You Need》。该论文提出了一种新的基于注意力机制的神经网络模型——Transformer,并在机器翻译和自然语言推理等任务上取得了显著的性能提升。

Devlin 等人发表了《BERT: Pre-training of Deep Bidirectional Transformers for Language Understanding》。该论文提出了 BERT 模型,并利用预训练模型的方式,取得了多项任务上的最新最优结果,包括问答、文本分类和命名实体识别等。

预训练语言模型和深度学习技术的应用使得自然语言处理技术在不同任务中取得了持续的进步和突破,表现出色。然而,深度学习技术的应用也带来了许多问题和挑战,例如数据量、模型可解释性等方面的问题。这些问题需要进一步的研究和探讨。

4 自然语言理解技术的现状分析

自然语言理解作为人工智能领域的关键领域,致力于使计算机能够理解人类语言并进行相应处理。当前,自然语言理解技术已经取得了许多显著的进展和广泛的应用,然而仍面临一些挑战和未来的发展方向。本文将探讨自然语言处理技术的几个关键方面,包括语义理解、文本分类、情感分析、对话系统等。

4.1 语义理解

语义理解是自然语言处理技术中最具代表性的技术之一,是将文本或语音信息转化为机器可以理解的形式的关键。近些年,深度学习模型如基于 LSTM, GRU, Transformer 的模型相继被提出,为自然语言处理技术提升了很大的性能。同时,一些预训练模型如 BERT, GPT 等也被广泛应用与自然语言处理中。

4.2 文本分类

文本分类是自然语言处理技术的另一个重要领域,它是将大型文本数据集中的文本按照某种方式进行分类和标注,使之具有可读性和便于处理性。近年来,卷积神经网络(CNN)和递归神经网络(RNN)等深度神经网络模型在文本分类中发挥了重要作用。另外,也出现了一些新的模型,如基于对抗性学习的模型,用于提高文本分类的准确度。

4.3 情感分析

情感分析是自然语言处理技术的分支之一,旨在识别和提高文本和语音数据中的情感呈现。在语音领域,语音情感识别一直是一个重要的研究领域,该领域的发展以卷积神经网络, 长短时记忆网络为核心。基于深度学习的情感分析也是近年来发展迅速的领域, 如基于 BERT 的情感分析、基于 LSTM 的情感分析等。

4.4 对话系统

对话系统是自然语言处理技术中最为复杂的应用之一。它涵盖音频、领域知识、上下文信息以及意图等多方面要素,构成了一个多维度的知识体系。近年来,国内外学者在对话中结合试图解决的问题设计出了不同的技术方案,如基于序列到序列的模型、句子生成、图神经网络、知识图谱、远程监督、增长式学习等等。目前,对话系统在实际应用中可以实现人与计算机的完全对话,并已进入了社交娱乐、智能客服等领域。

5 自然语言理解技术的应用情况

自然语言理解技术的应用已逐渐渗透到日常生活和工作的各个领域,包括智能客服、智能机器人、智能文本分析、金融领域应用等。这些应用不仅改变了人们与计算机交互的方式,还极大地提升了效率和体验。

5.1 智能客服

随着人们对大额消费品的需求增加,越来越多的智能客服提供语音语义识别的服务。手机客服、银行客服、互联网客服等,都采用了自然语言理解技术,在与客户交流中提供更快速的服务。实际应用中,智能客服内核模型大多以 Bert、LSTM、Transformer 等深度学习模型为主。

5.2 智能机器人

自然语言理解技术应用使很多智能机器人能够实现人类感知,理解人类表情和语言,快速响应以及理解用户需求。这种机器人可以应用于教育、卫生、文化、娱乐、旅游等各个方面。这些机器人能够回答用户常见问题和提供帮助,例如销售和客户服务代表,可以使用这些机器人回答客户的问题,节省时间和精力。

5.3 垃圾邮件过滤

自然语言处理技术还可用于识别垃圾邮件。系统可以分析每个邮件的文本并确定其是否是垃圾邮件。一些常见的过滤器通过机器学习算法学习垃圾邮件特征,以便更快地过滤邮件。

5.4 情感分析

情感分析是利用自然语言处理技术,通过分析文本中的情感、情感倾向和态度,例如正面情感、中性情感或消极情感等。这种技术通常应用于社交媒体评论、在线评论、客户反馈调查、市场调研等领域。通过情感分析技术,商家可以及时了解和把握产品的热度和口碑情况。

5.5 语音识别

语音识别是自然语言理解技术最常见的应用之一。它使用计算机程序将人类语音转换为可编辑文本,以便计算机系统可以处理该信息。通过语音识别技术,人们可以更轻松地与计算机交互，诸如苹果 Siri、微软 Cortana、亚马逊 Alexa 等智能助手已经在人们的生活中占据了重要的位置。通过自然语言理解技术，人们可以更方便地与智能设备进行互动，实现语音控制、指示设备或者语音转换文本等诸多功能，使用户的使用体验更加愉悦。

5.6 机器翻译

机器翻译是使用自然语言处理技术实现翻译的过程。通常是将一种语言的文本转换为另一种语言的文本。这种技术通常用于在国际背景下进行交流和合作。使用自然语言理解和语言模型技术，机器翻译系统可以快速地分析、翻译和输出语言，较大地提高了翻译效率。

5.7 自然语言生成

自然语言生成是利用自然语言处理技术，可以让计算机生成类似于人类语言的文本内容。一些典型的应用包括机器翻译、语音合成、自动文本摘要和自动问答等。例如，通过自然语言生成技术，可以让计算机自动生成新闻报道、答复客户问题、产品评论等。

5.8 文本分类和标注

文本分类和标注是自然语言理解技术另一个常见应用。一些实际应用包括文本内容过滤、文本按照主题分类、文本关键字提取等。文本分类和标注技术可以帮助用户快速搜查所需要的信息，提高用户检索信息的效率。

5.9 智能写作和编辑

自然语言理解技术可以被应用于智能写作和编辑中。例如在写作过程中，系统可以提供自然的语言建议，检查语法错误，帮助用户更好的表达文字意思。这种技术可以减轻写手的工作和压力。例如 Grammarly 是一款专门针对英语写作的应用，它采用了 AI 及自然语言处理技术，可以快速提高文档的可读性和准确度。

5.10 智能物联网

智能物联网是通过智能算法将传感器数据集成到一个系统中来，以实现智能家居、智能工厂、智能交通等智能化概念，而自然语言理解技术则能够在这一过程中发挥关键作用，使得基于语音的智能家居能更加准确地理解和满足用户需求，从而实现更高度智能化的家居体验。例如，谷歌家庭助手便是一个典型的例子，它允许用户通过语音发出命令，对联网设备进行控制和执行，从而实现更加便捷和智能化的家居生活。

5.11 NLP+金融

近几年，随着金融科技的快速发展，NLP+金融的强大组合为金融行业带来了诸多的创新和优势。NLP+金融结合了自然语言处理的强大能力和金融领域的实际需求，为金融行业带来了更精准、智能化的数据分析、客户服务和决策支持。在应用场景方面，NLP+金融在情报分析、智能客服、风险管理、交易监控、信贷评估等领域发挥着重要作用。核心能力方面，

NLP 技术通过情感分析、实体识别、文本分类、信息抽取等手段，赋予金融机构更深刻的市场理解能力。基础技术方面，词嵌入、实体识别、预训练模型等技术提升了金融文本分析的精确性和准确性。

自然语言理解技术也面临着一系列缺陷和挑战，其中最主要的问题是如何应对不同语言、方言和口音的处理难题。解决这些问题需要不断推动技术的进步，以提升自然语言理解技术的准确性和可靠性。

总的来说，自然语言理解技术已经成为人工智能领域不可或缺的一部分，并在各种领域得到广泛应用。尽管在应用过程中仍存在一些缺陷和挑战，但这些问题并不会阻碍其未来的发展。相反，随着技术的不断演进，自然语言理解技术将继续推动人们的生活、工作和学习体验更加便捷、智能化的进程。

6 总结与展望

自然语言理解技术是人工智能领域的重要分支，致力于使计算机能够理解和处理人类的自然语言。随着对人工智能的需求不断增长，自然语言理解技术吸引了越来越多的研究者，形成了多种技术方法。目前，自然语言理解技术正快速发展，得到广泛的应用推广，如智能语音识别、机器翻译、情感分析等。深度学习和神经网络的兴起为这一领域带来了新的活力，成功地克服了传统方法在处理语言问题上的难题。

然而，自然语言理解技术依然面临许多挑战。其中最主要的挑战之一是语言的多样性和歧义性，需要在不同的语境下进行准确的理解和处理。解决这些问题的关键在于开发更加智能的算法和模型，充分利用大数据和深度学习技术。同时，技术的可解释性也是一个重要问题，特别是在涉及金融、医疗等敏感领域的应用中。

总体而言，自然语言理解技术在不断地进步和演化，其应用领域不断扩展。未来，技术将不断突破瓶颈，解决更加复杂的语言问题，为人工智能的发展提供坚实的支持。

参考文献

[1] GLUKHOV, M, M, et al. Andrei Andreevich Markov[J]. Discrete Mathematics & Applications, 2004 (14):3-8.

[2] BLOOMFIELD LEONARD, KESS JOSEPH F. An Introduction to the Study of Language: New edition[M]. Amsterdam: John Benjamins Publishing Company, 1983.

[3] TURING A M. On computable numbers, with an application to the Entscheidungsproblem[J]. J. of Math, 1936, 58(3): 5.

[4] SHANNON C E. A mathematical theory of communication[J]. The Bell system technical journal, 1948, 27 (3): 379-423.

[5] STEVENS H. Hans Peter Luhn and the birth of the hashing algorithm[J]. IEEE spectrum, 2018, 55(2): 44-49.

[6] 石翠. 依存句法分析研究综述[J]. 智能计算机与应用,2013,3(06):47-49.

[7] JOHN I, SAEED. 语义学[M]. 外语教学与研究出版,2000.

[8] COLLINS M. Head-driven statistical models for natural language parsing[J]. Computational linguistics, 2003, 29(4): 589-637.

[9] BERNERS-LEE T. Weaving the Web: The original design and ultimate destiny of the World Wide Web by its inventor[M]. San Francisco: HarperCollins Publishers, 1999.

[10] GOBLE C. Towards a Semantic Grid Architecture[J]. Coregrid Workshop on Knowledge & Data Management in Grids, 2005(7):33-42.

[11] BERNERS-LEE T, HALL W, HENDLER J, et al. Creating a Science of the Web[J]. Science, 2006, 313(5788): 769-771.

[12] MIKOLOV T, SUTSKEVER I, CHEN K, et al. Distributed representations of words and phrases and their compositionality[J]. Advances in neural information processing systems, 2013(26):336-348.

[13] VASWANI A, SHAZEER N, PARMAR N, et al. Attention is all you need[J]. Advances in neural information processing systems, 2017(30):1288-1296.

[14] COLLOBERT R, WESTON J, BOTTOU L, et al. Natural language processing from scratch[J]. Journal of machine learning research, 2011, 12(6): 2493-2537.

[15] VASWANI A, SHAZEER N, PARMAR N, et al. Attention is all you need[J]. Advances in neural information processing systems, 2017(30):639-642.

多模态融合技术发展现状及趋势分析

张　凯[1,2]　吴　恒[3]　王伟丽[1,2]
1. 首都师范大学；2. 中国语言智能研究中心；3. 中国科学院软件研究所

摘要：随着人工智能技术发展，多模态融合技术的应用越来越普遍。ChatGPT 作为一种强大的自然语言处理模型也支持多模态的输入和输出，大语言模型已学到了人类语言文字中记录的一部分多模态知识。多模态技术拓展了大语言模型应用的范围，提高了生成结果的丰富性和可理解性。有别于以往围绕论文文献开展的技术追踪，本文基于近 20 年多模态融合技术的专利文献数据，探索了多模态融合技术的分类，梳理了全球多模态融合技术文献申请现状及国内在此领域的重点研究单位，并针对关键技术展开内容分析，探讨当前技术发展空白点及未来趋势。

关键词：多模态融合技术；多模态融合技术分解；多模态技术趋势；多模态技术空白点

Development status and trend analysis of multi-modal fusion technology

Zhang Kai, Wu Heng, Wang Weili

Abstract: With the development of artificial intelligence technology, the application of multi-modal fusion technology is becoming more and more common. As a powerful natural language processing model, ChatGPT also supports multi-modal input and output. The large language model has learned part of the multi-modal knowledge recorded in human language text. Multimodal technology expands the scope of large language model applications and improves the richness and understandability of generated results. Different from previous technology tracking based on paper documents, this article explores the classification of multi-modal fusion technology based on the patent document data of multi-modal fusion technology in the past 20 years, sorting out the current status of global multi-modal fusion technology document applications and domestic Key research units in this field conduct content analysis on key technologies to explore current gaps in technological development and future trends.

Keywords: multi-modal fusion technology; multi-modal fusion technology decomposition; multi-modal technology trends; multi-modal technology blank spots

1 引言

德国理学家赫尔姆霍茨提出“模态”（Modality）这一生物学概念，即生物凭借感知器官与经验来接收信息的通道，如：人类有视觉、听觉、触觉、味觉和嗅觉模态。多模态融合技术旨在将来自不同传感器或数据源的多模态数据进行整合和融合，以获得更全面、准确和丰富的信息。这些数据可以包括图像、语音、文本、传感器数据等多种形式的信息。通过综合利用多模态数据的特点和信息，多模态融合技术能够提供更深入的理解和更高级别的分析，从而支持各种应用领域的决策和问题解决。

当多模态融合技术应用于智能交通系统时，通过结合图像、视频、语音和传感器数据，实现了交通监控、交通流量分析、行驶路径规划等功能。通过融合多种模态的数据，可提供更准确、实时的交通信息,从而优化交通流动和改善交通安全。当多模态融合技术应用于智能健康监测领域时,结合传感器数据、图像和语音信息,实现健康状态的监测和评估。通过融合多种模态的数据,可以提供更全面、准确的健康信息,帮助医生进行诊断和制定个性化的治疗方案。当多模态融合技术应用于增强现实(AR)和虚拟现实(VR)领域时,通过结合视觉、听觉和触觉等多种感知模态,实现更加沉浸式、真实感的用户体验。当多模态融合技术应用于语音助手领域时,结合语音识别、自然语言处理和图像处理等技术,实现语音与图像、文本之间的互动和信息融合。语音助手可以更准确地理解用户意图,提供更全面、个性化的服务。

2 多模态融合技术发展现状

在早期阶段,多模态融合主要集中在处理单一模态数据,如图像处理、语音识别和文本处理等。随着多模态数据量的增加和应用需求的增多,研究人员开始关注如何对不同模态的数据进行对齐和融合。随着深度学习的兴起,多模态融合技术的发展获得巨大助力。深度神经网络在图像处理、语音识别和自然语言处理等领域取得了突破性的进展,进一步促进了多模态融合技术的发展。研究人员开始利用深度学习方法提取和表示多模态数据的特征,并通过联合训练和多模态网络模型实现模态之间的融合。

近年来,伴随人工智能技术快速发展和多模态数据的日趋丰富,多模态融合技术在各个领域得到广泛应用。强化学习与多模态融合、多模态生成模型等已成为当前研究的重要方向。通过引入强化学习,多模态系统可通过自主学习,提高对多模态数据的理解和分析能力,提升系统的智能性和适应性。多模态生成模型用于生成和模拟多模态数据,如:图像与文本的联合生成、音频与图像的联合生成等。通过学习多模态数据的概率分布,生成模型可创造新的多模态内容,并为应用提供更加丰富的数据。上述技术已在诸如chatGPT、GPT-4等大模型中得到应用。

2.1 多模态融合技术的分解

多模态融合技术涵盖概念多且相互间存在关联,各技术概念间无法做到清晰无耦合的区分。经对文献技术资料主题聚类,梳理多模态融合技术方向,当前研究内容可分为5个二级技术分类、36个三级技术分类[①](详见表1)。本文多模态融合机制主要包括多模态融合技术中的单个基础性技术,多模态推理、多模态生成模型、多模态深度学习则是在多模态融合机制上用于实现特定任务的技术。

多模态融合应用要在包括多模态融合机制、多模态推理、多模态生成模型、多模态深度学习等技术基础上实现,更侧重特定应用场景。为了方便描述和分析,本文将多模态融合机制、多模态推理、多模态生成模型、多模态深度学习统称为多模态融合底层技术。

① 某级技术分类及下级分类可能并不齐备,但涵盖了主要部分,即:对任一级的技术分类,可能存在多种不同的方式对其进行分解/分类。

表 1 多模态融合技术文献研究主题分析

一级	二级	三级	解释
多模态融合技术	多模态融合机制	特征融合	多模态融合机制是多模态融合基础技术,包括:特征融合、多模态对齐、模型融合、注意力机制、跨模态特征提取、传感器融合、多模态嵌入、多模态分割和多模态匹配等,如:GNN 就是一种用于跨模态特征提取技术
		多模态对齐	
		融合学习	
		模型融合	
		注意力机制	
		跨模态特征提取	
		传感器融合	
		多模态嵌入	
		多模态分割	
		多模态匹配	
	多模态推理	多源推理	多模态推理是利用来自多种模态的数据(如:图像、文本、语音等)进行逻辑推理的过程。多模态推理需对不同模态数据进行融合和集成,并将数据输入到推理模型中,使得模型能够更好地理解和描述现实世界
		跨模态推理	
		交互式推理	
		联合推理	
		综合推理	
	多模态生成模型	生成对抗网络	多模态生成模型是用于生成多模态(如:图像、文本、音频等)的输出数据的模型。其结构可以根据任务需求和设计选择而异。常见结构包括生成对抗网络(GAN),变分自编码器(VAE),自编码器和融合结构等。其中 GAN 由生成器和判别器组成,通过对抗学习产生与真实数据相似的样本。VAE 通过编码器将输入数据映射到潜在空间,并通过解码器生成输出数据。自编码器通过编码器和解码器进行数据重构等
		自编码器	
		变分自编码器	
		变分自编码器生成对抗网络	
		变分自编码器融合生成对抗网络	
		条件生成对抗网络	
	多模态深度学习	模态联合学习	多模态深度学习是指将来自不同感知模态的信息(如图像、文本、语音等)融合到一个深度学习模型中,以实现更丰富的信息表达和更准确地预测。在多模态深度学习中,模型之间的融合通常有以下三种方法:模态联合学习(Multimodal Joint Learning)、跨模态学习(Cross-Modal Learning)、多模态自监督学习(Multimodal Self-Supervised Learning)
		跨模态学习	
		多模态自监督学习	

续表

一级	二级	三级	解释
	多模态融合应用	视觉问答	多模态融合应用广泛存在于多个领域,其中包括视觉问题、跨模态检索、情感分析、医疗健康等。在自动驾驶中,多模态融合应用于感知和决策系统,融合图像、雷达和激光雷达等传感器数据。在医疗领域,多模态融合用于医疗与健康和诊断,结合MRI、CT和病理数据。在智能家居中,多模态融合应用于语音识别和视觉感知,实现语音控制和人机对话。此外,多模态融合技术还可应用在电子商务、VR/AR、翻译、安防等领域
		跨语言翻译	
		跨模态检索	
		情感分析	
		金融与资产管理	
		人机对话	
		自动驾驶	
		电子商务	
		VR/AR	
		医疗与健康	
		游戏开发	
		安防	

2.2 全球多模态融合技术文献趋势分析

文献申请量的变化与创新发展趋势变化息息相关,因此本文首先从专利文献申请量的变化趋势可以判断行业或技术创新发展变化的趋势。根据表1中多模态融合技术分解情况,完成对专利文献的检索[①]。经过检索,2020年-2022年共涉及相关文献8 138件,将文献按照年度申请形成趋势图(详见图1)。

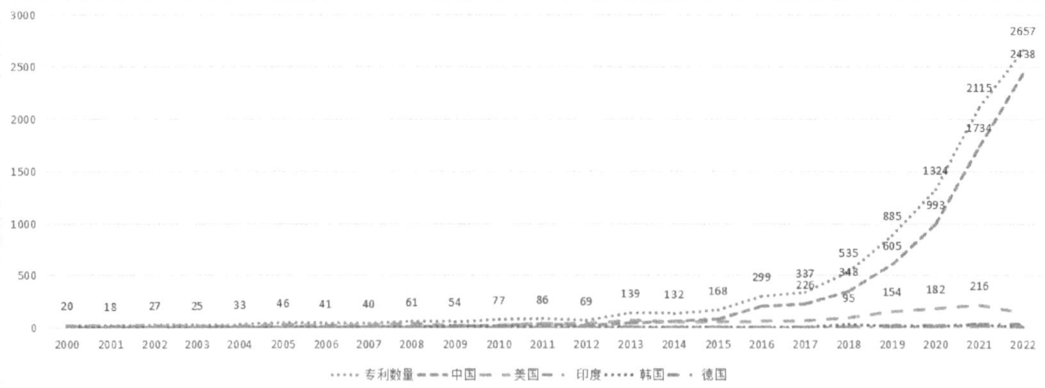

图1 多模态融合全球及主要国家专利申请趋势

经过对图1进行分析,可以得到如下结论。

(1)图1中2017年以来,该领域每年文献增量保持在35%~50%,增速明显。最近3年随着ChatGPT和GPT-4的上线,全球掀起大模型研发浪潮。多模态融合技术基础上的大模

① 本文使用专利数据来源为DI Inspiro、incoPat科技分析运营平台,数据截至2022年12月31日。专利数据范围包含:中国(CN)、美国(US)、日本(JP)、德国(DE)、英国(GB)、法国(FR)、瑞士(CH)、韩国(KR)、欧洲专利局(EP)和世界知识产权局(WIPO)等一百多个国家或地区的专利文摘数据,辅以其它非专利文献资料。

型被认为是 AI 发展的必由之路，发挥的作用越来越重要。未来多模态融合将会引起更大的重视，预计此方向文献将持续保持活跃状态[①]。

（2）图 1 中按照文献申请国家分析专利申请趋势，可知中国的专利文献数量远大于其他国家。美国等其它国家文献数量总量虽然相对不大，但整体趋势上保持增长态势。

3 多模态融合底层技术现状分析

多模态融合机制、多模态推理、多模态生成模型、多模态深度学习在本文中统称为多模态融合底层技术，围绕底层技术现状分析分为四个环节：一是，通过对基础关键技术发展趋势进行分析，判断技术发展前景；二是，对基础关键技术进一步技术分解，形成细分技术；三是，通过对各细分技术趋势进行分析，判断基础关键技术方向下细分技术发展前景；四是，分析主要申请人在基础关键方向下细分技术方向的现状。通过本节内容分析，有助于发现和判断多模态融合技术的热点和新的研究方向。

3.1 多模态融合机制方向

本文中多模态融合机制指的是多模态融合基础技术包括特征融合、多模态对齐、融合学习、模型融合、注意力机制、跨模态提取、传感器融合、多模态嵌入、联合建模、多模态分割、模态匹配等。

由图 2 多模态融合机制发展趋势图可知，2016-2018 年间，多模态融合机制相关研究开始起步。2018 年后文献数量开始快速增加，并呈现持续快速增长态势。图 2 中多模态融合机制是构成多模态应用的底层技术，各细分技术相互促进，呈同步发展态势。细分方向中“模型融合”起步较晚，相关文献数量少，整体增长慢，结合当前实际应用的发展情况，此方向或许在后续发展成为新增长点。

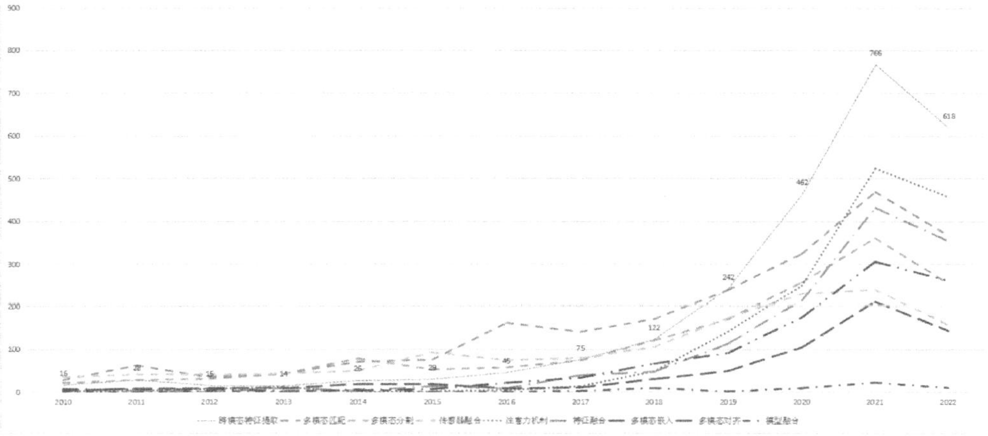

图 2 多模态融合机制技术发展趋势

由图 3 关于全球多模态融合机制研发重点分布可知以下 5 点。

① 已公开的 2022 年专利申请文献量比 2021 年少，是因为 2022 年文献尚未公开未被统计在内的原因。

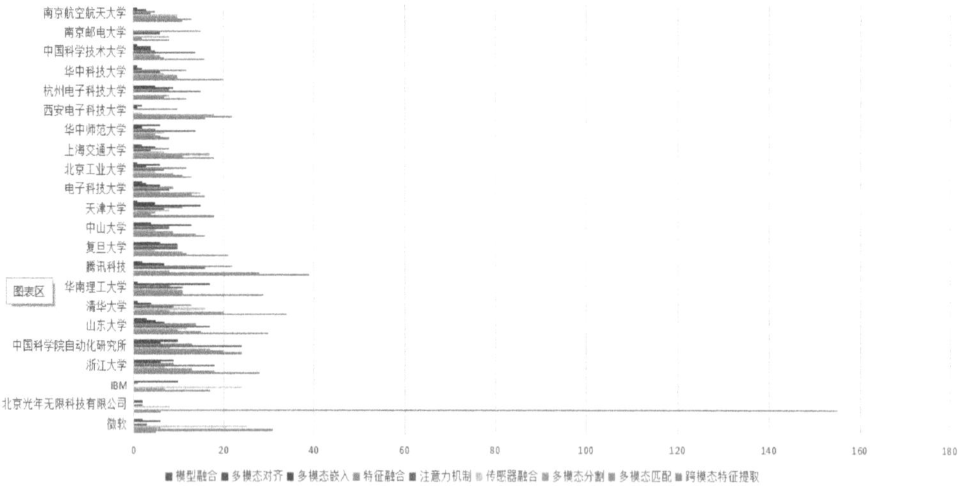

图 3 多模态融合机制机构研发重点分布

(1)微软在传感器融合、多模态匹配方向上的申请文献数量最多,具有一定优势。相关技术已充分应用到包括 Azure Kinect DK(一个先进的空间计算开发人员工具包)等在内的产品中。如,Azure Kinect DK 具有精密计算机视觉、语音模型、AI 传感器等服务功能。

(2)光年无限在多模态匹配方向的研究优势突出(文献高达 155 件),这些研究主要应用于图灵机器人平台。该平台是一个自然语言处理平台[15],支持多种语言,可以用于聊天机器人、智能客服等场景。目前,多模态融合技术在该平台的产品中尚未得到充分体现。

(3)IBM 在传感器融合、多模态嵌入方向上有明显优势。Watson Studio、Watson Speech to Text、Watson Visual Recognition 等几乎涉及所有的多模态融合机制。具体来说,Watson Studio 可以用于构建、训练和部署机器学习和深度学习模型;Watson Speech to Text 是一种语音转文本服务;Watson Visual Recognition 则提供图像识别服务;而 Watson Assistant 是一个多模态对话平台,可用于构建多语言对话系统。

(4)浙江大学、中科院自动化所、山东大学、清华大学、华南理工大学等在几个主要细分领域有所研究。其中,中科院自动化所在该方向上的文献数量最多,其在基础技术的投入和产出也较多。

(5)山东大学在模型融合方向有一定的研究积累。例如,山东大学田素坤等于 2023 年在《基于自适应融合和显微成像的乳腺肿瘤分级网络》一文中提出了一种自适应模型融合的端到端深度网络。

3.2 多模态推理方向

多模态联合推理是将来自不同模态(如图像、文本、语音等)的信息相结合,以得到更准确推理结果的过程。在这个过程中,每个模态的信息都被视为一种线索,用来确认或修正其他模态的信息,从而得出更准确地推理结果。相比之下,综合推理则是指将不同来源的信息汇集起来,通过综合分析和推理,得出更全面、准确的结论。在综合推理中,各种信息被视为同等重要,而不像多模态联合推理那样强调不同模态之间的关联性和相互作用。尽管这两个概念都涉及多个信息源，但它们的侧重点有所不同。联合推理更注重模态之间的关系和互动，强调不同模态信息之间的相互补充和修正；而综合推理则更强调信息的汇总和综合，注重从各个信息源中提取有用的信息，以得出更全面、准确的结论。

自 1998 年起，多模态推理就开始受到一定的关注。直到 2018 年左右，多模态推理开始迅猛发展，这与多模态融合技术的发展趋势保持一致。图 4 的趋势图显示，联合推理和综合推理这两个细分方向的文献数量相对较少。

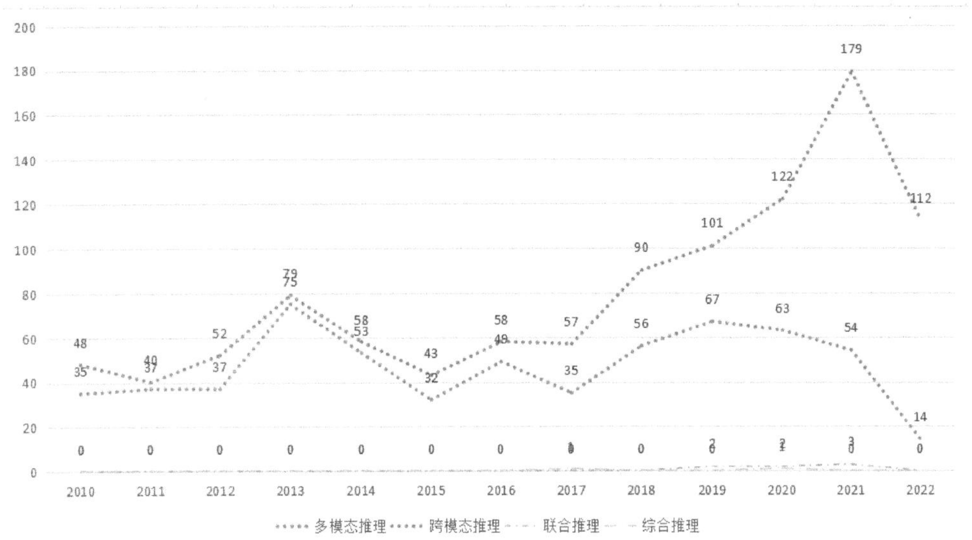

图 4　多模态推理技术发展趋势

从图 5 可以看出，跨模态推理或多模态推理的文献相对集中，主要集中在微软公司，而国内研发机构的相关研究数量较少。因此，未来国内研发机构将侧重在跨模态推理和多模态推理方向的研发上。

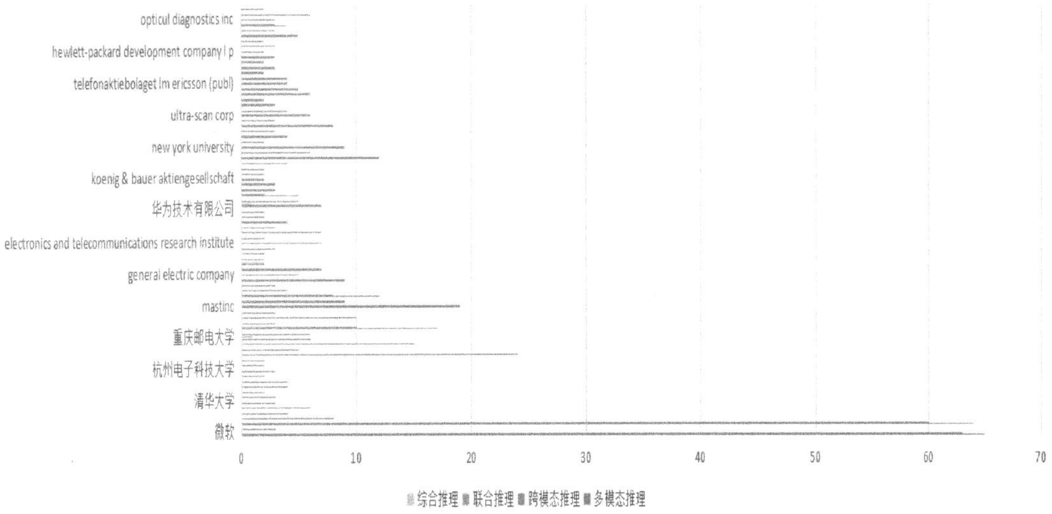

图 5　多模态推理技术机构研发重点分布

3.3 多模态生成模型方向

多模态生成模型是用于生成多模态数据的机器学习模型,能够接收不同类型的输入数据并生成多个模态的输出。相关常用模型总结如下。

(1)生成对抗网络(GAN)。GAN 是由生成器和判别器组成的对抗模型,通过两者的对抗训练来生成逼真的样本。

(2)自编码器(Autoencoder)。自编码器是一种无监督学习模型,由编码器和解码器两部分组成,主要用于学习数据的低维表示,并重建输入数据。

(3)变分自编码器(Variational Autoencoder)。变分自编码器是一种生成模型,它结合了自编码器和概率推断技术,能够学习数据的潜在分布,并据此生成新的样本。

(4)变分自编码器生成对抗网络(VAE-GAN)。VAE-GAN 将变分自编码器和生成对抗网络相结合,利用编码器和生成器实现数据的重构和生成,同时通过对抗训练提高生成样本的质量。

(5)条件生成对抗网络(CGAN)。CGAN 是生成对抗网络的一种变体,它引入了条件信息作为输入,从而使生成器能够根据给定的条件生成相应的样本。

自 2017 年以来,多模态生成模型研究进展迅猛,细分技术主要分布在 GAN 及其变种(如 CGAN 和 VAE-GAN)以及自编码器等领域。在对文献进行梳理的过程中,我们发现存在大量多模态生成模型技术无法统一归纳和描述的问题。因此,由图 6 可以看出,除了细分技术的分布外,还有相当数量的文献未能用细分技术的概念来表示和统计。

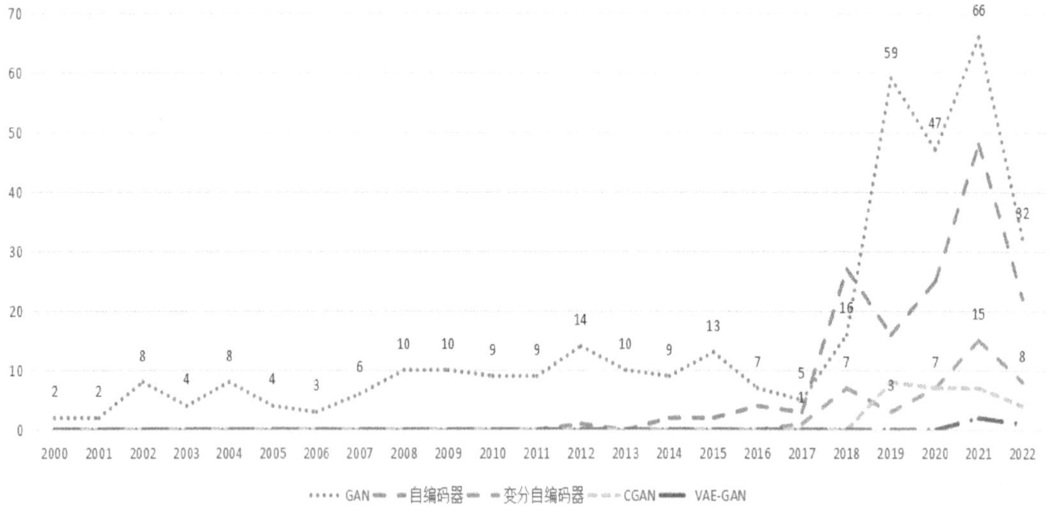

图 6 多模态生成模型技术发展趋势

由图 7 可知,主要的文献申请人在多模态生成模型领域都有一定的研发基础,其中微软的文献数量优势明显。国内方面,中山大学和四川大学在 GAN 方向上展现出一定的研究实力。

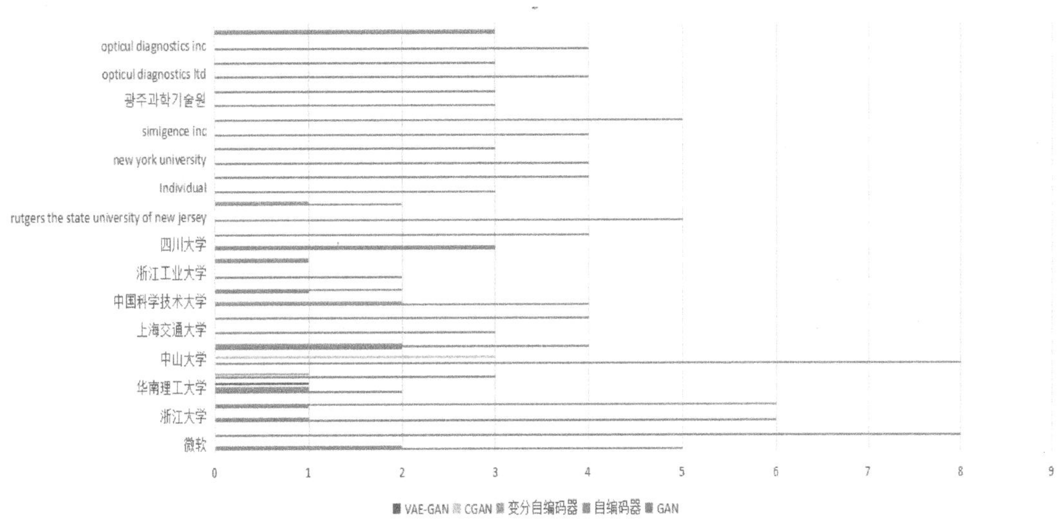

图 7 多模态生成模型技术机构研发重点分布

3.4 多模态深度学习方向

多模态深度学习是指将来自不同感知模态的信息(如图像、文本、语音等)融合到深度学习模型中,以实现更丰富的信息表达和更准确地预测。多模态深度学习中,模型融合通常有以下三种方法:模态联合学习(Multimodal Joint Learning)、跨模态学习(Cross-Modal Learning)、多模态自监督学习(Multimodal Self-Supervised Learning)。

(1)模态联合学习是一种联合训练方法,将来自不同模态的数据输入到一个模型中,此模型可同时学习多个模态的特征表示,并将这些特征表示融合在一起进行决策。此方法的优点是可以充分利用多个模态的信息,但需要同时处理多个模态的数据,计算复杂度可能会较高。

(2)跨模态学习是将一个模态的特征转换为另一个模态的特征表示的方法。此方法的目的是通过学习不同模态之间的映射关系,实现多个模态信息的融合。例如,可以使用图像的特征表示来预测文本的情感极性。跨模态学习可以减少训练时间和计算复杂度,但需要预先确定好模态间的映射关系,这包括模态对齐、模态推理、模态翻译等任务。

(3)多模态自监督学习是一种无需标注数据的方法,它通过设计自监督任务来引导模型学习多个模态的特征表示。此方法的优点是可以利用大量未标注数据进行训练。例如,可以通过学习视觉与音频的同步性、图像与文本的匹配性等任务来进行多模态自监督学习。这种方法需要巧妙地设计自监督任务,以确保模型能够学习到有意义的多模态特征表示。

如图 8 所示,由多模态融合技术应用的需求所驱动,多模态深度学习的发展始于 2016 年,相较于多模态融合机制整体上早了 2 年以上。由于多模态深度学习技术种类繁多且复杂,难以用单一的细分技术分支来完整概括。因此,除了之前提及的四个细分技术方向外,还有相当数量的相关文献无法被准确归纳和统计。

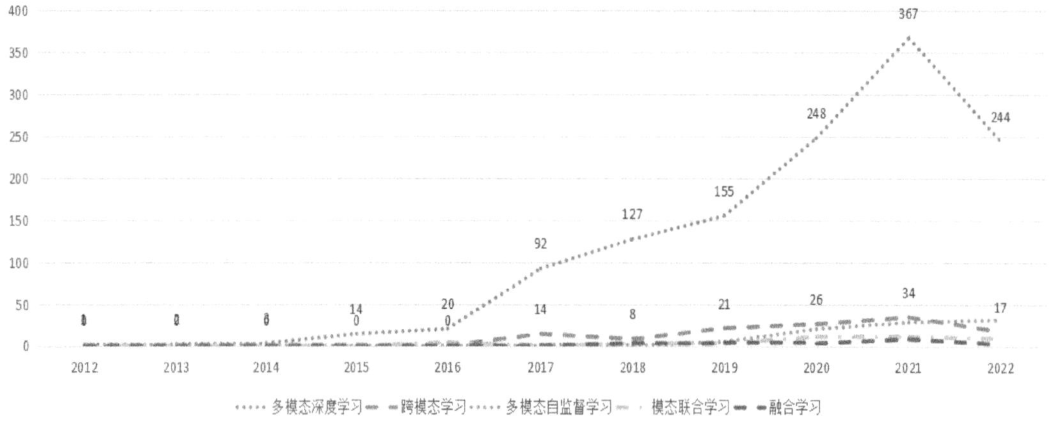

图8 多模态深度学习发展趋势

在多模态深度学习方向的创新成果上,国内外机构并未展现出显著的差异。值得一提的是,浙江大学在多模态自监督学习方面、华南理工大学在跨模态学习方向上均展现出了一定的先发优势,如图9所示。

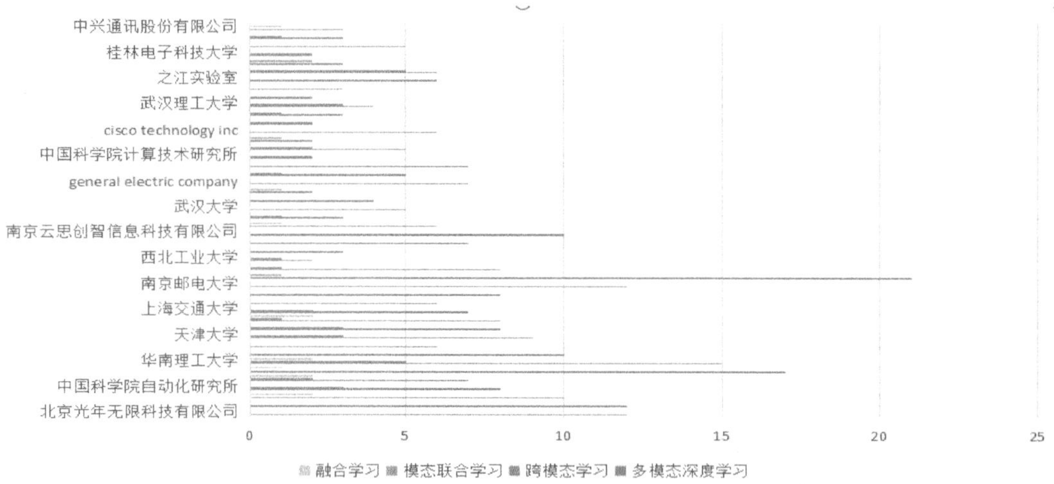

图9 多模态深度学习机构研发重点分布

4 文献布局态势分析

文献数量少可能是由于该技术方向上缺乏创新空间、应用前景有限,或者存在其他被认为不值得创新或进行专利布局的因素。另一方面,也有可能该技术方向存在较大的创新空间或应用前景,但目前尚未被主要申请人所重视。

基于文献布局的竞争态势,并结合技术可行性和应用前景的考虑,我们可以做出以下判断,在多模态应用领域,电子商务、视觉问答、跨语言翻译、游戏开发、金融与资产管理等方面仍存在空白点;而在多模态底层技术方面,综合推理、多模态生成模型、模型融合、模态联合学习、跨模态学习、联合推理以及融合学习等领域也有待进一步探索和发展。

如图 10 所示,多模态应用的空白点主要包括:电子商务、视觉问答、跨语言翻译、游戏开发、金融与资产管理。而多模态底层技术空白点则主要包括:多模态推理、模态联合学习、跨模态学习。其中,多模态推理可能是多模态融合当下重大技术机会点。多模态融合是一个前景好、创新机会大的技术方向,但国内在该方向的研究基础比较薄弱。在研发端,研发方向不够聚焦,文献申请的数量和质量都有待提高。

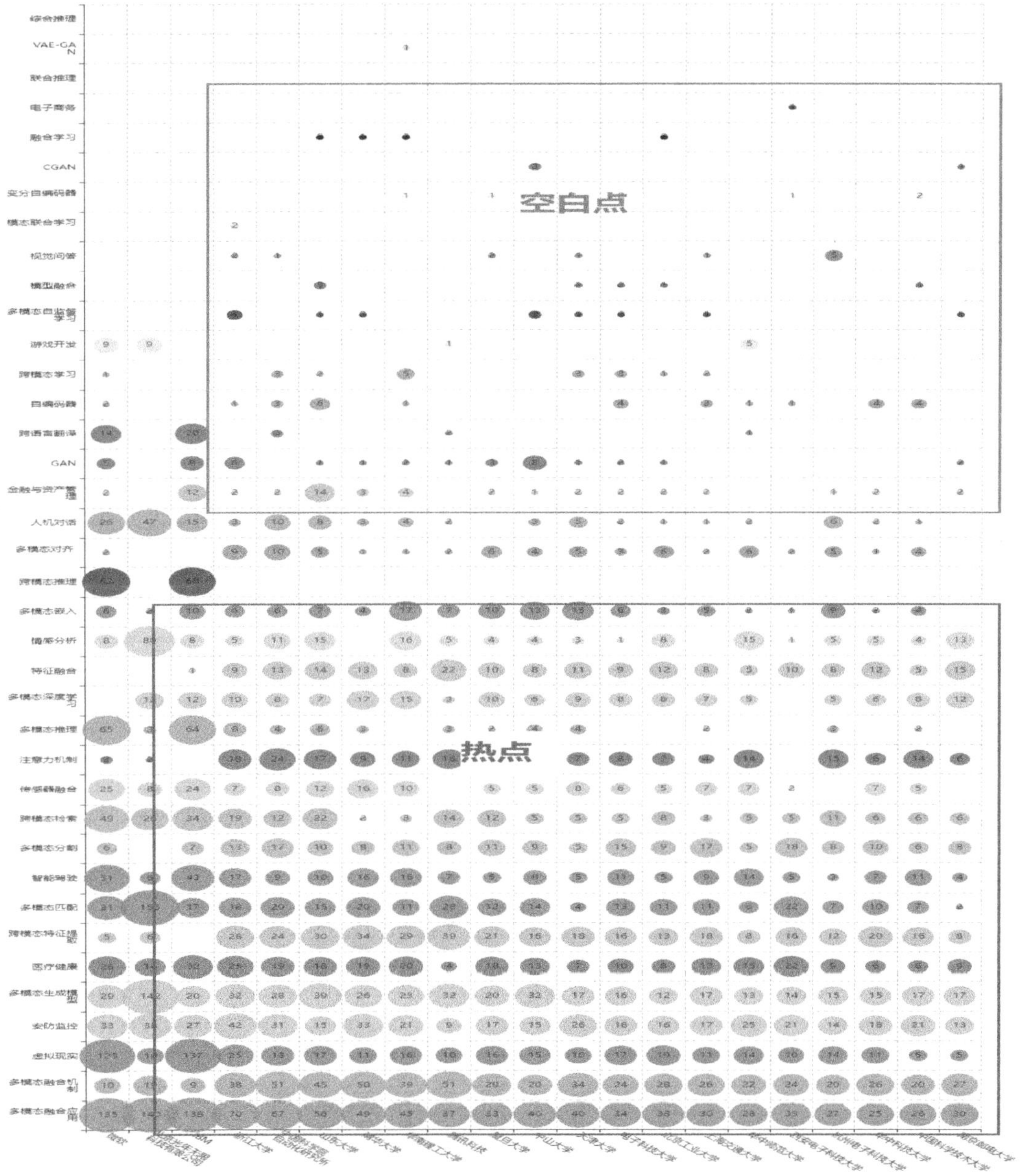

图 10 方向点位竞争态势图

5 总结

多模态融合是人工智能领域中重要研究方向之一，本文结合当前国内外此方向文献申请趋势，重点针对多模态数据加工、多模态融合、多模态推理、多模态预训练模型、多模态应用（问答等）等文献开展分析。对文献申请趋势分析可以判断，从2017年起该领域文献申请增量为35%~50%，增长非常迅速，表明该领域被普遍认为具有良好的应用前景和丰富的创新机会。国内主要文献申请人包括：北京光年、腾讯、IBM、浙江大学、百度、微软、中国科学院等，其中微软、中国科学院自动化研究所在某些细分技术方向体现了明显的优势，其他机构在各细分技术方向上专利分布较为平均。微软、自动化所、IBM、山东大学等在该领域的基础技术领域有一定先发优势，微软、Google、IBM等也提出了较多的新兴技术。

参考文献

[1] 何俊，张彩庆，李小珍，等. 面向深度学习的多模态融合技术研究综述[J]. 计算机工程，2020，46（05）：1-11.

[2] 戎翔. 多模态数据融合的研究[D]. 南京：南京邮电大学，2012.

[3] 王国良. 图像处理技术在智能交通系统中应用的研究[D]. 大连：大连海事大学，2008.

[4] 张书林. 基于深度学习的多模态融合方法在医疗和环境中的应用[D]. 合肥：中国科学技术大学，2021.

[5] 任泽裕，王振超，柯尊旺，等. 多模态数据融合综述[J]. 计算机工程与应用，2021，57（18）：49-64.

[6] 崔冰晶，张懿璞，王飚. 基于超图正则化的多模态信息融合算法[J]. 计算机科学，2023，50（06）：167-174.

[7] 李佳欣，苏曙光. 基于BERT的图像和文本多模态融合分类模型[J]. 计算机应用，2023，43（S1）：39-44.

[8] 周婷，杨长春. 基于多层注意力机制的图文双模态情感分析[J]. 计算机工程与设计，2023，44（06）：1853-185.

[9] 刘华峰，陈静静，李亮，等. 跨模态表征与生成技术[J]. 中国图像图形学报，2023，28（06）：1608-1629.

[10] 王士进，汪成成，张丹等. 基于多模态语义分析的试题推荐方法[J]. 中文信息学报，2023，37（05）：165-172.

[11] 周信宏，黄钢.PET-CT多模态融合在图像语义分割的应用进展[J]. 中国医学物理学杂志，2023，40（06）：683-694.

[12] 北京光年无限科技有限公司. 用于智能机器人自学习系统的数据处理方法及装置：CN-106708950B[P]. 2016-11-25.

[13] 中国科学院自动化研究所. 基于文本-图像匹配的多模态自动文摘方法：CN106997387B[P]. 2017-03-28.

[14] 中国科学院自动化研究所. 基于多模态预训练模型的跨模态理解与生成方法和装置：CN-113591902B[P]. 2021-06-11.

[15] INTERNATIONAL BUSINESS MACHINES CORPORATION.Method and system for supporting inductive reasoning queries over multi-modal data from relational databases：US11074253B2[P]. 2018-11-02.

[16] GOOGLE LLC.Enrollment with an automated assistant：US11238142B2[P]. 2019-05-04.

[17] ADOBE INC.Unified framework for multi-modal similarity search：US11500939B2[P]. 2020-04-21.

[18] SALESFORCE. Bi-directional spatial-temporal reasoning for video-grounded dialogues：US11288438B2[P]. 2020-2-4.

[19] 中国科学院自动化研究所. 多模态知识表示自动学习模型的构建方法及系统：CN107480194B[P]. 2017-7-13.

[20] 山东大学. 一种用户注意力引导的多模态对话系统及方法：CN110209789B[P]. 2019-5-29.

[21] NUANCE COMMUNICATIONS. Task assistant：CN110209789B[P]. 2020-9-22.

[22] MICROSOFT TECHNOLOGY LICENSING. Machine learning-based dialogue authoring environment：US20230124765A1[P]. 2022-10-06.

事理图谱的发展历程、现状分析与应用情况

邵铁君
中国语言智能研究中心

摘要:事理图谱是有向有环图,其以事件为中心存储、表示动态知识,通过点表示事件,边表示事件关系。构建事理图谱的数据来源为非结构化的事件文本数据,因此事理图谱能够揭示事件之间的真实关系和潜在关联,可以广泛地应用于挖掘事件之间的关联、厘清事件发展脉络、预测事件演进趋势等。简要梳理事理图谱发展历程、事理图谱构建方法,并对事理图谱的应用现状进行分析。结合大规模语言模型对事理图谱的未来发展、应用进行探讨。
关键词:事理图谱;知识工程;语言智能

The development history, current situation analysis and application of the Eventic graph

Shao Tiejun

Abstract: Eventic graph is a directed cyclic graph, which stores and represents dynamic knowledge with events as the center. Events are represented by points and event relationships are represented by edges. The data source for constructing the eventic graph is unstructured event text data. Therefore, the eventic graph can reveal the true relationship and potential correlation between events, and can be widely used to mine the correlation between events, clarify the development of events, and predict the evolution of events. Trends etc. Briefly review the development history of the eventic graph, the construction method of the eventic graph, and analyze the current application status of the affairs map. Combined with large-scale language models, the future development and application of event graphs are discussed.
Keywords: Eventic Graph; Knowledge Engineering; Linguistic Intelligence

1 引言

从1956年达特茅斯会议确立人工智能研究领域至今,人工智能经过了近七十年的研究与发展,产生了丰硕的理论成果和实际应用价值,同时带来了人类社会的第四次科技革命。随着技术的发展,人工智能已经成为引领未来的战略性技术,世界主要发达国家把发展人工智能作为提升国家竞争力、维护国家安全的重大战略,加紧出台规划和政策,围绕核心技术、顶尖人才、标准规范等强化部署,力图在新一轮国际科技竞争中掌握主导权。

人工智能近七十年的发展中,经历了计算智能、认知智能和感知智能三个阶段,其理论研究和应用落地需要知识的支撑。1994年图灵奖得主、知识工程奠基者爱德华·费根鲍姆认为“知识中蕴藏着力量”(In the Knowledge lies the power),同时费根鲍姆通过大量的实验和研究证明了实现智能行为的主要手段在于知识,人工智能的多数实际应用需要特定领域知识。2017年,李德毅院士提出“人工智能的发展离不开智能科学和技术的研究,知识工程

才是人工智能时代最有意义的课题之一”。在人工智能领域，可以从不同角度对知识进行理解，例如可以将知识分为以实体为中心的静态知识和以事件为中心的动态知识。知识图谱（Knowledge Graph，KG）是谷歌公司于2012年提出的概念，它以结构化的形式描述概念、实体及其之间的关系，对世界的静态知识进行描述和存储。事理图谱（Event Evolutionary Graph，EEG）是刘挺教授于2017年提出的概念，它以结构化的形式描述事件以及事件之间的关系，对世界的动态知识进行描述和存储。

2 事理概念的相关理解

2.1 事件研究简介

人类对于事件这一动态知识的思考与研究历史悠久，其中以哲学领域对事件的研究最为古老。哲学领域对于事件的研究可以追溯到公元前，亚里士多德在《形而上学》中对动词的分类，可以视为对事件的最早论述。万德勒延续了亚里士多德对动词的关注，并将动词划分为“活动词项”“目标词项”“成就词项”和“状态词项”，通过动词的四分观万德勒澄清了事件、事实、物体、状态等概念，并提出事件的本质特征是其时间特性。英国哲学家怀特海认为事件而不是实体才是宇宙的终极存在物，物质、时间和空间三者统一于事件之中并相互联系。除了哲学领域系统方法论等学科对事理也有相应的研究。1978年，钱学森等在《组织管理的技术——系统工程》中提出相对于物理的事理概念，“相当于处理物质运动的物理，运筹学也可以叫做‘事理’”。1980年，许国志在《论事理》中进一步阐述了事理的内容，认为事理是办好事情之理。1994年，顾基发提出“物理-事理-人理”东方系统方法论，指出事理是做事的道理，主要解决如何去安排做事情。杨国荣在《基于“事”的世界》提出现实世界的“事”比“物”呈现更本源的意义，现实世界中的人与“物”的关系以人与“事”的关系为中介。

语言学领域认为事件是以动作为主体，时间、参与者以及环境等为要素构成的，其中动作要素表明事件发生过程中状态改变的原因，时间要素表明事件存在的时间，环境等要素表明事件发生的场所、对象等。相对于哲学、语言学计算机领域对于事件的研究和讨论开展的较晚，而且侧重的角度不同。目前，基于对信息处理的需要，计算机领域将事件定义为由特定关键词触发的、包含一个或多个参与者参与的、特定类型的事情，主要包含事件触发器、事件类型、事件论元和论元角色4个部分。

在现实世界中事件并不是独立存在的，除了参与事件的人或物之外，事件之间存在着一定的事件关系，可以将事件之间的关系理解为某一事件的发生与另一个事件发生存在的关联。张明尧将事件之间的关系归纳为十种，分别为并列关系、顺承关系、解说关系、选择关系、递进关系、转折关系、条件关系、假设关系、因果关系、目的关系等。在现实世界中顺承关系、因果关系、条件关系和上下位关系所占比重较大，这几种也是构建事理图谱时主要关注的事件关系类型。

众多学科的研究表明，人是社会实践活动的主体，任何认识世界、改造世界、改造社会都离不开人类的实践活动，人们从事各种实践活动遵循着一定的规律和法则，即事理。以事件为核心进行知识构建更贴近人类认识世界的真实情况,更符合人类的认知规律和习惯。

2.2 人工智能中的事件知识研究

在人工智能领域,Guan Saiping 通过对文献的综合研究得出结论,认为事件知识图谱概念并不是突然而生,而是伴随着人工智能、语言智能发展的产物,其研究时间可追溯到20世纪50年代,分为四个阶段:事件构成的早期研究阶段、事件元素抽取标准形式及有序事件结构、知识图谱及事件图谱出现和事件逻辑图谱产生。对事件的研究从事件知识的构成,事件元素的抽取到对事件关系的抽取,从对事件、实体关系过渡到事件之间关系的研究。

国外学者对事理图谱的研究一般基于事件知识图谱,即以事件为中心的知识图谱。2016年,Rospocher 等提出了一种以事件知识为中心的知识图谱,该图谱以新闻报道为语料来源,对事件、事件论元进行抽取,包括事件的事件、发生地点、参与者等事件信息,同时建立事件之间的因果关系和共指关系,通过图的形式对事件的历史发展和时间演变进行建构。2018年,Gottschalk 等也提出一种以事件为中心的知识图谱,该图谱重点刻画事件之间的时序关系,从 DBpedia、YAGO、Wikidata 等大型知识图谱中,抽取69万个历史事件、230多万个时序关系,构建成一个以事件为中心的时序知识图谱(Event-Centric Temporal Knowledge Graph, EventKG)。2019年,Nguyen 等将知识图谱的概念引入社会事件的研究领域,通过图的形式表示社会事件及事件之间的关系,结合社会范围知识图模型构建事件驱动的知识图谱。其中,事件、实体以节点形式出现,事件和实体之间的边表示事件与其属性之间的关系,如 skg: hasPlayer(事件参与者)、skg: locationType(事件发生地点)、skg: Time(事件发生时间)等。SKG 通过图的形式将社会事件进行分解,从而提高社会事件的可理解性和可追溯性。SKG 结合知识图谱构建社会事件的事件图谱,但是在 SKG 中没有对事件之间的关系进行更深入的研究,只刻画了抽象事件与子类事件的 skg:hasEvent(事件发生)关系。

近年來,与事件知识图谱相关的研究包括事件图谱、事件中心知识图谱、事件进化图谱、事件中心时序知识图谱、事件逻辑图谱等,各图谱比较如表1所示。

表1 事件知识图谱相关概念比较

概念	节点	边	特征
知识图谱 Knowledge Graph	实体	实体间关系	静态知识
事件图谱 Event Graph	事件:触发器和论元(仅表示主体、客体、时间、地点)	事件时序关系、事件共指关系	实例级
事件中心知识图谱 Event-centric KG	实体、URIs 定义的事件	事件-实体关系(动作、参与者、事件、地点) 事件-事件关系(时序关系、因果关系) 实体的一般事实	实例级
事件进化图谱 Event evolutionary graph	事件(包括抽象事件、泛化事件、语义完整的动词短语)	事件的时序关系、因果关系	模式级

续表

概念	节点	边	特征
事件中心时序知识图谱 Event-centric temporal KG	事件、实体、关系	事件-实体关系（类别，参与者，时间，地点） 事件-事件关系（子事件、前驱事件、后继事件） 实体-实体关系	实例级
事件逻辑图谱 Event logic graph	抽象事件、泛化事件、语义完整的事件元组	事件-事件关系（时序关系、因果关系、条件关系、上下位关系）	模式级

通过表 1 可以看出，以事件为中心进行的知识图谱研究较多，研究的主要内容为事件和事件关系。其中，对于事件关系的概念较为统一，即关注于事件之间的因果、时序、条件和上下位关系等。对于事件表示即图中节点的内容存在差异，主要形式有事件元组表现形式、动词短语形式、触发词结合事件论元等多种表示形式。

2.3 事理图谱的定义

刘挺教授在 2017 年的中国计算机大会上提出事理图谱概念。在《从知识图谱到事理图谱》的工作报告中，刘挺教授将事理图谱定义为描述事件之间逻辑关系的有向图，以事件为核心实现知识组织，以图的形式表示事件、事件之间的关系，可视为一种事件知识图谱。后期，刘挺教授又对事理图谱概念实现了进一步的阐释和定义，认为事理图谱是一个事理逻辑知识库，描述了事件之间的演化规律和模式。结构上，事理图谱是一个有向有环图，节点代表事件，有向边代表事件之间的时序、因果、条件和上下位等逻辑关系。理论上，事理图谱中的事件是具有一定抽象程度的泛化事件。这些事件可以表示为抽象、语义完备的谓词性词或词组，也可以表示为可变长度的、结构化的（主体，事件词，客体）多元组。

2.4 事理图谱与语言智能的关系

语言智能与事理图谱同属人工智能范畴，语言智能基于人脑生理属性、言语认知路径、语义生成规律，利用大数据与人工智能技术，对语言信息进行标注、抽取、加工、存储和特征分析，构拟人机语义同构关系，最终实现人机利用自然语言自由交流，语言智能的实现主要基于自然语言处理技术。在进行语言智能的研究过程中离不开知识，正如复旦大学肖仰华指出的“语言离不开认知，认知体现为知识库，三者之间关系密切”。事理图谱以事理知识作为中心，聚焦事件间的动态演变关系，在挖掘事件潜在关联揭示事件演变规律方面具有很大优势，为揭示和发现事件演化规律提供知识库支持，对推动人工智能科学的发展具有重要意义。

3 事理图谱的构建

事理图谱构建以事件抽取、关系抽取、事件聚类等为主要技术手段，以非结构化的文本数据资源为来源构建图形式的事件为中心的知识库。

3.1 事件抽取任务

事件抽取是从非结构化的文本数据中自动抽取事件、事件对应类型以及事件涉及的事件元素,并以结构化的形式对抽取结果进行表示。事件抽取是构建事理图谱的基础和关键,实现事件抽取的方法主要有基于模式匹配的方法、基于机器学习的方法以及基于神经网络的方法三种。

基于模式匹配的事件抽取方法利用提前构建好的事件模板,对文本数据进行事件检测和事件元素提取。基于模式匹配的事件抽取方法需要领域专家参与构建事件模板,模板定义明确、质量较高,在特定领域中可以取得较好的事件抽取效果,但不同领域、不同抽取目标导致在实践中缺乏通用的事件模式,系统的可移植性差。由于事件模板的领域局限性特点,进行跨领域事件抽取时需要重新构建事件模式,虽然利用机器学习方法可以加快事件模式的获取,但依然无法对不同领域的事件模式进行统一。

基于机器学习事件抽取采用分类的方法解决问题,利用最大熵、隐马尔可夫模型、支持向量机等分类器对文本进行特征提取,通过对事件触发词的检测实现事件抽取,其核心在于构造分类器和文本特征的选择,不需要太多的人工干预和领域知识。基于机器学习的事件抽取不依赖语料的内容与格式,但是需要大规模的标准语料用于模型训练,语料规模过小会出现严重的数据稀疏问题,从而对抽取效果产生影响。另外,如何选取适用性更强、领域无关的事件文本特征也是基于机器学习的事件抽取需要研究的问题。与基于模式匹配的方法相比,基于机器学习的方法避免了对领域经验的过度依赖,具有较好的适用性、灵活性,但在很大程度上依赖于语料库规模和语料标注质量,容易产生数据矩阵稀疏问题。基于机器学习的事件抽取避免了对领域事件模板制定的依赖,但是其模型的泛化能力较差,不能对事件表达中新的文本特征进行自主学习。同时,基于机器学习的事件抽取对大规模的标注训练语料库依赖较强,如果训练过程中的语料资源不足或语料类别单一,也会对事件抽取效果产生严重的影响。

近年来,随着神经网络的快速发展,卷积神经网络、递归神经网络以及图神经网络等逐渐应用到事件抽取任务中。与模式匹配和机器学习方法不同,基于深层神经网络的无监督逐层预训练,可以更有效地表征原始文本数据中事件的基本特征,在实际任务中结合预训练模型、注意力机制、序列标注等综合应用完成事件抽取任务。朱敏等在 ACE2005 数据集上采用基于双重注意力机制的方法进行事件抽取,该方法在精确率、召回率方面都得到了提高。王立才等基于预训练模型进行事件抽取,通过构建远程触发词库,为事件类型分类提供额外特征信息,融合事件类型与触发词距离特征提升事件抽取效果,并在 DuEE 数据集上取得了很好的实验效果。

3.2 事件表示

事理图谱以有向无环图的形式承载世界事件知识,其中节点代表事件、边代表事件关系。在构建过程中需要对事件进行抽象的形式化表示,即进行事件知识的表示或称为事件语义模型。事件知识的表示不仅关系到事件的表现形式,也关系到事件抽取的结果,是事理图谱构建的重要组成部分。传统的事件表示模型主要内容基于 5W(Who, When, Where,

What，Why）进行构建，即事件的知识表示涉及事件的参与者（包括事件的主体和客体）、事件的时间、事件发生的地点、事件的结果（世界状态改变、属性改变等）以及事件发生的原因。上述这些知识表示构成了事件的具体内容，是对具体事件的刻画。

人们构建事理图谱目的在于认识、理解人类行为，探究事情发展规律，因此在事理图谱中刻画的事件不是具体的、发生过的事件，而是具有一定抽象程度的泛化事件。在事理图谱中，事件可以表示为抽象的、语义完备的谓词性词或短语，也可以表示为可变长度的、结构化的多元组。

3.3 事件关系及抽取

Bohnemeyer 等提出，一个事件是一个个体，是人类的语言表征，同时也是人类的认知对象。对内，事件有参与者、地点等相关的具体属性；对外，事件与其他事件发生着各种关系，即现实世界中的事件不是独立存在的，事件之间存在着关联。事件关系是指一个事件的发生与另一个事件的发生之间存在的关联。事件之间通过不同类型的关系进行连接，构成了连贯的宏观语义世界。张明尧将事件之间的关系归纳为十种类型：并列关系、顺承关系、解说关系、选择关系、递进关系、转折关系、条件关系、假设关系、因果关系、目的关系。事理图谱通过边表示事件之间的关系，实现动态知识的存储，有助于从全局了解事件发展、厘清事件逻辑关系，从而进行结果溯因、事件发展推演等。目前，对于事理图谱中应该体现哪些事件关系没有统一的定义，结合语言学、哲学等领域对事件关系的讨论，比较公认的关系有：事件因果关系、事件顺承关系以及事件上下位关系。

事件关系抽取是从非结构的文本语料中识别、抽取出事件对之间的关系，其核心任务是识别出文本中事件触发词之间的关系。与事件抽取任务相似，事件关系抽取任务同样有三种方式实现，即基于模式匹配的方法、基于机器学习的方法以及基于神经网络的方法。

基于模式匹配的方法需要以领域知识和经验为背景，通过人工编辑或学习得到关系模板。当文本中的事件对满足模板时就可以认为事件对具有相应的关系。在构建事件关系模板的过程中，还需要注意关系与模板的多对一关系，即在实际文本中一种关系的表达对应着多个模板，如“因为……所以……”“由于……导致……”“之所以……因为……”都表示因果关系，但是由于原因、结果事件位置不同，分别表示前因后果、后果前因。

基于机器学习的方法主要将事件之间的关系视为分类问题，通过选取特征、分类器进行关系抽取，其实现步骤分为 3 步。（1）提取关系事件对的词汇、句法和语义等特征。（2）选取分类器，利用提取的关系特征进行模型训练。（3）利用训练好的模型对文本进行分类，完成关系抽取。

基于神经网络的关系抽取主要步骤为 4 步。（1）对文本进行向量化表示，以分布式特征代替句法特征。（2）搭建神经网络模型。（3）训练模型，优化参数。（4）利用模型进行关系分类。与事件抽取相类似，事件关系抽取目前主要采用基于神经网络的方法，且以结合注意力机制、LSTM 为主要实现方式。

4 事理图谱的主要应用场景

由于事理图谱中事件知识的动态性,能够对事件发展趋势、事件之间的逻辑关联进行推理、演化,针对事理图谱的研究开展的日渐增多,除人工智能、语言智能领域之外,图书情报等学科也对事理图谱开展了相应的研究和应用。事理图谱在实践中的应用模式可以概括为:基于事理图谱的可解释性推荐、基于事理图谱的问答系统、基于事理图谱的标的预测、基于事理图谱的实证性素材验证、基于事理图谱的增强型舆情监控、基于事理图谱的知识管理等。

通过对事理图谱相关研究论文和应用系统进行分析可以总结出事理图谱的主要应用领域为金融领域、突发事件领域、舆情监控领域、食品安全领域、医疗领域等,如《基于事理图谱的突发事件网络舆情演化模型构建》《面向应急管理的金融突发事件事理知识图谱构建与分析研究》《基于事理图谱的电力安全事故预控方法》《城市内涝事理图谱构建方法及应用》以及《面向突发公共卫生事件网络舆情的事理图谱构建及演化分析》等。

事理图谱的研究与应用适于上述领域主要是由于领域事件特点与事理图谱构建具有一定的契合性。领域事件具有可建模性,能够对领域事件进行明确的定义,如“道路损坏”“线路改造”。具有一定数量的领域事件文本数据源,领域事件文本可获取,具有大量的领域事件非结构化文本数据能够用于事件抽取等任务,《城市内涝事理图谱构建方法及应用》的研究数据来源于《水科学进展》《水文》及《中国水利网》等专业期刊或网站。《基于事理图谱的电力安全事故预控方法》的研究数据来源于国家能源局公布的电力事故文本。《面向突发公共卫生事件网络舆情的事理图谱构建及演化分析》的研究数据来源于微博平台网友发布的言论。

上述研究、应用中的研究数据来源于专业机构,其文本数据记录了真实的领域事件,或对网络舆情进行了真实记录,对这些文本数据进行事件抽取、构建事理图谱能够获取领域事件真实的底层关联,探究事件发展规律。此外,在实际应用中,通过上述领域事理图谱的构建,对领域事件的发展推演、走向预测、事件多维度关联挖掘等能够减少经济、社会损失,维护舆情稳定,在推进事理图谱理论研究的同时具有很高的应用价值和社会效应。

5 相关问题

5.1 事件抽象化程度不同

事理图谱中事件的表示方式、抽象化程度不尽相同。在事理图谱的构建过程中,事件抽取后需要进行事件泛化,即将具体事件转化为更为抽象的表达形式,通常是通过语义模型来实现这一表示。由于不同系统对抽象事件的描述方式存在差异,它们既可以采用抽象的、语义完整的谓词性词语或短语来表示,也可以采用可变长度的、结构化的多元组形式进行表达。举例来说,张海涛等人构建了关于2019冠状病毒疫情的事理图谱,在该图谱中,事件被表示为如“旅游”“教育”等动词节点。而吴超在其所构建的事理图谱中,则选择以“出动三架直升机"这样的动宾短语结构来表示事件。从上述实例中我们可以观察到，目前事理图谱中的事件表示缺乏统一的标准。有的采用动词或名词来描述事件，有的则倾向于使用动宾结构等短语形式。这导致了已有事理图谱在事件的抽象程度上存在不一致性。展望未来，我们可以结合语言学的研究，对事件语义模型的构建进行更深入的探索。目标是构建一个统一的、更为广泛适用的事件语义模型，从而提升事理图谱的构建效率和应用的普适性。

5.2 应用领域集中问题

应用领域集中。如前文所述，目前事理图谱的主要应用领域为金融领域、突发事件领域、舆情监控领域、食品安全领域、医疗领域等，即集中在突发事件、公众舆情领域，亟待对更多的领域进行事理图谱研究与应用的拓展。

5.3 新事件挖掘问题

事理图谱是基于已有事件的语料进行构建的，能够对已发生的事情进行抽象，对已有的事件关系进行标记，但是对于从未发生过的新事件如何处理，目前的研究涉及较少。正确地识别新事件是领域创新的重要标志，同时也是构建完备事理图谱需要考虑的情况。

5.4 与大规模语言模型结合

随着语言模型规模的不断扩大，未来事理图谱的构建和应用都将和大规模语言模型相结合。人工智能研究院扬·勒昆（Yann LeCun）指出"LLM 对语言描述的潜在显示没有清晰的理解，而且大多数人类知识都是非语言的。"这表明，虽然 LLM 能够生成语法合格、语义合理的内容，但是结果可能缺乏现实世界的经验，特别是针对特定领域的定制问题没法生成满足要求的结果。事理图谱与 LLM 结合能够对 LLM 的输出进行提升，精确地将生成的条件或约束加入 AIGC 生成过程中，使生成内容更具可解释性。结合事理图谱编写合适的提示激发语言模型的输出，使生成内容"有内容，懂事理"。

5.5 应用领域扩展

事理图谱由于能够揭示事件发展规律，探究事件之间的底层关联，可以广泛地应用于网络反诈、智能教育等领域。

网络反诈。通过已有诈骗案例构建完整的诈骗事件链，挖掘欺诈缘由、预测欺诈行为走向，做好反诈骗警示，同时通过完整的事理图谱使反诈骗更具解释力和可信性。

智能教育。将事理图谱应用于作文指导教学中，利用教学领域的丰富作文资源，挖掘相应的写作事件背后的规律，通过事理图谱引导学生写出具有不同结构、事件发展方向的作文，辅助学生写出具有更多可选结构、更多内容组合的作文。

6 结论

事理图谱作为以事件为中心的知识存储，其事件来源为非结构化的文本数据，通过事件抽取、关系抽取等以图的形式对事件、事件关系进行表示,通过事理图谱能够清晰地反应事件之间的逻辑关系。近几年随着语言智能等技术的发展,事理图谱在突出事件领域、舆情监测领域、医疗领域、金融领域等领域的研究与应用取得了一定成果。事理图谱以动态知识作为中心,与 LLM 结合能够使内容生成更具可解释性、真实性、精确性。

参考文献

[1] DAVIS S, VENDLER Z . Linguistics in Philosophy[J]. The Philosophical Quarterly, 1969, 19(77):369.

[2] 郑敏希. 怀特海"事件"理论的哲学观研究[D]. 长春:吉林大学,2011.

[3] 顾基发,唐锡晋. 从古代系统思想到现代东方系统方法论[J]. 系统工程理论与实践,2000,20(1):89-92.

[4] 杨国荣. 基于"事"的世界[J]. 哲学研究,2016(11):76-84+129.

[5] 张明尧. 基于事件链的语篇连贯研究[D]. 武汉:武汉大学,2013.

[6] NGUYEN H L, JUNG J J. Social event decomposition for constructing knowledge graph[J].Future Generation Computer Systems, 2019, 100(11):10-18.

[7] 于凯,杨富义. 基于事理图谱的突发事件网络舆情演化模型构建[J]. 上海理工大学学报, 2023, 45(01):27-35.

[8] 刘政昊,曾曦,张志剑. 面向应急管理的金融突发事件事理知识图谱构建与分析研究[J]. 信息资源管理学报,2022,12(03):137-151.

[9] 林穿,徐启峰,黄奕钒. 基于事理图谱的电力安全事故预控方法[J]. 中国安全生产科学技术, 2021, 17(10):39-45.

[10] 冯钧,王云峰,邬炜,朱跃龙. 城市内涝事理图谱构建方法及应用[J]. 河海大学学报:自然科学版,2020,48(06):479-487.

[11] 张海涛,李佳玮,刘伟利,刘雅姝. 重大突发事件事理图谱构建研究[J]. 图书情报工作, 2021, 65(18):133-140.

[12] 吴超. 面向突发事件领域的事理图谱平台的设计与实现[D]. 成都:电子科技大学,2020.

基于大规模预训练语言模型的可控文本生成研究综述①

张 经[1,2]
1. 首都师范大学文学院;2. 中国语言智能研究中心

摘要:随着大规模预训练语言模型在多个自然语言处理任务中表现出显著的性能,其在可控文本生成领域的应用逐渐受到关注。然而,由于模型训练过程中缺乏明确的指导和控制,这可能导致生成的文本质量不一。因此,实现对预训练语言模型的精确控制成为至关重要的研究课题。本文首先介绍了大规模预训练语言模型和可控文本生成的相关概念,然后详细阐述了现有的研究状况,最后对大规模预训练语言模型在可控文本生成领域的未来发展趋势进行了深入分析与展望。
关键词:大规模预训练语言模型、可控文本生成、自然语言处理

A Comprehensive Review on Controllable Text Generation Based on Large-Scale Pretrained Language Models

Zhang Jing
Abstract: With the notable performance of large-scale pretrained language models in multiple natural language processing tasks, their application in controllable text generation is gradually drawing attention. However, due to the lack of explicit guidance and control in the model training process, the quality of generated text can vary significantly. Therefore, achieving precise control over pretrained language models becomes an essential research topic. This paper first introduces the related concepts of large-scale pretrained language models and controllable text generation, then elaborates on the current state of research. Finally, an in-depth analysis and outlook are given on the future development trend of large-scale pretrained language models in the field of controllable text generation.
Keywords: Large-scale Pretrained Language Models, Controllable Text Generation, Natural Language Processing.

1 引言

近年来,深度学习以及预训练模型在多种任务中取得了显著的成就,尤其在自然语言生成(Natural Language Generation, NLG)领域表现突出。NLG 的目标在于解决输入文本中的歧义,构建表达思想的规范化表示。同时, NLG 致力于将这些潜在的表示转化为具有一致性的自然语言文本,使得计算机可以模仿人类进行写作。作为先进人工智能的显著应用,NLG 技术在对话系统、广告、营销、故事生成以及数据增强等多种应用中发挥着重要作用。

① 基金项目:国家新一代人工智能(2030)重大项目(2020AAA0109700);国家自然科学基金资助项目(62076167)。

NLG 的一个重要且核心的议题是文本生成的可控性。通常,一个高效的 NLG 系统应能够基于特定任务可靠地生成符合人类期望的、可控的文本。例如,在故事生成任务中,必须能够控制故事的情节和结局;在对话生成任务中,需要能够控制情绪、人物角色以及礼貌用语;对于基于生成的数据增强,应确保不同领域的数据分布平衡。除此之外,为了确保 AI 应用的伦理性,需要避免产生无意识和冒犯性的内容,如性别偏见、种族歧视以及有毒词汇,如图 1 所示。因此,如果不能保证 NLG 系统的可控性,其在实际应用中的实用价值将受到挑战。

图 1　AI 冒犯性回复示例

随着深度学习的发展,关于深度学习驱动的可控文本生成(Controlled Text Generation,CTG)的研究取得了显著突破。早期的研究主要基于序列模型和风格嵌入,获得了一些初步的成果。随后,基于深度生成模型的方法,如变分自编码器(Variational Autoencoders,VAEs),开始引起关注。深度学习方法通过端到端的方式学习低维稠密向量以隐含地表示文本的语言特征。这种表示方式有助于避免手动设计特征的偏差,并在文本生成领域展示了巨大的潜力。

然而,以上基于深度学习的方法在很大程度上依赖于大规模的数据集,给跨领域的有监督文本生成任务带来了挑战。自 2018 年以来,大规模预训练语言模型,如 BERT、RoBERTa、GPT、T5 和 mBART,逐渐成为 NLP 的新范式。这些模型利用大型语料库和基于 Transformer 的无监督学习方法,可以从数据中学习大量的语义和语法知识,从而只需要在下游任务中进行微调,就可以达到最先进的性能。在 NLG 方面,预训练模型从大规模语料库中学习,深度建模自然语言的分布,可以生成高质量的文本。此外,大规模的预训练模型本身可以作为一个知识库,使得在无需外部领域知识的情况下,生成具有特定约束的文本成为可能。然而,这些基于神经网络的模型本质上仍是黑盒,缺乏良好的解释性。这些模型总是根据上下文的潜在表示生成文本,导致难以控制生成符合人类期望的内容,这就是所谓的可控性问题。因此,提高基于预训练模型的文本生成模型的解释性和可控性已经成为当前的研究焦点。

在上述应用和研究背景下,基于预训练模型的方法正逐渐成为可控文本生成研究的主流,并有望在未来取得重大的突破。本文将全面概述基于预训练模型的可控文本生成方法,并阐述其重要性。本文后续章节将分别介绍预训练模型的发展历程,可控文本生成的应用场景,以及基于 Transformer 预训练语言模型的可控文本生成研究的发展趋势。

2 研究现状

2.1 可控文本生成

根据现有的研究,可控文本生成(Controlled Text Generation, CTG)可被描述为基于特定给定的控制元素进行文本生成的过程。如图 2 所示, CTG 系统通常包括三个主要部分,分别为控制元素,生成模型和输出文本。具体而言,控制元素包括受控条件(例如积极的情绪)和源文本(在某些应用中可能为空或只是文本提示符),作为输入(I);而生成模型(如基于 PLM 的模型)则作为过程(P),负责产出满足输入控制条件的文本作为输出(O)。例如,在情感控制的情况下,如果我们希望生成一个具有积极情绪的句子,那么可以以“积极情绪”为条件,加上相应的提示“I am always”作为控制元素,输入到基于 PLM 的生成模型中。期望的输出是一个符合积极情绪指向的句子,例如“I am always happy to see you”。

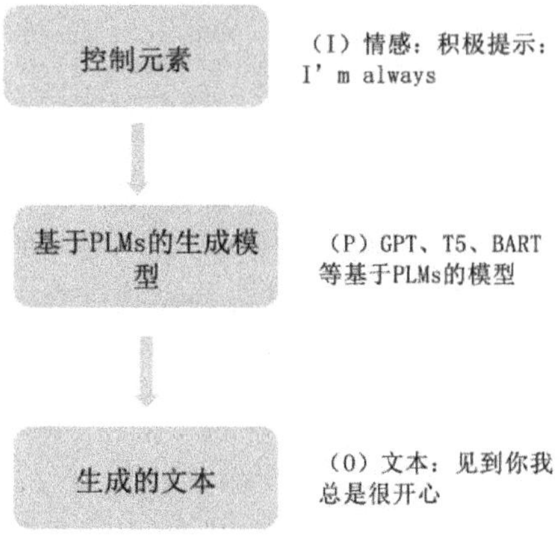

图 2 可控文本生成过程

在不同的应用场景下,控制条件的属性可根据需求有多样化的表现形式和含义。其范围可从文本属性(如情绪、主题、关键词)到文本作者的风格和身份(如性别、年龄),再到文本的体裁和格式(如诗歌、对联),乃至事件的排序(如故事情节)以及结构化的数据描述(如表格到文本和知识图谱(KG)到文本的生成)。这些条件可灵活运用于CTG,影响文本生成的质量和特征。然而,无论如何改变条件,我们都希望生成的文本在满足约束条件的同时,仍然能保持良好的通顺性、合理性、可读性以及其他自然语言应具备的特征。

尽管CTG为自然语言处理带来了重大的进步,但它仍面临着许多挑战。首先,如何准确地解析和理解控制元素以实现有效的控制是一个重大的问题。其次,尽管深度学习技术为文本生成提供了强大的能力,但如何在无损语言质量的前提下实现生成内容的精准控制,仍是一大难题。然而,尽管存在这些挑战,可控文本生成也为研究者提供了无数的机遇。通过更深入的研究,我们可以进一步提高生成模型的能力,使其在更复杂的条件下仍能生成高质量的文本。同时,也可以通过更精细的控制元素,实现对生成文本的精准控制,提高文本的可读性和实用性。此外,对可控文本生成的研究也有助于我们更深入地理解语言的本质,推动自然语言处理技术的进步。

2.2 基于transformer的预训练语言模型

近年来,预训练语言模型(PLM)的兴起和广泛应用引领了深度学习和自然语言处理(NLP)领域的革命性变革。预训练阶段的大规模无标签数据对增加模型规模提供了强大的支持,使系统能够更好地掌握数据中包含的多元知识,这包括语言知识、常识、事实以及专业知识等。仅通过对PLM进行微调,即便只依赖少量的监督数据,在下游任务中也能够实现先进(State-of-the-Art, SOTA)的性能。

回溯PLM的发展历程,早期的相关工作可以追溯到神经网络语言模型、Word2Vector以及ELMo等。近期基于Transformer的预训练模型显著提升了各类NLP任务的性能,成为主流技术。代表性的PLM架构主要包括Transformer或其变体,例如Transformer-xl、Long-former和Reformer等。这些模型的学习目标主要包括掩码语言建模(Masked Language Modeling, MLM)和损坏文本重建(Corrupted Text Reconstruction, CTR)等。主要模型有以下3种。

(1)自动编码(Autoencoding, AE)模型。这类PLM基于对输入文本进行某种方式的损坏(例如屏蔽句子的某些单词)而构建,然后尝试重建原始文本。BERT、RoBERTa和ERNIE等都属于此类。由于这些模型旨在构建整个句子的双向编码表示,它们的基础结构往往对应于Transformer的编码器部分,不需要任何掩码机制,所有输入都可以在每个位置访问。然后,它们可以在下游任务中进行微调,并取得了出色的结果。这类模型更倾向于解决自然语言理解(Natural Language Understanding, NLU)任务,例如句子分类和序列标注等。

(2)自回归(Autoregressive, AR)模型。与经典的语言建模方法一样,AR模型的主要任务是根据文本中已读到的内容预测下一个单词。GPT系列模型就是这类模型的代表。与前面提到的AE语言模型不同,AR的基础架构由Transformer的解码器部分组成,并且它们在训练阶段使用掩蔽机制,以便注意力计算只能看到单词之前的内容,而不能看到单词之后的内容。虽然可以对这样的PLM进行微调,并在许多下游任务上取得出色的结果,但最自然的应用是自然语言生成(Natural Language Generation, NLG)任务。

（3）序列到序列（Seq2Seq）模型。Seq2Seq 模型同时使用 Transformer 的编码器和解码器，以获得更好的模型灵活性。该类型最具代表性的模型有 T5 和 mBART。原则上，几乎所有用于 AE 和 AR 模型的预训练任务都可以适用于 seq2seq 模型。相关研究发现 seq2seq 模型可以达到更好的性能。此外，seq2seq 模型将 NLU 和 NLG 任务统一起来，使它们可以在同一框架下求解。它可以在各种 NLG 任务上进行微调，例如翻译和摘要，以及可以转换为 text2text 形式的 NLU 任务，包括句子分类，语义相似度匹配等。

总之，自编码器（AE）和序列到序列（Seq2Seq）模型在 Transformer 中利用双向注意力，而自回归（AR）语言模型则依赖于因果注意力。双向注意力模型被发现可能遇到低秩问题，这可能会在一定程度上限制它们的表达能力。另一方面，因果注意力具有更大的理论表达能力；因此，对于复杂任务，例如逻辑推理等，或者希望语言模型能成为人工智能的关键支柱的场景，拥有大量参数的 AR 模型（如 GPT3、GPT4 等）是更好的选择。然而，AR 模型在执行某些任务时也存在潜在的缺点，这些任务通常需要模型回顾、分析多个内容，或者进行广泛的重新阅读。例如，填空、内容比较和文本摘要等任务。因此，在上述场景中，AE 和 Seq2Seq 模型是较好的选择。在使用 PLM 进行受控文本生成时，大多数方法都是利用生成模型（包括 AR 和 Seq2seq 模型）作为基础，然后引导它们生成所需的文本。

3 可控文本生成的应用场景

在文本生成的过程中控制能力是一项关键的特性，几乎所有的文本生成场景都依赖于某种形式的控制性。本部分将深入阐述受控文本生成的一些典型应用和任务，包括以下 7 个方面。

（1）基于属性的生成。基于属性的受控文本生成着眼于产生满足特定属性（如主题、情绪和关键词）的自然语言句子。通过精确地控制句子的各种属性，例如情绪色彩、特定的词汇等，我们可以创造出具有特定风格或情绪的段落或文章。因此，基于属性的受控文本生成在各种写作应用、机器翻译和个性化内容生成等领域有着广泛的应用。

（2）对话生成。对话系统旨在建立一个能模拟人类对话的智能体。在生成式对话模型中，一致性、语义性和互动性都是至关重要的要素。因此，各种对话控制条件，例如情绪约束、说话人的个性化风格、对话意图/行动等，都可以用于控制对话生成，以提升对话系统的互动性和用户体验。

（3）故事生成。故事生成需要模型生成具有完整叙述逻辑的文本，这就需要对长文本生成有更高级别的控制。故事情节和结局通常被视为控制条件，模型需要根据给定的控制条件生成具有连贯性文本和完整情节的故事。这在游戏剧情设计、儿童故事生成等领域有着广泛的应用。

（4）数据到文本。数据到文本生成的主要目标是将非语言结构化数据（如表格或图表）转换为自然语言文本。这种技术在天气预报、财经报告、医疗保健等领域有着广泛的应用，生成的文本需要包含在原始表或图结构数据中的所有关键信息。

（5）数据增强. 由于数据收集和清理的巨大成本，数据增强的重要性日益凸显。近年来的神经网络模型已经能够生成与现实非常接近的文本，因此，利用这些模型扩展现有的数据集,甚至创建全新的数据集已经成为可能。受控文本生成可以用来识别和替换给定文本中的特定实体,或根据特定属性生成新句子,从而有效地进行数据增强。

(6)去偏性。有偏的训练数据可能导致模型学习到不正确的知识,从而输出有偏的结果。因此,去偏性文本生成受到了越来越多的关注。受控文本生成可以用于将有偏的文本改写为无偏的文本或改变生成文本的数据分布,主要控制方向包括性别、种族和毒性等。

(7)格式控制任务。还有一些文本生成任务需要控制生成文本的格式,例如文本的长度、节奏、韵脚等。例如中国传统的诗词和对联的生成,这些需要严格的格式控制,包括字数、结构等,这都需要模型具有高度的受控生成能力。

4 总结与展望

可控文本生成是自然语言处理中一个重要的研究方向,通过精确地控制生成文本的特性,以满足各种特定的应用场景。从基于属性的生成,对话生成,到故事生成,数据到文本,数据增强,去偏性,以及格式控制任务,受控文本生成在各个领域都发挥了关键的作用。无论是从生成具有特定情感和风格的文章,模拟人类对话,创建具有叙事逻辑的故事,还是从非语言数据生成文本,数据增强,去偏或格式控制,受控文本生成都提供了强大而灵活的工具。通过研究和实现受控文本生成,我们已经能够有效地扩大了人工智能的应用范围,并为用户提供了更高质量的体验。

尽管目前的受控文本生成模型已经在多个应用场景中取得了令人鼓舞的成果,但仍然存在许多尚未解决的问题和挑战,如保证长文本生成的连贯性和逻辑性,进一步改进数据增强的效果,更有效地消除偏见等。解决这些问题需要更深入的理论研究和技术创新。同时,我们也期待在实践中收集更多的反馈,以推动模型的持续优化和改进。

未来的研究方向将更加聚焦于提高受控文本生成的精准度和灵活度。我们将进一步深化理解生成模型的内在机制,以更好地控制生成的结果。随着模型的不断进步,我们需要关注受控文本生成可能带来的伦理和社会问题,包括信息安全、用户隐私、信息真实性等,以确保我们的技术能在提供优秀体验的同时,不损害用户的利益和社会的公正公平。此外,我们还将尝试探索更多的应用场景,进一步扩大受控文本生成的应用范围。

参考文献

[1] HORACEK H. Building Natural Language Generation Systems Ehud Reiter and Robert Dale[J]. Computational Linguistics, 2001, 27(2):33-36.

[2] GROVER A, SONG J, KAPOOR A, et al. Bias correction of learned generative models using likelihood-free importance weighting[J]. Advances in neural information processing systems, 2019(32): 1156-1164.

[3] LI X, THICKSTUN J, GULRAJANI I, et al. Diffusion-lm improves controllable text generation[J]. Advances in Neural Information Processing Systems, 2022(35): 4328-4343.

[4] RADFORD A, WU J, CHILD R, et al. Language models are unsupervised multitask learners[J]. OpenAI blog, 2019, 1(8): 9.

[5] RAFFEL C, SHAZEER N, ROBERTS A, et al. Exploring the limits of transfer learning with a unified text-

to-text transformer[J]. The Journal of Machine Learning Research, 2020, 21(1): 5485-5551.

[6] LIU Y, GU J, GOYAL N, et al. Multilingual denoising pre-training for neural machine translation[J]. Transactions of the Association for Computational Linguistics, 2020(8): 726-742.

[7] BENGIO Y, DUCHARME R, VINCENT P. A neural probabilistic language model[J]. Advances in neural information processing systems, 2000(13):1156-1163.

[8] VASWANI A, SHAZEER N, PARMAR N, et al. Attention is all you need[J]. Advances in neural information processing systems, 2017(12):30.

[9] RAFFEL C, SHAZEER N, ROBERTS A, et al. Exploring the limits of transfer learning with a unified text-to-text transformer[J]. The Journal of Machine Learning Research, 2020, 21(1): 5485-5551.

[10] LIU Y, GU J, GOYAL N, et al. Multilingual denoising pre-training for neural machine translation[J]. Transactions of the Association for Computational Linguistics, 2020(8): 726-742.

[11] RAFFEL C, SHAZEER N, ROBERTS A, et al. Exploring the limits of transfer learning with a unified text-to-text transformer[J]. The Journal of Machine Learning Research, 2020, 21(1): 5485-5551.

[12] BROWN T, MANN B, RYDER N, et al. Language models are few-shot learners[J]. Advances in neural information processing systems, 2020(33): 1877-1901.

[13] HUANG M, ZHU X, GAO J. Challenges in building intelligent open-domain dialog systems[J]. ACM Transactions on Information Systems(TOIS), 2020, 38(3): 1-32.

篇章逻辑结构特征对汉语写作质量评估研究

薛嗣媛[1,2]　陈方瑾[1,2]
1. 首都师范大学;2. 中国语言智能研究中心

摘要:为了更好地对汉语议论文写作质量进行分析,本文提出了“篇章结构丰富性”这一新的评估指标,包括篇章要素多样性、篇章要素长度以及篇章结构复杂性三个不同维度。我们采用计算语言学的方法,设计了三个维度下不同的测量工具,以中学生议论文作文为研究对象,考察了“篇章结构丰富性”与议论文写作质量之间的相关性,以及对写作成绩的预测能力。实验结果显示:议论文论据的数量、论据之间的嵌套关系、最小论证结构之间的嵌套关系对写作质量有着较强的解释力。本文的工作将推进智能评测从浅层符号到语言能力的跨越,这一发现不仅具有理论价值,而且在教学方法上也具有实用价值。
关键词:篇章结构丰富性;议论文;作文智能评测

A Study of the Complexity of Discourse Logical Structure on the Chinese Writing Assesement

Xue Siyuan, Chen Fangjin

Abstract: In order to analyze the quality of Chinese argumentative texts, we propose a new quality assessment index called “richness of discourse structure”, which includes three different dimensions: diversity of discourse elements, length of discourse elements, and complexity of discourse structure. We adopted the method of computational linguistics to design different measurement tools in three dimensions, taking middle school students’ argumentative texts as the research object, and examined the correlation between “richness of discourse structure” and the quality of argumentative texts, as well as the predictive ability of writing performance. The experimental results show that the number of argumentative arguments, the nested relationship between arguments, and the nested relationship between minimum argumentative structures have a strong explanatory power on writing quality. The work of this article will promote the leap of intelligent evaluation from shallow symbols to language proficiency, which not only has theoretical value but also practical value in teaching methods.
Keywords: Richness of discourse structure; Argumentative text; Intelligent Evaluation of Composition

1　引言

在写作质量评估的研究中,选择以及使用区别性特征是一项核心研究。机器评分通过设计不同维度语言特征做自变量,建立多元线性回归公式来预测写作质量。因此,只有区别性特征研究清楚的基础上,才能在机器自动评分中选择有效特征权重。作文评分涉及的区别性特征可以分为语言特征和内容质量两部分。

从已有研究来看,不同维度的特征对写作质量的影响不同,大量研究集中在词汇和句法等层面,如语言复杂度、准确度、流利度已成为评分维度中最常使用的典型特征。鲍贵(2008)从词汇变化性、词汇密度、词汇复杂度、词汇独特性四个词汇层面的维度考察了词汇丰富度对二语学习者作文的影响。朱慧敏、王俊菊（2013）在自建语料库的基础上对30名英语专业学生的120篇同题议论文进行分析，探究了词汇变化性、词汇密度、词汇复杂度、词长、词频分布等因素对英语写作的影响。吴继峰（2016）从词汇变化性、词汇复杂度、词汇密度、词汇错误四个维度考察了词汇丰富度与英语母语者汉语写作质量的关系。王艺璇（2017）同样以汉语二语作文为研究对象，探讨了测量写作质量的有效参项，对词汇多样性、词汇复杂性、词频概貌、词汇错误、词汇密度等维度进行分析，最终认为词汇错位比重、词种数、常用词数三个因素能够有效预测汉语学习者写作文本质量。张会平（2020）、吴佩（2020）、王浩学（2022）等同样对词汇复杂度对汉语二语写作质量的影响做了分析。

语法层面的测量指标也是很多学者研究的对象，主要集中在句法复杂度上。句法复杂度指语言产出中句法结构的多样性及复杂性（Lu，2010）。

Hunt（1966）提出了T单位，指“作文可以分解的最小的语法完整的单位，或者说最小的可终止的单位”。安福勇（2015）使用T单位测量法分析了不同水平CSL学习者作文的流畅性、句法复杂度和准确性，得出只有T单位长度和平均T单位分句数两个指标在三个水平之间有显著差异。吴继峰（2018）从句法复杂度层面对韩语母语者汉语作文质量进行测量。结果表明话题链数量、话题链分句总数、T单位长度、零形成分数量四个指标为有效测量指标，而T单位数量、T单位分句数、话题链长度等不是有效预测指标。除此之外，周蔚（2019）、Yu（2020）等学者也对句法复杂度粗粒度指标对写作质量的影响做了研究。

粗粒度指标在句法复杂度测量方面取得了较为广泛的应用，但是研究者们普遍认为粗粒度指标缺乏对语言结构的细节体现，透明度较低，且在实际预测效度上的表现并不突出，因此近年来对句法复杂度的研究焦点逐渐转向更关注具体语言结构的细粒度指标上（朱慧敏、唐建华，2021）。

细粒度指标研究主要集中在短语复杂性指标设计上。吴继峰、陆小飞（2021）考察了粗粒度指标和细粒度指标两种不同颗粒度的句法复杂度测试指标与汉语学习者写作质量之间的关系。研究得出粗粒度指标（话题链数量、话题链分句总数、零形成分数量）与写作分数相关度不明显，名词短语细粒度指标（复杂名词短语比率、复杂名词短语总数、名词前复杂修饰语总长度）对记叙文和议论文写作评分的预测更加有效。胡韧奋（2021）提出了“基于搭配多样性与复杂性的汉语短语层面的句法复杂度指标”，基于大规模的汉语二语作文语料库，考察了短语层面句法复杂度指标（搭配整体多样性、汉语特有搭配多样性、低频搭配比例、汉语特有搭配比例）与汉语二语作文分数之间的关系，并于传统句法层面复杂度影响进行对比。研究得出结论：基于搭配的短语层面指标与汉语二语写作成绩之间呈现显著相关性。程勇（2022）提出“语法丰富性”指标，同样以汉语二语作文作为研究对象，对作文中运用的语法点情况进行分析，从多样性、复杂性以及正确性三个维度考察语法丰富性指标与汉语二语作文分数之间的关系。研究发现，这三个语法维度对写作质量均有显著的影响。

近年来，对词汇和语法层面汉语二语作文写作质量影响因素的研究取得了不错的成果。然而，逐渐有研究者（辛平，2007等）提出，只使用语言特征的测量来评估学习者表现成功与否是不够的，必须考虑篇章内容质量。事实上，汉语是语篇倾向型与话题凸显型语言（Li & Thompson 1979），语言交际很多情况下是以完整的语篇为交际单位的，进行写作质量评估研究应追求语篇整体效果，因而不应仅依托词汇、语法等信息。黄志娥等（2014）指出“对高分值作文进行评分时，仅采用浅层特征是不够。还需要综合使用统计方法和自然语言处理的技术来提取作文的词语使用、逻辑结构、主题内容等方面的深层特征”。可见，从语篇内容层面对作文写作质量进行分析是值得我们关注和思考的问题。

梁茂城等人（2003）从宏观篇章连贯性和微观篇章连贯性两个方面设计语言特征评估篇章衔接性。王志军等学者（2011）以英语书面语为研究对象，揭示不同水平写作者在语篇组织能力上的差异，指出复杂名词词组的使用在书面语篇的组织上起着关键的作用。李艳翠（2013）使用标点符号作为篇章结构特征用来分割文意，反映学习者书面语语言产出篇章特点以及篇章衔接的参考性指标。宋璟瑶（2015）利用廖秋忠提出的汉语议论文论证结构为基础理论，对汉语二语学习者进行了结构标注与分析，并展示了不同写作水平的汉语学习者生成的篇章之间的差异。吴佩等人（2020）创新性地提出语言特征和内容特征相结合的方法，研究有关篇章内容和长度相关的指标。

基于以上分析，本文借鉴了词汇丰富性和语法丰富性的概念，提出了“篇章结构丰富性”这一新的写作质量评估指标。从篇章要素多样性、篇章要素长度、篇章结构复杂性三个维度验证“篇章结构丰富性”对汉语母语者议论文作文质量评估的有效性。

2 研究方法

2.1 研究问题

（1）“篇章结构丰富性”包含的测量维度有哪些？如何设计有效的测量工具？

（2）“篇章结构丰富性”对汉语母语者议论文写作的质量有多大程度的影响？

（3）“篇章结构丰富性”是否能够作为关键特征来提升作文自动评分的性能？

2.2 语料来源

本文从研究可行性出发，以议论文文体为研究对象，收集汉语母语背景的中学生议论文作文作为语料，探索语篇结构要素及其关系对写作质量以及内容质量的影响。本文对收集到的议论文进行筛选，过滤掉了字数过少以及分数过低的作文，最终保留了 330 篇议论文文本。作文的级别包括不及格（<60）、及格（60≤分数<70）、良好（70≤分数<80）、优秀（≥80）四个等级。

同时，利用 LTP 语言技术平台对文本进行了预处理操作，例如分词、词性标注、依存结构特征的提取。语料库总句数 5901，总字数 249 079，语料库的整体分布情况如表 1 所示。

表 1 语料库数据统计信息

	不及格	及格	良好	优秀	整体
作文篇数（篇）	19	110	161	40	330
平均字数（个）	623.5	732.6	768.7	824.3	754.8
平均句子数（个）	16.25	17.4	19.2	19.5	18.5

续表

	不及格	及格	良好	优秀	整体
平均得分(分)	54.4	65.7	74.7	82.6	71.3

2.3 篇章结构要素及其关系分析

对篇章结构的研究主要可以分为微观结构和宏观结构的研究。篇章的宏观结构是相对于一些较低层次的组合单元来说的,这是一个相对的概念。篇章的宏观功能结构主要研究整个篇章及其内部各个信息单元之间的功能关系,而篇章的微观功能结构主要研究篇章内部某两个信息单元之间的功能关系以及结构排列。

廖秋忠(1998)提出了“论证结构”这一概念,他认为“篇章中处于同一层次的两个语段,如果它们之间存在着论题与论据的功能关系,那么它们便构成了一个基本的论证结构”。论题和论据是论证结构不可缺少的两个必要成分,它们有时候以明确的字眼出现,有时候则暗含在篇章之中,它们可以是相邻的,也可以是不相邻的。除了论题和论据这两个核心基本部分之外,论证结构还包括一些外围部分,例如引论和结尾。廖文用树形图的形式来表示论证结构,如图1所示。

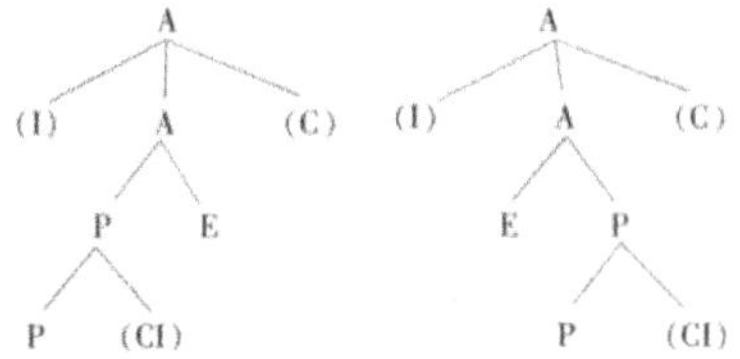

图1 汉语典型论证结构(廖秋忠,1988)

图1是一个典型的论证结构树形图,其中,A代表论证结构;P代表论题(论点、论断);E代表论据;I代表引论;C代表结尾;CI代表澄清。同时,廖文还提出论证结构是判断一个篇章是不是论证体的有效标准。当一个篇章的最高层次结构是论证结构时,整个篇章就是论证体。但在实际语料中,廖秋忠的标注方式不能完全辐射全文的语义内容。

英国哲学家图尔敏(1954)在《论证的运用》一书中提出法律论辩结构应该包含“主张(claim)”“资料(data)”“根据(warrant)”“支援(backing)”“限定(qualifier)”“反驳(rebuttal)”六大要素,其中主张、资料、根据是论证模型的三大核心要素,三者构成了论证的基本模式。其他三个要素对内容进行补充,构成了论证的扩展模式,如图2所示。

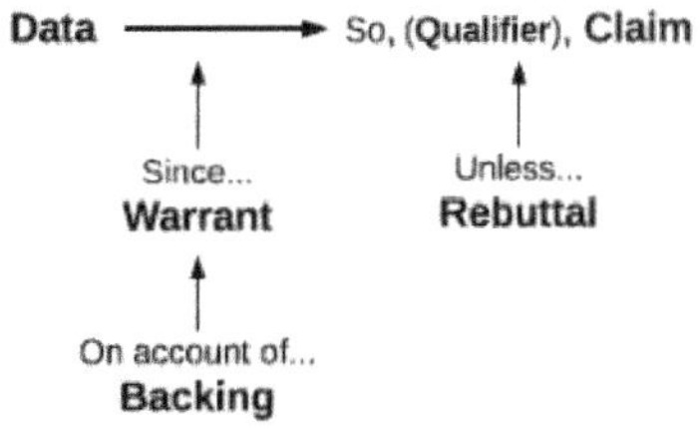

图2 图尔敏论证结构

Scott A. Crossley（2022）等人基于“图尔敏论证模型”对议论要素之间的关系进行了探讨，认为很多情况下，论证特征之间的关系对写作质量的预测比单纯的论证特征有着更高的解释力。文章提出了论证特征之间的平行关系和上下级嵌套关系以及相互之间的距离关系。

我们依据廖秋忠提出的“论证结构”理论，对议论文篇章进行论证结构要素的分析，提取出“最小论证结构”“引论、论点、论据、结尾、澄清”等论证结构相关特征作为研究议论文写作质量的语篇结构层面的测试指标，对其数量和占比进行统计。同时，受到 Scott A. Crossley 等人研究的启发，本文对廖秋忠提出的论证要素之间的关系进行分析，从嵌套关系和平行关系两个维度出发提出了全文论证结构嵌套、最小论证结构嵌套、论据嵌套三种嵌套关系，以及论证结构平行、论据平行两种平行关系。同样对这些嵌套关系和平行关系进行统计分析。

2.4 篇章结构要素标注

为了计算篇章结构复杂性，本文对收集到的语料中出现的篇章结构要素以及它们之间的关系进行了识别和标注。具体的标注示例如表 2 所示。

表 2 语篇结构要素标注示例

语篇成分	含义解释	标签
篇章结构单元	表示篇章结构单元，句子。i 表示篇章结构单元具体位置	S_i
语篇全文	表示语篇全文	T
论证结论	论证结构由核心部分（论题）和外围部分（论据）组成	A
总论点	全文内容的主要观点	Final Claim
论题*	论题是需要证明的命题，一般是带有价值判断、表达立场的陈述句，可以分为正面论题以及反面论题	PC（Postive Claim） NC（Negative Claim）
论据*	论据是立论的根据，可以分为正面论据和反面论据	PE（Postive Evidence） NE（Negative Evidence）
问题		Q
引论	交代论题的缘由	I（Introduction）
结尾	重述论题、论据的概括	C（Conclusion）
澄清	对论题的解释和阐述，或是与论题具有相关、引申系的其他话题	CI
游离成分	不隶属于上述任何成分单元的语句	N（Non-annotated）
全文论证结构嵌套	全文论证结构与包含的论证要素之间的上下层关系	S_A
分论点论证结构嵌套	分论点论证结构与包含的论证要素之间的上下层关系	S_{Ai}
论据嵌套	各个论据与包含的不同内容论据之间的上下层关系	S_E
论证结构平行	同一层次论证结构之间平行关系	P_A
论据平行	同一层次论据之间的平息关系	P_E

我们通过人工和自动化标注的办法抽取抽取出相关的篇章结构要素，并通过两位专业工作者对篇章成分单元进行抽取，构建语篇论证结构树，并通过论证结构树对各个论证要素之间的关系进行标注。

3 研究结果

3.1 篇章结构丰富性测量维度及测量工具

篇章结构丰富性是用于衡量议论文写作质量的重要指标之一，参考前人对于词汇丰富性和语法丰富性的研究，我们设计了三个测量维度来描述篇章结构丰富性，分别是篇章要素多样性、篇章要素长度以及篇章结构复杂性。

3.1.1 篇章要素多样性

篇章要素多样性是指学生在进行议论文写作时使用的论证要素的种类及数量，如果使用的论证要素越多，则文章的语篇要素多样性就越高。为此，本文从议论文本出发，设计了五种不同的测量工具。

（1）篇章要素多样性 1=作文中引论的数量。

（2）篇章要素多样性 2=作文中论证结构的数量。

（3）篇章要素多样性 3=作文中分论点的数量。

（4）篇章要素多样性 4=作文中论据的数量。

（5）篇章要素多样性 5=作文中结论的数量。

3.1.2 篇章要素长度

篇章要素长度是指上述提到的各个篇章要素的句子数量。本文针对五种议论文结构要素设计了五种不同的测量工具。

（1）篇章要素长度 1=作文中引论的句子数。

（2）篇章要素长度 2=作文中总论点句子数。

（3）篇章要素长度 3=作文中分论点句子数。

（4）篇章要素长度 4=作文中论据句子数。

（5）篇章要素长度 5=作文中结论句子数。

3.1.3 篇章结构复杂性

篇章结构复杂性是指学生在进行议论文写作时使用嵌套结构和平行结构的情况，如果在写作中使用的嵌套结构或者平行结构数量越多，那么文章的篇章结构复杂性就越高。本文参考词汇复杂性的计算方式，通过文章不同要素之间嵌套和平行关系的数量来计算篇章结构复杂性。

（1）篇章结构复杂性 1=全文论证结构嵌套关系的数量。

（2）篇章结构复杂性 2=最小论证结构嵌套关系的数量。

（3）篇章结构复杂性 3=论据嵌套关系的数量。

（4）篇章结构复杂性 4=论证结构平行关系的数量。

（5）篇章结构复杂性 5=论据平行关系的数量。

3.2 描述性统计结果

本文对收集到的作文语料中的语篇结构变量进行了统计,具体如表3所示。

表3 各变量与作文分数的平均值和标准差

	平均值	标准差
作文分数	71.72	7.115
篇章要素多样性1	0.71	0.628
篇章要素多样性2	2.97	1.009
篇章要素多样性3	1.98	0.990
篇章要素多样性4	4.22	1.510
篇章要素多样性5	1.72	0.840
篇章要素长度1	1.66	1.788
篇章要素长度2	1.65	0.915
篇章要素长度3	2.66	1.710
篇章要素长度4	9.55	3.986
篇章要素长度5	2.97	1.769
篇章结构复杂性1	3.61	0.542
篇章结构复杂性2	4.75	2.486
篇章结构复杂性3	4.39	1.554
篇章结构复杂性4	1.10	0.809
篇章结构复杂性5	1.95	1.300

3.3 相关分析结果

针对上述的设计的“篇章结构丰富性”15种测量工具,我们对这些测量指标和作文分数之间的相关性进行了分析,具体的结果如表4所示。

表4 篇章结构丰富性与作文分数的相关性结果

	1	2	3	4	5	6	7	8	9	10	11	12	13	14	15
作文分数	—														
篇章要素多样性1	.184**	—													
篇章要素多样性2	.233**	−0.084	—												
篇章要素多样性3	.248**	−0.105	.972**	—											
篇章要素多样性4	.339**	−0.023	.426**	.449**	—										
篇章要素多样性5	.122*	0.000	.138*	.149**	.173**	—									
篇章要素长度1	0.092	.689**	−.145**	−.139*	−0.081	−0.061	—								

续表

	1	2	3	4	5	6	7	8	9	10	11	12	13	14	15
篇章要素长度 2	-0.070	-.219**	0.005	0.017	0.014	-0.083	-.158**	—							
篇章要素长度 3	.203**	-0.086	.721**	.733**	.315**	0.044	-0.106	0.008	—						
篇章要素长度 4	.171**	-0.10	.116*	.134*	.403**	-0.024	0.028	.191**	.132*	—					
篇章要素长度 5	0.073	0.027	-0.013	-0.009	-0.009	.576**	-0.011	0.006	0.026	0.070	—				
篇章结构复杂性 1	.119*	.706**	-.120*	-.142*	-0.069	0.071	.609**	-.214**	-.115*	0.011	0.080	—			
篇章结构复杂性 2	.304**	-0.038	.907**	.918**	.425**	.396**	-.126*	-0.034	.669**	0.097	.143*	-.119*	—		
篇章结构复杂性 3	.307**	0.011	.293**	.309**	.933**	.230**	-0.069	0.013	.221**	.386**	0.045	-0.073	.307**		
篇章结构复杂性 4	.271**	-.118*	.933**	.945**	.446**	.147**	-.156**	0.008	.688**	.148**	-0.035	-.158**	.888**	.330**	—
篇章结构复杂性 5	.229**	0.017	-0.052	-0.047	.823**	.122*	-0.037	-0.012	-0.076	.364**	0.016	-0.001	-0.017	.830**	-0.034

**. 在 0.01 级别（双尾），相关性显著。*. 在 0.05 级别（双尾），相关性显著。

从表 4 可以看出，篇章结构丰富性的 15 个指标和作文分数存在一定的相关性（$p<0.01$）。在语篇要素多样性的 5 个指标中，与作文分数相关性最高的指标是篇章要素多样性 4（作文中论据的数量，$r=0.339$），其次是篇章要素多样性 3（作文中分论点的数量，$r=0.248$）、篇章要素多样性 2（作文中论证结构的数量，$r=0.233$）。在篇章要素长度 5 个指标中，与作文分数相关性最高的是篇章长度要素 3（作文中分论点句子数，$r=0.203$）。

篇章结构复杂性与作文分数的相关性整体比篇章要素多样性与作文分数的相关性更高。在 5 个指标中，篇章结构复杂性 3（论据嵌套关系的数量，$r=0.307$）与作文分数的相关性最高，篇章结构复杂性 2（最小论证结构嵌套关系的数量，$r=0.304$）与作文分数的相关性也较为显著，之后依次是篇章结构复杂性 4（论证结构平行关系的数量，$r=0.271$）、篇章结构复杂性 5（论据平行关系的数量，$r=0.229$）。其余指标与作文分数的相关性不显著。

3.4 多元线性回归分析

为了验证“篇章结构丰富性”对作文分数的影响程度，本文以作文分数为因变量，以篇章结构丰富性三个维度的指标为自变量，通过逐步法考察了篇章要素对作文分数的影响。

由于篇章层面同一维度下的各个指标之间存在较高的相关性，可能存在多重共线性，因此本文选取各个维度相关性高的指标，即篇章要素多样性 4（作文中论据的数量）、篇章要素长度 3（作文中分论点句子数）、篇章结构复杂性 2（最小论证结构嵌套关系的数量）作为篇章结构丰富性的测量工具进行回归分析，具体分析结果如表 5 所示。

表 5　基于篇章结构丰富性指标的逐步回归分析结果

模型	增加的变量	R	R^2	调整后 R^2	标准估算的错误
1	篇章要素多样性	.339[a]	0.115	0.112	6.703
2	篇章要素复杂性	.382[b]	0.146	0.141	6.594

从表 5 回归分析结果可以看出，模型 1 的标准估算错误为 6.703，模型 2 的标准估计误差为 6.594，均小于写作成绩的标准差，因此模型是有效的。篇章结构丰富性两个维度的指标可以解释写作成绩总变异的 14.6%（R2=0.146）。其中篇章要素多样性能解释作文分数变异的 11.5%，篇章结构复杂性能够解释作文分数变异的 3.1%，其中篇章要素多样性是对作文分数预测贡献最大的篇章结构层面的指标。

篇章结构层面各个变量对议论文作文分数的具体影响如表 6 所示。

表 6 篇章结构层面各变量对作文分数的影响

	模型	未标准化系数		标准化系	t	显著性
		B	标准错误	Beta		
1	（常量）	64.972	1.116		58.231	0.000
	篇章要素多样性	1.598	0.249	0.339	6.419	0.000
2	（常量）	63.969	1.136		56.286	0.000
	篇章要素多样性	1.207	0.271	0.256	4.459	0.000
	篇复结构复杂性	0.559	0.164	0.195	3.401	0.001

篇章结构丰富性各个维度的指标中，篇章要素多样性（β=0.256，t=4.459，p<0.001）、篇章结构复杂性（β=0.195，t=3.401，p=0.001）对作文分数存在较为显著的影响。其中篇章要素多样性的影响更大。

4 讨论分析

本文借鉴前人对词汇和语法丰富性的研究，从篇章结构角度出发，构建了一个新的写作质量评价指标——篇章结构丰富性，包括篇章要素多样性、篇章要素长度、篇章结构复杂性三个维度，设计了共 15 个指标。我们对这些指标进行标注和统计，并且进一步分析这些指标和议论文作文分数之间的相关性。结果发现：篇章要素多样性对议论文写作分数的影响最大，其中篇章要素多样性涉及的五个指标中，论据的数量是影响最大的指标。篇章结构复杂性维度的指标同样对议论文作文分数存在较大影响，其中影响最大的指标是论据嵌套关系和最小论证结构嵌套关系。相对而言，篇章要素长度维度的指标对议论文作文分数的影响较小。回归分析结果显示，篇章要素多样性和篇章结构复杂性能有效解释变异量。

篇章要素多样性维度，尤其是分论点数量和论据数量这两个对作文分数有较高影响的指标，能够反映出学生对议论文总论点的理解的程度以及对总论点议论分析的程度。篇章结构复杂性指标则能够体现了学生写议论文时论证结构的合理性和深度。总的来说，篇章要素多样性越高、篇章结构复杂性越高，议论文作文的质量就越高。

议论文写作对文章论证结构有着较高的要求，因此，从篇章结构内容的角度考察议论文写作分数的影响因素是不可忽视的。

5 结论

以往关于作文写作质量的研究中，以汉语二语写作为对象，以句法和词汇特征为主要研究内容的文章较多，而从作文的篇章结构特征出发对汉语母语者作文写作质量影响因素的研究相对较少。本文发现，语篇结构要素对汉语母语者议论文作文存在一定的影响。议论文这种“剖析事物、论述事理、发表意见、提出主张”的文体，要求写作者能够清晰地提出自己的观点，并且能够利用合理的结构布局来组织论证材料，从而论证自己的观点。因此，文章的篇章结构要素是影响议论文写作的重要因素。

本文提出的“篇章结构丰富性”指标，从篇章要素多样性、篇章要素长度、篇章结构复杂性三个维度对语篇结构要素进行提取和统计分析，考察了其与汉语母语者议论文作文写作质量之间的关系。研究结果显示，篇章结构丰富性对议论文写作质量有着较强的解释力，是影响议论文写作的重要因素。其中议论文作文中论据的数量、论据嵌套关系的数量、最小论证结构嵌套关系的数量等指标对作文成绩的影响最大。研究结果为议论文自动评分技术的研究提供了一定的参考价值，为后续的研究提供了不同方面的思考。

但本文仍有一些问题需要进一步深入探讨，本文的语料数量和主题较少，同时，变量的选择也不够详尽。在后续的研究中可以考虑从篇章结构的其他维度增加变量，以增加篇章结构丰富性对议论文写作成绩的预测程度。其次，本文选取的研究对象是议论文文体，经过实验验证，篇章结构丰富性对议论文写作成绩有较强的解释力，后续研究可以尝试将文体进行扩展，将篇章结构丰富性这一指标运用到记叙文、说明文等其他文体写作成绩的预测上。

参考文献

[1] 鲍贵. 二语学习者作文词汇丰富性发展多维度研究[J]. 外语电化教育，2008(05):38-44.

[2] 朱慧敏，王俊菊. 英语写作的词汇丰富度发展特征——一项基于自建语料库的纵贯研究[J]. 外语界，2013(06):77-86.

[3] 吴继峰. 英语母语者汉语写作中的词汇丰富性发展研究[J]. 世界汉语教学 2016，30(01):129-142.

[4] 王艺璇. 汉语二语者词汇丰富度与写作成绩的相关性——兼论测量写作质量的多元线性回归模型及方程[J]. 语言文字应用，2017(02):93-101.

[5] 张会平. 中国英语初学者写作词汇丰富性的发展特征研究[J]. 现代外语，2020，43(04):529-540.

[6] 吴佩，邢红兵. 内容、词汇、篇章特征对汉语学习者二语作文质量的影响研究[J]. 语言教学与研究，2020(02):24-32.

[7] 王浩学，程勇，胡晓清. 基于词汇特征与语法模式的汉语二语写作质量动态发展研究[J]. 华文教学与研究，2022(02):20-31.

[8] LU XIAOFEI. Automatic analysis of syntactic complexity in second language writing[J].International Journal of Corpus Linguistics，2010(4):474-496.

[9] HUNT，KELLOGG W. Recent measure syntactic development. Elementary English，1966，43(07):732-739.

[10] 安福勇. 不同水平 CSL 学习者作文流畅性、句法复杂度和准确性分析——一项基于 T 单位测量法的研究[J]. 汉语教学与研究，2015(03):11-20.

[11] 吴继峰. 韩语母语者汉语书面语句法复杂性测量指标及与写作质量关系研究[J]. 语言科学，2018，17

（05）:510-519.
[12] 吴继峰，周蔚，卢达威. 韩语母语者汉语二语写作质量评估研究——以语言特征和内容质量为测量维度[J]. 世界汉语教学，2019（1）:130-144.
[13] YU QIAONA. An organic syntactic complexity measure for the Chinese language: The TC-Unit[J]. Applied Linguistics，2020（1）:60-92.
[14] 朱慧敏，唐建华. 句法复杂性测量指标研究：回顾、反思与展望[J]. 山东理工大学学报（社会科学版），2021，37（01）:84-89.
[15] 吴继峰，陆小飞. 不同颗粒度句法复杂度指标与写作质量关系对比研究[J]. 语言文字应用，2021（01）:121-131.
[16] 胡韧奋. 基于搭配的句法复杂度指标及其与汉语二语写作质量关系研究[J]. 语言文字应用，2021（01）:132-144.
[17] 程勇. 基于语法丰富性的汉语二语写作质量分析研究[J]. 语言教学与研究，2022（05）:10-22.
[18] 辛平. 基于语言能力构想的作文评分标准及其可操作性研究[J]. 暨南大学华文学院学报，2007（03）:19-24+42.
[19] 黄志娥，谢佳莉，荀恩东. HSK 自动作文评分的特征选取研究[J]. 计算机工程与应用，2014（06）:118-126.
[20] 梁茂成. 学习者书面语语篇连贯性的研究[J]. 现代外语，2006（03）:284-292+330.
[21] 王志军. 不同水平写作者语篇组织能力对比研究[J]. 复旦外国语语言文学论丛，2011（01）:61-65.
[22] 李翠艳，朱坤华，周国栋. 英语语篇结构分析研究综述[J]. 计算机应用研究，2019，06（29）:2018-2027.
[23] 宋静瑶. 汉语议论文篇章习得研究[J]. 华文教学与研究，2015（03）:18-28.
[24] 廖秋忠. 篇章中的论证结构[J]. 语言教学与研究，1998（01）:86-101.
[25] CROSSLEY S A, TIAN Y, WAN, Q. Argumentation features and essay quality: Exploring relationships and incidence counts[J]. Journal of Writing Research，2022 14（1），1-34.

文本情感计算研究现状与应用①

周 楠[1,2,3]
1. 中国语言智能研究中心;2. 首都师范大学文学院;3. 北京开放大学首都终身教育研究基地

摘要: 本文通过文献调研的方法综述文本情感计算的研究现状、技术发展趋势及应用情况。通过使用中国知网作为主要检索来源,采用相关概念和计算设计来制定检索策略,统计 2017 年至 2023 年期间文本情感计算领域的研究论文,在此基础上对当前的文本情感方法进行概述,明确主要分为基于规则、基于机器学习和基于深度学习三种方法,随后探讨文本情感计算在各个领域的应用情况。最后,总结目前的研究成果并提出未来的研究方向。
关键词: 文本情感计算;情感词典;深度学习

Current Research Status and Applications of Text Sentiment Analysis

Zhou Nan

Abstract: This article aims to conduct a literature review and provide an overview of the research status, technological trends, and application scenarios in text sentiment analysis.Using the China National Knowledge Infrastructure(CNKI)as the retrieval source, a retrieval strategy was formulated based on relevant concepts and computational designs in sentiment analysis.Research papers on text sentiment analysis from the years 2017 to 2023 were statistically analyzed.Based on this analysis, the current text sentiment analysis methods were summarized, primarily categorized into rule-based, machine learning-based, and deep learning-based approaches.Furthermore, the application scenarios of text sentiment analysis in various fields were discussed.Finally, the current research achievements were summarized, and future research directions were proposed.
Keywords: Text Sentiment Analysis; Sentiment lexicon; Deep Learning

情感计算,也称情感分析,它为改善人机交互环境提供了新思路和方法。作为一个新兴的跨学科领域,情感计算吸引了学术界和企业机构的广泛关注,主要研究方向包括面部表情情感、语音情感、行为情感和文本情感等。其中,面部表情、语音和行为的信息量较大,因此相应的情感计算技术相对成熟。而文本情感计算作为计算机语言学的研究领域,也是情感信息的主要载体,一直是重点研究领域。特别是随着 ChatGPT 横空出世,其作为一种强大的自然语言处理模型,在文本生成和理解方面展现了出色的能力,为文本情感计算的研究和应用提供了新的机遇和挑战。

本文旨在深入研究文本情感计算的技术方法和应用场景。通过利用中国知网 CNKI 进行文献检索并进行可视化分析,全面梳理了文本情感计算的关键方法和模型。在综合考量现有研究成果的基础上,将文本情感计算方法划分为基于情感词典与规则的方法、基于传统

① 基金项目:国家社会科学基金项目“基于语言智能的国际中文测试话题-词汇图谱研究”(22CYY040)、国家社会科学基金项目“明代女性作家考录”(19BZW074)。

机器学习的方法以及基于深度学习的方法,并对三类方法分别剖析各自优缺点,并详尽介绍了文本情感计算在社交媒体、商业投资等领域的实际应用情况。最后,提出了潜在的研究方向和探索重点,旨在为进一步推动情感计算领域的发展提供有益的指导和启示。

1 文献计量分析

本文在中国知网 CNKI 中选用高级检索,以主题为“文本情感计算”或“文本情感分析”或“文本情感分类”为检索式进行主题检索,检索时间设置为 2017 年 6 月 1 日-2023 年 6 月 1 日,经过筛选处理后选取中文文献 2 567 篇,并以此为研究基础,延伸阅读后选取 40 余篇及其他英文文献作为本文的参考文献。

根据检索得到的文献数量总体趋势图,如图 1 所示。由图 1 可知, 2018-2021 年文本情感计算领域的论文数量呈现出快速增长的趋势, 2022 年有所下降,但知网数据预计 2023 年将会再次大幅增长,应与 2022 年底 Open AI 发布 ChatGPT 有关, AIGC 技术为文本情感计算带来更加广阔的研究和应用前景。

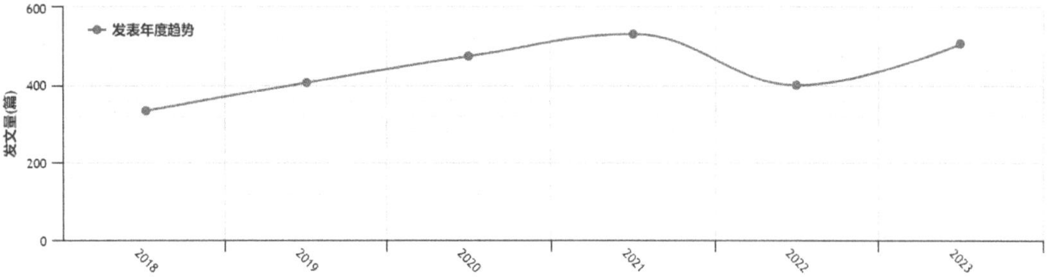

图 1 文本情感计算研究文献总体趋势分析

文本情感计算的基本流程一般包括原始文本的获取、文本预处理、构建语料库和情感词典、构建情感分析模型、对模型进行训练、使用模型对文本进行情感分析、对分析结果进行评价完成模型测试、必要时还需要动态调整模型的参数以便训练出最佳学习模型。通过使用 CiteSpace 进行关键词共现分析,情感计算领域的主要技术方法和应用场景可以较为清晰地展现。从图 2 可以得知,情感计算方法主要包括基于情感词典与规则的方法、基于传统机器学习的方法以及基于深度学习的方法。而近年来随着深度学习呈现出较好的情感计算效果,它已成为国内外的主流研究方向。下文将对三种方法进行详细论述。

文本情感计算的快速发展得益于论坛、微博、微信等社交媒体的快速发展,从图 2 中确实可以看出,文本情感计算的研究主要集中在社交媒体、在线评论和商业投资领域。国内对社交媒体进行研究的重点主要集中在新浪微博平台,该平台所提供的海量数据成为国内文本情感计算的主要数据来源之一。在线评论的情感计算起初主要基于在线论坛和社区中的评论内容,而随着电商平台的兴起,研究的重点逐渐转向了商品和消费者评论。在商业投资领域,股票市场和股市预测一直备受关注,大量研究表明尽管投资者的乐观和悲观态度对股票市场影响有限,但恐惧心理却可能对股市波动产生重大影响,因此情感计算在股票市场领域应用前景巨大。此外，社交媒体上的宣传营销和对商品评论的了解对于企业制定合理的销售策略、实现更大的经济收益和获得竞争优势具有重要作用。综上，在这些方面开展情感计算研究对于推动相关领域的发展具有重要意义。

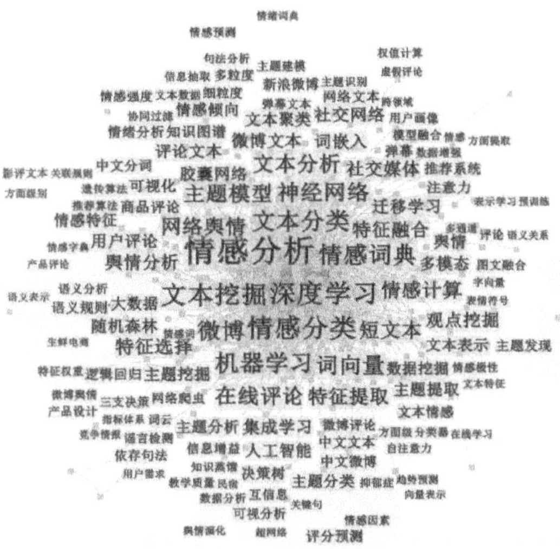

图 2　关键词共现图

此外，除了中文文本的情感计算，基于英语的文本情感计算研究更加超前和丰富，同时近年来小语种的相关研究也逐步增加。随着全球化进程的推进和跨文化交流的增加，对其他语种文本的情感计算具有重要意义。通过研究不同语种文本的情感表达和情感识别，可以更好地理解不同文化背景下人们的情感态度，为跨语言情感分析和跨文化交流提供支持。

2　文本情感计算方法

2.1　基于规则的文本情感计算方法

基于规则的文本情感计算方法，或者说基于词典的计算方法，是一种传统的文本情感分类方法，它基于人工定义的规则和规则集来对文本进行情感分类，CNKI 检索结果也表明，基于规则的方法通过规则和规则组合来解析和推断文本中的情感信息，依赖于预定义的规则集合，该集合描述了语义关系、情感词汇以及它们之间的关联，并通过分析句子结构和语义关系，推断出文本的情感倾向。此外，该方法还可以利用语义相似度来衡量文本之间的相似性，以进一步判断情感倾向。

基于规则的方法通常包括以下步骤。(1)构建情感词典。通过人工或半自动的方式构建一个情感词典，其中包含一系列积极情感词和消极情感词。情感词典可以从已有的资源中获取，如 WordNet、情感词典等。(2)规则定义。根据领域知识和语言规则，定义一系列规则用于判断文本中是否存在情感词以及情感的倾向。规则可以基于词语的上下文、词性标注、句法结构等。(3)文本分词。对于每个文本样本与处理后进行分词操作。(4)情感分类。根据规则和特征,对文本进行情感分类。根据规则判断文本中的情感倾向,并根据特征权重进行情感得分的计算。最终将文本分类为积极、消极或中性等情感类别。(5)优化和调优。根据实际效果和需求,对规则进行优化和调整。可以通过添加新的规则、修改规则权重或引入领域特定的规则来改进分类性能。步骤流程如图3所示。

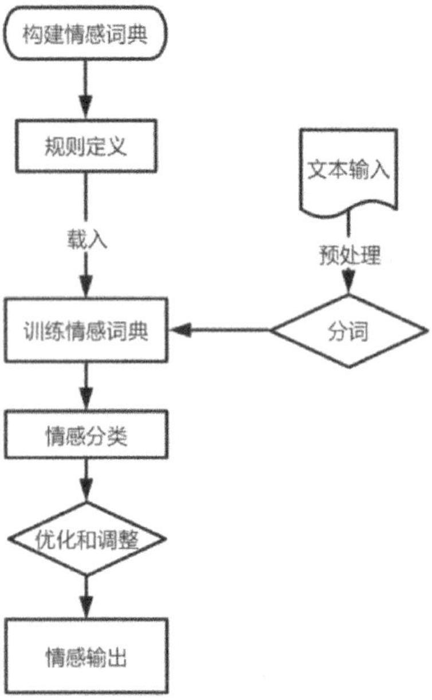

图3 基于规则的文本情感计算方法步骤流程

基于规则的文本情感分类方法的优点在于简单直观,易于理解和解释,它不需要大量的标注数据和复杂的模型训练过程,是比较传统的方法,一直是文本情感计算的一个研究重点,很多学者在这个方面不懈努力,如Cai等通过构建一种基于特定领域的情感词典,可以解决情感词存在的多义问题。同时,经过实验验证,将支持向量机(SVM)和梯度提升决策树(GBDT)两种分类器进行叠加,其效果优于单个模型的情况。蒋翠清等为了进行汽车评论的情感分析,选择了HowNet情感词典作为种子,并以实际的汽车评论作为语料,利用点互信息(PMI)和Word2Vec算法分别对新词的情感极性进行识别。通过采用集成规则,将PMI和Word2Vec的识别结果综合判定,构建了适用于汽车评论的领域情感词典,并应用于情感分析任务中。

然而,基于规则的方法存在一些限制。首先,规则的构建和调整需要领域专业知识和大量的人工劳动,对规模较大的文本数据集来说是不实际的。其次,规则可能对复杂的语言表达和上下文依赖性处理不够准确和灵活。随着深度学习和机器学习技术的发展,基于规则的方法逐渐被基于统计和神经网络的方法取代,也有学者将两者结合改进基于规则的方法,如王名扬等通过引入word2vec模型扩充情感词典,实现了情感词所在语句的向量化表达;还有学者将情感词典与深度神经网络相结合。这些方法能够从数据中学习特征和模式,并提供更准确和自适应的情感分类能力。但在某些特定场景下,基于规则的方法仍然可以作为一种简单有效的文本情感分类选择。

2.2 基于机器学习(统计)的文本情感计算方法

基于统计的文本情感计算方法是一种基于统计模型和特征的文本情感分类方法。它使用统计技术和机器学习算法来学习文本的情感特征和模式,并进行情感分类。以下是该方法的一般步骤: 1. 数据预处理:对文本数据进行预处理,包括去除停用词、标点符号和数字,进行词干化或词形还原等操作。可以使用词袋模型或词嵌入等表示方法将文本转化为向量形式。2. 特征提取:从预处理后的文本中提取特征表示,用于表示文本的情感信息。常用的特征包括词频、TF-IDF 权重、N-gram 特征等。3. 特征选择:根据统计指标(如信息增益、卡方检验等)或启发式方法(如互信息、词频阈值等),选择最具区分性和相关性的特征子集,以降低特征维度和提高分类性能。4. 模型训练:使用机器学习算法构建情感分类模型,如朴素贝叶斯、支持向量机(SVM)、随机森林等。模型训练过程中,使用标记好情感的训练数据进行学习和参数优化。5. 模型评估:使用评估指标(如准确率、精确率、召回率、F1 值等)对模型进行评估,了解其在情感分类任务上的性能和泛化能力。步骤流程如图 4 所示。

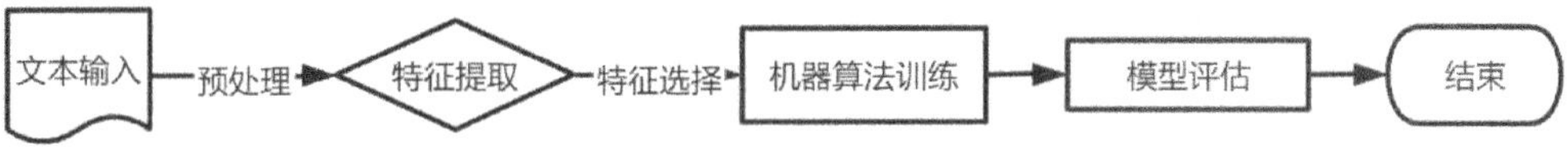

图 4　基于统计的文本情感计算方法步骤流程

朴素贝叶斯、支持向量机(SVM)和隐含狄利克雷分布主题模型(Latent Dirichlet Allocation, LDA)等是常用的机器学习算法。Xue 等采用机器学习方法 LDA,对 2020 年 3 月 1 日至 4 月 21 日期间 2200 万条与 COVID-19 相关的 Twitter 信息进行分析,结构证明能够有效地分析和识别主题及其情感。王立志结合改进粒子群优化算法和支持向量机(SVM),对影视剧评论的情感进行了研究分析。其采用改进粒子群算法优化的支持向量机(SVM),实验证明相比其他方法,该分类模型具有更快的执行速度,并有效提高了分类准确率。有国外学者使用机器学习中的支持向量机方法(SVM),对药物评论的情感进行分析。将药物的数量分为阳性、阴性和中性三类,并通过实验在测试数据集上取得了不错的结果。池毛毛等结合 LDA 模型对共享住宿与酒店用户评论进行跨平台比较,解释了不同平台之间的可替代性。

另外,还可以利用情感词典等外部资源来增强特征表示。姜杰等提出了一种将机器学习与规则相融合的微博情感分类方法,其中多样化的情感信息通过规则方法进行转化,并与基本特征模板进行扩展和嵌入,从而形成更有效的融合特征模板,提高微博情感分类的性能。

基于统计的文本情感分类方法依赖于特征表示和统计模型的学习能力,其性能受到特征选择和模型选择的影响。近年来,虽然基于神经网络的方法在文本情感分类方面取得了显著的进展,提供了更强大的特征学习和表示能力,但基于统计的方法仍然具有一定的实用性和可行性,在资源有限或数据规模较小的情况下,仍然可以作为一种有效的文本情感分类方法。

2.3 基于深度学习(神经网络)的文本情感分类方法

基于深度学习的文本情感计算方法是近年来在文本情感分析领域取得重要进展的方法之一。这类方法利用神经网络,通过学习文本中的隐含特征和模式,能够更准确地进行情感分类。常见的基于神经网络的方法一般步骤为:1. 数据预处理:与其他方法类似,首先需要对文本数据进行预处理,包括词语分割、去除停用词、词干化或词形还原等操作。然后,将文本转化为数字表示,可以使用词袋模型、词嵌入等方法将文本转化为向量形式。2. 构建神经网络模型:选择适当的神经网络模型用于文本情感分类任务。常用的模型包括循环神经网络(RNN)、长短期记忆网络(LSTM)、卷积神经网络(CNN)、注意力机制等。这些模型能够从文本中学习上下文信息、建模长期依赖关系,并捕捉重要的情感特征。3. 特征表示与嵌入:使用词嵌入技术,将文本中的词语映射到低维的实数向量空间中。常用的词嵌入方法有Word2Vec、GloVe、BERT(Bidirectional Encoder Representations from Transformers)等。词嵌入可以帮助模型更好地理解词语之间的语义关系,并提取有意义的文本特征。4. 模型训练与优化:使用标记好情感的训练数据对神经网络模型进行训练和优化。通过反向传播算法和梯度下降优化算法,调整模型参数以最小化损失函数。可以使用交叉熵损失函数作为目标函数,以及正则化和 dropout 等技术来防止过拟合。5. 模型评估与调优:使用评估指标(如准确率、精确率、召回率、F1 值等)对模型进行评估,了解其在情感分类任务上的性能。根据评估结果,对模型进行调优,可以调整网络结构、超参数等,以提高分类性能。6. 模型应用:使用训练好的神经网络模型对新的文本进行情感分类。将文本表示为特征向量,并通过模型的推断或预测功能得到文本的情感类别。

基于神经网络的文本情感分类方法在许多情感分析任务中取得了良好的效果,它能够充分利用大规模数据集中的语义和上下文信息,捕捉更复杂的情感表达。总体看,改进神经网络模型,提高模型准确度,是当前的一个主流研究方向。缪亚林提出了一种文本情感分析模型(CNN-BiGRU),将卷积神经网络(CNN)与双向门控循环单元(GRU)相结合,模型通过 CNN 和双向 GRU 提取文本的局部静态特征和序列特征,并通过单向 GRU 层进一步降维,最后使用 Sigmoid 进行情感分类。该模型综合利用了不同层次的特征信息,能够有效地进行文本情感分析。王丽亚提出了一种基于 CNN-BiGRU 联合网络引入注意力机制的模型,模型利用 CNN 提取深层次短语特征,然后通过双向门限循环神经网络(BiGRU)对序列化信息进行学习,以获取句子结构特征并加强 CNN 池化层特征的联系。最后,通过引入注意力机制对隐藏状态进行加权计算,有效筛选特征,从而显著提高文本分类的准确率,同时具有较低的时间代价,具备广泛的应用潜力。赵宏利用双向循环长短时记忆(BiLSTM)神经网络提取文本的上下文信息,然后利用卷积神经网络(CNN)进行局部语义特征提取。最后,使用 Softmax 函数对提取的特征进行情感倾向分类。通过实验证明,这种串行混合模型能够有效地理解待处理文本的语义,从而提高文本情感分析的准确率。杜永萍提出了一种基于 CNN-LSTM 神经网络模型的情感分类方法。该方法能够有效地提取句子特征,并结合长短时记忆机制进行分类,具有较好的情感分析性能。陈洁通过特征融合的方法,在 CNN 的输出端引入了双向门限循环单元(BiGRU)神经网络,并通过融合句子的全局语义特征,增强了语义学习能力。赵容梅采用卷积神经网络(CNN)对文本进行特征提取,并结合长短期记忆网络(LSTM)结构提取上下文信息,在网络中引入了注意力机制,构建了一种新型混合神经网络模型,实现对文本隐式情感的分析。该模型在公开的隐式情感数据集上取得了很高的分类准确率。李慧等通过构建基于评论对象属性特征的文本特征向量,并使用包含多粒度卷积核的(CNN)模型进行训练,实现了对文本的情感计算。翟杜平等针对双语微博情感分析方法稀缺且准确率低的问题,考虑到相同英文词汇在不同语境下对文本情感的不同影响,提出了一种基于注意力机制的双语文本情感分析神经网络模型。该模型利用双向循环神经网络学习文本的特征表示,并引入注意力机制,为文本中的不同词语赋予不同的权重。通过融合特征,得到新的知识表示,实现了双语文本情感识别的目标。裴颂文等利用词性信息来加强对目标词的重要性关注,更准确地捕捉和分析目标词的情感倾向,为情感分析任务提供了一种有效的解决方案,并在实验中展现出了显著的性能提升。Madasu 等提出了一种顺序卷积注意递归网络,该方法通过对比,被证明比 CNN 和 LSTM 方法的性能更好。吴小华提出了一种结合注意力机制和 BiLSTM 的中文短文本情感分析算法,提高了分类性能。Lai 等提出了一个基于语法的图卷积网络(GCN)模型来增强对微博语法结构多样性的理解,模型 F-measure 比最先进的算法高出 5.90%。

2018 年, BERT 预训练模型的出现极大地促进了神经网络算法。BERT 的核心思想是通过在大规模语料库上进行自监督学习,为单词提供良好的特征表示,以供其他任务中的迁移学习模型使用,该模型可以通过微调或固定的方式用作特征提取器。BERT 的网络架构采用了多层 Transformer 结构,这有效地解决了自然语言处理中常见的长期依赖问题。此外, BERT 利用更强大的计算能力和更大规模的训练数据,将其结果推向了一个全新的高度,鉴于 Google 开源了训练好的多语言 BERT 模型代码,大批研究者开始改进 BERT 模型。曾诚提出了一种融合 ALBERT 预训练语言模型和卷积循环神经网络(CRNN)的弹幕文本情感分析模型,命名为 ALBERT-CRNN。该模型在哔哩哔哩、爱奇艺和腾讯视频三个视频平台的弹幕文本数据集上进行了实验,结果表明,相比传统模型, ALBERT-CRNN 模型在这些数据集上取得了更好的准确率。还有研究者提出一种用于波斯语的单语 BERT 模型用于文本情感计算,并通过实验证明该方法优于其他方法。谢润忠基于 BERT 和双通道注意力提出了一种文本情感分类模型,并用实验证明 BERT 的特征提取能力更强。

然而,基于神经网络的方法对于数据量较小、领域特定或稀缺的情况可能存在过拟合的问题,需要结合合适的数据增强、迁移学习和正则化技术进行改进。此外,神经网络模型的训练和调参过程相对复杂,需要更多的计算资源和时间。

3 文本情感计算的应用

文本情感计算涵盖了主客观分类、情感分类、情感极性判断等内容,在信息检索、社交网络、推荐系统、舆情监控、虚假信息检测等领域得到了广泛的应用。文本情感计算在解决网络评论信息杂乱的问题方面发挥了重要作用,能够帮助用户快速找到所需信息,对于大量的评论数据进行情感分类,从而将积极和消极的评论区分开来,使用户能够更有效地了解产品、服务或主题的质量和观点。

3.1 社交媒体应用

社交媒体上的情感分析应用现状涵盖了多个领域和应用场景，为企业、政府、决策者和用户提供了洞察和决策的依据，有助于改善用户体验、增强品牌声誉、识别虚假信息和把握舆情动向。赵常煜等采集了2017年与"一带一路"相关的6万余条推文数据，并分别按照中文和英文进行了数据预处理、数据描述、主题挖掘和情感分析，通过对主题和情感的交叉分析，得出了相关结论。吴鹏等提出了一种基于（Ortony, Clore & Collins, OCC）模型和长短期记忆模型（LSTM）的财经微博文本情感分类模型（OCC-LSTM），运用该方法对海量微博数据进行情感计算，取得了较高的实证准确率。

政府机构可以根据民众的社交媒体文本信息挖掘其对某件事情的情感倾向。通过对社交媒体上的情感表达进行分析，可以揭示公众对于特定事件、话题或人物的情感倾向和态度，这有助于了解公众舆论的走向和情感趋势，为政府决策者提供重要的参考依据。如，有学者提出的情感分析模型较词频模型，通过提升细粒度情感分类的准确率，帮助政府实时掌握舆情动态。黄仕靖等利用Python进行数据爬取，获取了31万5445条微博新冠疫情相关文本数据，通过情感计算工具进行内容分析，取得很好的评估效果。王彤等利用SnowNLP模型对事件发生后政务媒体的相关评论信息进行情感分析，并通过LDA主题模型进行主题分类。还有学者通过情感分析对比中外舆情引导方法。如陈雪松等通过对26万余条中西方媒体对十个国家疫情情况的报道进行情感分析，得出结论：相比于西方媒体，中方媒体在报道不同国家疫情情况时表现出更客观的态度。

3.2 评论分析应用

企业和品牌可以通过社交媒体情感分析了解用户对其产品、服务和品牌的态度和情感倾向。通过监测用户在社交媒体上的评论和反馈，企业可以快速了解用户对其品牌的喜好和不满意之处，从而及时采取措施改进产品或服务，维护品牌声誉。陈平平等通过机器学习方法对电影评论进行训练和测试，实现情感计算准确率高达86.2%。冒小栋结合文本挖掘和模糊综合评价法，分析摩拜单车用户的满意度。

电商网站利用文本情感分类可以挖掘用户的情感倾向，以调整营销决策。通过分析顾客的评论和评分，电商网站可以了解用户对不同产品的满意度和喜好程度，从而优化产品推荐、改进营销策略，并更好地满足用户需求。如张公让采用词云图、语义网络的特征关联分析和LDA主题模型的特征分析，对百度口碑网中客户评论文本数据进行特征分析，并通过进一步设计算法，逐条计算评论分值。丁宇诚等对14个医用防护服品牌的11，513份评论内容进行了文本挖掘分析，包括词频分析、共现网络分析、情感分析和网络分析，准确揭示了消费者在购物体验中的感知和需求。

3.3 金融领域应用

目前，文本情感计算技术已在金融领域广泛应用，为投资分析提供了较强的支持。朱鹤为克服金融文本由于其专业性和大标签数据集的不适用性的问题，提出了一种基于词表示模型的预处理方法，名为基于金融领域的全词覆盖与特征增强的BERT预处理模型，该模型更适用于金融文本情感分析任务。祝清麟等提出了一种基于金融领域情感词典的注意力机制,以获取不同实体的重要情感信息,并通过实验对比证明模型效果更好。赵澄提出了一种针对海量新闻数据的多维情绪特征向量化方法,该方法能够准确且快速地建立特征向量,并利用支持向量机模型预测金融新闻对股票市场的影响,通过引入 bootstrap 方法来减轻过拟合问题,提高了预测准确率。于孝建等利用 SVM 情感分类算法对股吧个股评论中的文本数据进行分析,以构建反映投资者情绪的市场情绪指标;采用 LSTM 深度学习网络,提取市场情绪指标特征,并对上证 50 指数进行短期预测。实验证明,与多种传统的时间序列分析模型和机器学习模型进行对比预测效果更好。王娜等从大数据的视角构建高效的投资者情绪指数,利用文本大数据获取和情感分析技术,构建了股票投资者情绪指数,并从金融计量和股价预测的角度对其有效性进行了验证。

3.4 多模态情感分析

多模态情感分析是指利用多种不同的感知模态(例如文本、图像、音频、视频等)来识别和分析文本、图像、音频或视频中所表达的情感。它可以更全面地理解和解释情感表达,提供更丰富的情感分析结果。多模态情感分析方法旨在融合不同模态的特征来进行情感极性的判断,以更全面和准确地理解和解释人类情感的复杂性。

在多模态情感分析中,首先需要收集不同模态的数据,例如文本数据、语音数据和图像/视频数据。然后,针对每种模态的数据,可以采用相应的技术和算法进行特征提取和表示学习。对于文本数据,可以使用自然语言处理技术提取情感相关的词汇、句法结构或上下文信息。对于语音数据,可以通过声学特征提取来捕捉情感相关的声音特征,如音调、语速和音量变化等。对于图像/视频数据,可以利用计算机视觉技术提取情感表情、身体语言和动作等信息。然后,可以使用机器学习、深度学习或者其他相关方法,将多模态的特征进行融合和联合建模。这样可以综合利用不同模态之间的互补信息,提高情感分类和情感识别的准确性。同时,也可以根据具体任务和应用场景,设计合适的模型架构和算法,例如融合模型、注意力机制或图神经网络等。最后,通过对多模态数据进行训练和测试,可以构建出用于情感分类、情感识别或情感回应生成等任务的多模态情感语义分析模型。这些模型可以在多个领域和应用中发挥作用,例如情感分析、智能客服、社交媒体分析等,帮助人们更好地理解和应对情感相关的信息和交互。

目前,多模态情感识别还存在情感分析过程中精度不高、泛化能力不强等问题,许多学者针对性改进模型。如贾宁等提出了一种融合语音、文本和表情动作三种模态的情感识别方法,在语音模态中采用深度波场延拓和改进波动物理模型,在文本模态中采用带有多头注意力机制的 Transformer 模型,在表情动作模态中将面部表情和手部动作的序列特征提取与双向三层 LSTM 模型结合,并提出了一种多性能指标下的模态融合方案,实验证明该算法在单个模态和多个模态下均拥有较高的情感识别精度。

不少学者将多模态情感分析技术应用于不同场景,取得了不错成果。吴思思等提出了一种基于感知融合的多任务多模态情感分析模型,实验证明模型有效降低噪声,提升了融合效果。赵妍妍等结合对话中情感的特点,对情感对话技术进行全面解析,其中拓展了多模态场景下的情感对话技术。

赵杨等采用注意力机制和LSTM算法综合应用,构建了一种多模态情感分析模型,该模型能够融合文本、语音和表情特征,并通过使用MOSI数据集对该模型的有效性进行了验证。其将武汉大学图书馆机器人智能问答服务作为实证对象,对用户的情感体验进行了度量,为图书馆在准确评估数智化环境下用户的情感体验提供了新的思路。

4 结论与展望

文本情感计算作为一个热门的研究领域,涉及多个学科,包括计算机科学、电子通信、商业经济、信息科学与图书馆学等,主要的技术方法包括基于情感词典的方法、基于机器学习的方法和基于深度学习的方法,应用场景主要集中在社交媒体、在线评论、商业投资、多模态情感分析等领域。特别是,除了文本,多模态数据包含丰富的情感信息,情感计算的未来研究将探索如何将多模态数据与文本情感计算相结合,以实现更全面和准确的情感分析。总体看,情感计算未来有必要重点关注以下几个领域:1. 随着全球化的加剧,跨语言情感计算成为一个重要的研究方向,应关注对其他语种文本的情感分析研究,以推动跨语言情感分析和跨文化交流的发展。2. 传统的情感计算忽略了情感的细微差别,未来应专注于实现更细粒度的情感分析,例如对情感的程度、情感的类别以及情感的混合表达进行更准确的识别和解读。3. 知识图谱可以为情感计算提供丰富的背景知识和语义关联,未来应探索如何将知识图谱与情感计算相结合,以提高情感分析的准确性和语义理解的深度。

参考文献

[1] 令小雄,王鼎民,袁健.ChatGPT 爆火后关于科技伦理及学术伦理的冷思考[J]. 新疆师范大学学报(哲学社会科学版),2023,44(04):123-136.

[2] 阎友兵,郭亮宏. 基于网络文本的红色旅游游客情感特征研究——以韶山风景名胜区为例[J]. 湘潭大学学报(哲学社会科学版),2020,44(03):131-136.

[3] 周咏梅,杨佳能,阳爱民. 面向文本情感分析的中文情感词典构建方法[J]. 山东大学学报(工学版),2013,43(06):27-33.

[4] 李枫林,范雅娴. 领域情感词典构建方法研究[J]. 图书馆理论与实践,2019,242(12):60-65+112.

[5] CAI Y, YANG K, HUANG D, et al. A hybrid model for opinion mining based on domain sentiment dictionary[J].International Journal of Machine Learning and Cybernetics, 2019(10): 2131-2142.

[6] 蒋翠清,郭轶博,刘尧. 基于中文社交媒体文本的领域情感词典构建方法研究[J]. 数据分析与知识发现,2019,3(02):98-107.

[7] 王名扬,吴欢,贾晓婷. 结合 word2vec 与扩充情感词典的微博多元情感分类研究[J]. 东北师大学报(自然科学版),2019,51(01):55-62.

[8] 邵良杉,周玉. 基于语义规则与 RNN 模型的在线评论情感分类研究[J]. 中文信息学报, 2019, 33(06): 124-131.

[9] 王立志,綦晓冬,刘宏岚. 采用改进粒子群优化的 SVM 方法实现中文文本情感分类[J]. 计算机科学,2020,47(01):231-236.

[10] 池毛毛,潘美钰,王伟军. 共享住宿与酒店用户评论文本的跨平台比较研究:基于 LDA 的主题社会网络和情感分析[J]. 图书情报工作,2021,65(02):107-116.

[11] 姜杰,夏睿. 机器学习与语义规则融合的微博情感分类方法[J]. 北京大学学报(自然科学版),2017,53(02):247-254.

[12] YADAV A，VISHWAKARMA D K. Sentiment Analysis Using Deep Learning Architectures：A Review[J]. Artificial Intelligence Review，2020，53(6)：4335-4385.
[13] 顾军华，彭伟桃，李娜娜，等. 基于卷积注意力机制的情感分类方法[J]. 计算机工程与设计，2020，41(01):95-99.
[14] 缪亚林，姬怡纯，张顺，等. CNN-BiGRU 模型在中文短文本情感分析的应用[J]. 情报科学，2021，39(04):85-91.
[15] 王丽亚，刘昌辉，蔡敦波，等. 基于 CNN-BiLSTM 网络引入注意力模型的文本情感分析[J]. 武汉工程大学学报，2019，41(04):386-391.
[16] 赵宏，王乐，王伟杰. 基于 BiLSTM-CNN 串行混合模型的文本情感分析[J]. 计算机应用，2020，40(01):16-22.
[17] 杜永萍，赵晓铮，裴兵兵. 基于 CNN-LSTM 模型的短文本情感分类[J]. 北京工业大学学报，2019，45(07):662-670.
[18] 陈洁，邵志清，张欢欢，等. 基于并行混合神经网络模型的短文本情感分析[J]. 计算机应用，2019，39(08):2192-2197.
[19] 赵容梅，熊熙，琚生根，等. 基于混合神经网络的中文隐式情感分析[J]. 四川大学学报(自然科学版)，2020，57(02):264-270.
[20] 李慧，柴亚青. 基于卷积神经网络的细粒度情感分析方法[J]. 数据分析与知识发现，2019，3(01)：95-103.
[21] 翟社平，杨媛媛，邱程，等. 基于注意力机制 Bi-LSTM 算法的双语文本情感分析[J]. 计算机应用与软件，2019，36(12):251-255.
[22] 裴颂文，王露露. 基于注意力机制的文本情感倾向性研究[J]. 计算机工程与科学，2019，41(02)：343-353.
[23] 吴小华，陈莉，魏甜甜，等. 基于 Self-Attention 和 Bi-LSTM 的中文短文本情感分析[J]. 中文信息学报，2019，33(06):100-107.
[24] LAI Y，ZHANG L，HAN D，et al.Fine-grained emotion classification of Chinese microblogs based on graph convolution networks[J].World Wide Web，2020，23(5)：2771-2787.
[25] CHEN Y L，ZHANG Z.Research on Text Sentiment Analysis Based on CNNs and SVM：2018 13th IEEE Conference on Industrial Electronics and Applications (ICIEA)[C].New York，IEEE，2018.
[26] 曾诚，温超东，孙瑜敏，等. 基于 ALBERT-CRNN 的弹幕文本情感分析[J]. 郑州大学学报(理学版)，2021，53(03):1-8.
[27] 谢润忠，李烨. 基于 BERT 和双通道注意力的文本情感分类模型[J]. 数据采集与处理，2020，35(04)：642-652.
[28] 赵常煜，吴亚平，王继民."一带一路"倡议下的 Twitter 文本主题挖掘和情感分析[J]. 图书情报工作，2019，63(19):119-127.
[29] 吴鹏，李婷，仝冲，等. 基于 OCC 模型和 LSTM 模型的财经微博文本情感分类研究[J]. 情报学报，2020，39(01):81-89.
[30] 万岩，杜振中. 融合情感词典和语义规则的微博评论细粒度情感分析[J]. 情报探索，2020(11):34-41.
[31] 黄仕靖，吴川徽，袁勤俭，等. 基于情感分析的突发公共卫生事件舆情时空演化差异研究[J]. 情报科学，2022，40(06):149-159.
[32] 王彤，秦精俏，王玉珍. 基于 SnowNLP-LDA 的突发公共卫生事件网络舆情主题分析[J]. 商丘师范学院学报，2023，39(06):11-14.
[33] 陈雪松，毛佳昕，马为之，等. 中西方媒体报道各国疫情的对比及情感分析方法研究[J]. 计算机学报，2022，45(05):993-1002.
[34] 陈平平，耿笑冉，邹敏，等. 基于机器学习的文本情感倾向性分析[J]. 计算机与现代化，2020(03)：77-

81+92.
[35] 冒小栋，范涛. 基于文本情感分析的共享单车用户满意度研究[J]. 计算机系统应用，2019，28(01)：222-227.
[36] 张公让，鲍超，王晓玉，等. 基于评论数据的文本语义挖掘与情感分析[J]. 情报科学，2021，39(05)：53-61.
[37] 丁宇诚，李浩. 基于文本挖掘的医用防护服消费者评论分析[J]. 丝绸，2023(6)：47-57.
[38] 朱鹤，陆小锋，薛雷. 基于 BERT 的金融文本情感分析模型[J]. 上海大学学报(自然科学版)，2023，29(01)：118-128.
[39] 祝清麟，梁斌，徐睿峰，等. 结合金融领域情感词典和注意力机制的细粒度情感分析[J]. 中文信息学报，2022，36(08)：109-117.
[40] 赵澄，叶耀威，姚明海. 基于金融文本情感的股票波动预测[J]. 计算机科学，2020，47(05)：79-83.
[41] 于孝建，刘国鹏，刘建林，等. 基于 LSTM 网络和文本情感分析的股票指数预测[J]. 中国管理科学，2003(6)：1-12.
[42] 王娜，贺毅岳，刘磊. 股市投资者情绪指数构建及其有效性研究——基于东方财富股吧帖文的情感分析[J]. 价格理论与实践，2022，461(11)：146-151.
[43] 贾宁，郑纯军. 融合音频、文本、表情动作的多模态情感识别[J]. 应用科学学报，2023，41(01)：55-70.
[44] 吴思思，马静. 基于感知融合的多任务多模态情感分析模型[J]. 数据分析与知识发现，2003(6)：1-15.
[45] 赵妍妍，陆鑫，赵伟翔，等. 情感对话技术综述[J]. 软件学报，2023(5)：1-26.
[46] 赵杨，张雪，王玮航，等. 基于多模态情感分析的图书馆智能服务用户情感体验度量[J]. 情报科学，2023(06)：1-15.

多指标融合的中文文本可读性计算研究①

董 苏[1,2] 周建设[1,2] 张文彦[2,3]
1. 首都师范大学；2 中国语言智能研究中心；3 中国消防救援学院

摘要：文本可读性计算是中文阅读文本难度评估的重要方法。本文以部编版语文教材为语料，经过数据处理与语料标注，统计和分析汉字、词汇、句子以及修辞四个方面的文本特征，以文本特征相关指标数值作为自变量，文本难度级别为因变量，构建出包含词种数、难字占比、字种数和常见修辞占比四个参项的可读性公式计算模型。该模型公式的拟合度较高，能够客观规范地为文本划分难度级别，并且具有简单易操作的特点。
关键词：阅读分级 文本难度 文本可读性 可读性公式

Research on Chinese Text Readability Calculation of Multi-index Fusion

Dong Su, Zhou Jianshe, Zhang Wenyan

Abstract: Text readability calculation is an important method to evaluate the difficulty of reading text in Chinese. Based on the corpus of Ministry Edition Chinese textbooks, This paper confirmed the data processing and corpus annotation, analyzed the four aspects(Chinese characters, words, sentences and rhetoric)text features. With the text characteristics related index value as an independent variable, and text difficulty level as variable, it constructed a readability formula calculation model which contained the number of word styles, difficult character ratio, the number of characters and the proportion of common rhetoric device four parameters. This model has a high degree of fit for the Chinese text readability calculation, which can objectively and standardize divide the difficulty level for the text, and easy to operate.
Keywords: Reading Graded; Text Difficulty; Text Readability; Readability Formula.

0 引言

阅读是语文学习的重要实践活动之一，阅读文本的选择至关重要。以文本可读性为标准对文本进行难度评估是目前较为科学有效的一种阅读材料筛选手段。可读性是阅读评价标准研究中的关键性话题。可读性又称易读度或易读性，指文本易于阅读和理解的程度或性质。沿用可读性概念构建的可读性计算公式常被用于阅读分级研究中，成为阅读能力评估和阅读材料选取的参考依据。

近年来，中文领域分级阅读研究逐渐进入研究者的视野，研究者多以可读性为标准衡量文本难度，从而对阅读材料进行评估分级。分级阅读的理念就是要将不同难度的阅读材料与不同能力水平的读者进行匹配。如何对阅读材料进行合理的难度等级划分是分级阅读研究必须且首先要进行的事项。本文将提出一种基于可读性公式的文本难度分级方法：（1）采集已有级别分类的文本语料，并进行修辞标注；（2）分析影响文本难度级别的语言特征因

① 基金项目：国家语委一般项目“面向义务教育阶段的中文修辞能力智能识别研究”（YB145-56）。

素,并使用Python工具对文本中38个相关指标进行统计,然后分别计算它们与文本难度之间的相关系数;(3)选取相关系数在特定阈值内的指标进行多元线性回归分析,构建可读性公式。该方法能够使阅读资源分级更加精确化,从而为学生阅读能力发展提供全方位、个性化的文本阅读材料。

1 相关研究

1.1 文本可读性

文本可读性是分级阅读标准研究中的关键性话题。文本的可读性由读者对文本的理解程度决定。读者对文本的理解,或者说文本可读性实际上会受到诸多因素的影响。巴曼在其研究中提到影响文本可读性的六个重要因素,都来自文本语言特征本身。戴尔和乔尔对可读性的定义中提到影响文本可读性的外部因素影响作用。哈里斯对可读性定义时说到,可读性会受文本的写作风格影响,总体来说是受文本和读者两个变项及其交互作用影响的。因此,我们可以发现,影响文本可读性的因素不仅是文本内部因素,还包括文本外部读者本身的阅读经验、先验知识等因素。只有充分考虑到两方面因素和它们之间的交互作用,才能更好地选择阅读素材。

基于此,研究者尝试找出影响可读性的相关因素,综合分析一系列影响因素的相互作用,从而构建可读性公式,以此作为衡量文本可读性的重要手段。1923年第一个可读性公式在美国问世。1928年,vogel等使用多元线性回归方程分析文本特征,构建出最早的基于多元线性回归方程的可读性公式,这一研究方法对后来的可读性公式研究影响深远。可读性公式的制定,要综合分析特定文本中影响阅读难度的文本因素,根据各因素的影响作用建立各因素与文本难度级别之间的函数关系。表1是国外研究者制定的一些英语可读性公式。

表1 一些英语可读性公式

公式名称	计算公式	采用指标
Flesch Reading Ease(Flesch, 1948)	Reading ease = 206.876 -(1.015 × 平均句长)-(84.6 × 平均音节数)	句长、音节数
New Reading Ease(Flesch, 1951)	Reading ease = 1.599 × 每百词之单音节词比率 - 1.015 × 每句平均词数 - 31.517	单音节数、词数
Flesch Grade Level (Kincaid et al., 1975)	Grade Level = -15.59 +(0.39 × 平均句长)+(11.8 × 平均音节数)	句长、音节数
The New Dale-Chall (Chall & Dale, 1995)	Grade Level =(0.157 9 × $\frac{难词}{总词数}$)+(0.049 6 × 平均句长)+ 3.636 5	难词比率、句长

1.2 中文文本难度分级

中文文本难度分级研究可以追溯到20世纪70年代。杨孝濚曾运用因素分析法,分析归纳影响汉语文本难度的关键因素,选取词汇数、句子数、平均笔画数等特征指标构建了最早的汉语可读性公式。荆溪昱以国编版教科书(台湾地区教科书)为基础语料,采用笔画数、句子长度、常用字词比率等作为参项，构建以年级为因变量的可读性公式，以此来预测文本难度级别。孙刚分析了汉语文本的表面特征、词性特征、句法树特征和信息熵特征，采用这四个层面的 76 个指标进行中文文本难度预测。该研究以 1~6 年级语文教材为基础建立线性回归模型，并讨论特征选择和特征组合在模型构建中的作用。程勇等在语文教材语料库的基础上分析汉字、词汇、句子、篇章四个层面 52 种因素对文本难度的影响作用，最终将平均字频、连词比例等七个对文本难度影响作用较大的参项纳入可读性公式。吴思远等从汉字、词汇、句法、篇章四个层面出发，构建了包含 13 个维度 104 个指标的中文文本难度预测特征体系，该研究发现，四个层面中词汇层面的特征对文本可读性预测准确率最高，13 个维度里汉字熟悉度、汉字多样性、词汇多样性等维度特征对文本可读性预测准确率较高。李文彪(2023)运用神经网络模型进行汉语文本难度分级实验，在传统机器学习和主流神经网络模型方法的基础上构建了汉语文本难度分级模型，同时人工构建了一个汉语文本分级评测语料，实验取得较为理想的结果，模型性能优于传统方法。此外，汉语可读性研究还可进行特定领域的可读性公式构建，如以小学儿童为研究对象的小学语文教材可读性公式研究，以汉语二语学习者为研究对象的对外汉语教材可读性公式研究等。表 2 是研究者们制定的一些中文可读性公式。

表 2　一些汉语可读性公式

公式名称	计算公式	采用指标
杨孝濚（1970）	年级=0.178 8× 笔画数超过 10 划百分比+0.143 2× 平均句长+ 0.637 5× 难字百分比 学期=14.959 61+39.077 46× 词汇数-2.484 91× 平均笔画数+1.115 06× 句数	笔画、难字比率、句长、词汇数、句数、笔画数
荆溪昱（1995）	年 级=8.761 056 04+.002 724 38× 课 文 长 度+0.078 667 82× 平 均 句 长-8.931 101 0× 常用字比率+0.429 201 82× 诗歌体+3.236 771 41× 文言文体	课文长度、句长、常用字比率、文体
程勇（2020）	难度级别=38.36-45. 65× 平均字频+54.92× 连词比例-8.96× 物词义类比例+11. 13× 词义丰富度-12. 34× 动作词义类比例+0. 012× 句长变化度+20× 关联词义类比例	字频、词义丰富度、连词比例、物、动作、关联词义类比例、句长变化度

2　数据处理与实验流程

2.1　数据采集

从资源公开的网站上采集中小学语文教材文本数据。

(1)在教材版本方面，本文研究数据采取的是部编版教材。部编版教材是由教育部组织编写的，课文筛选严谨规范。本文采集数据时未收入其他版本教材的目的是避免由于不同教材混杂导致分级标准不统一。

(2)在年级覆盖方面，本文研究收集了从小学一年级到小学六年级、初中一年级到初中三年级、高中一年级到高中二年级共 11 个年级的部编版教材内容。其中，高中教材分为必修与选修两部分，本文将必修部分教材设定为高一教材，选修部分教材设定为高二教材。

(3)在内容筛选方面,我们过滤掉了教材中的诗词、话剧、文言文等特殊体裁的课文。

经过上述的处理过程,最终采集到的不同年级课文数量信息,如表3所示,总共包含了472篇课文,其中小学学段250篇,初中学段118篇,高中学段104篇。

表3 部编版语文教材语料库信息

学段	小学(250)						初中(118)			高中(104)	
年级	小一	小二	小三	小四	小五	小六	初一	初二	初三	高一	高二
数量	35	46	49	44	41	35	42	40	36	50	54

2.2 数据标注

根据研究内容,本文主要对部编版教材课文语料进行了词性自动标注和修辞人工标注。

1. 词性自动标注

词性是词汇的语法属性,如名词、动词、形容词、副词等。利用计算机程序对词语的词性进行自动化标注的过程就是词性自动标注。本文使用Snownlp工具对语料中的名词、形容词、动词、副词、介词、代词进行了自动标注,目的在于具体分析各类词对文本难度的影响作用。

2. 修辞人工标注

中文文本普遍存在修辞现象,本文通过人工标注比喻、拟人、夸张、排比、对偶、反复、设问、反问8种常见修辞以及借代、双关、引用、讽喻、顶针、通感、反语7种非常见修辞,共计标注了15种修辞。

2.2 流程设计

1. 目标

(1)统计分析语文教材语料库文本的汉字、词汇、句子、修辞特征;

(2)计算分析各文本特征主要衡量指标与难度级别的相关系数;

(3)构建基于多元线性回归方程的可读性公式模型;

(4)计算可读性公式拟合度。

2. 特征

实验对文本特征进行选择,共包括汉字、词汇、句子、修辞四个层面的一级特征,如表4所示。

表4 文本特征及衡量指标

一级特征	二级特征	主要衡量指标
汉字层面	汉字复杂度	平均笔画数
	汉字熟悉度	难字占比
	汉字多样性	字数、字种数

续表

一级特征	二级特征	主要衡量指标
词汇层面	词汇熟悉度	平均词频、低频词占比
	词汇多样性	词数、词种数
	词性复杂度	词性占比
句子层面	句子多样性	句子数、单句比例、陈述句比例
	句子复杂度	平均句长、平均分句数
修辞层面	修辞多样性	修辞使用数、修辞使用率、修辞种数
	修辞熟悉度	常见修辞占比
	修辞复杂度	各类修辞使用数

（1）汉字层面包括汉字复杂度、汉字熟悉度、汉字多样性三个二级特征，分别由平均笔画数、难字占比、字数和字种数作为主要衡量指标。

（2）词汇层面包括词汇熟悉度、词汇多样性、词性复杂度三个二级特征，分别由平均词频和低频词占比、词数和词种数、词性占比作为主要衡量指标。

（3）句子层面包括句子多样性和句子复杂度两个二级特征，以句子数、单句比例和陈述句比例作为句子多样性的主要衡量指标，以平均句长和平均分句数作为句子复杂度的主要衡量指标。

（4）修辞层面包括修辞多样性、修辞熟悉度和修辞复杂度三个二级特征，以修辞使用数、修辞使用率和修辞种数作为修辞多样性的主要衡量指标，以常见修辞占比作为修辞熟悉度的主要衡量指标，以各类修辞使用数作为修辞复杂度的衡量指标。

3. 步骤

具体流程设计如图 1 所示，主要包括统计和模型构建与验证两大模块，具体步骤如下。

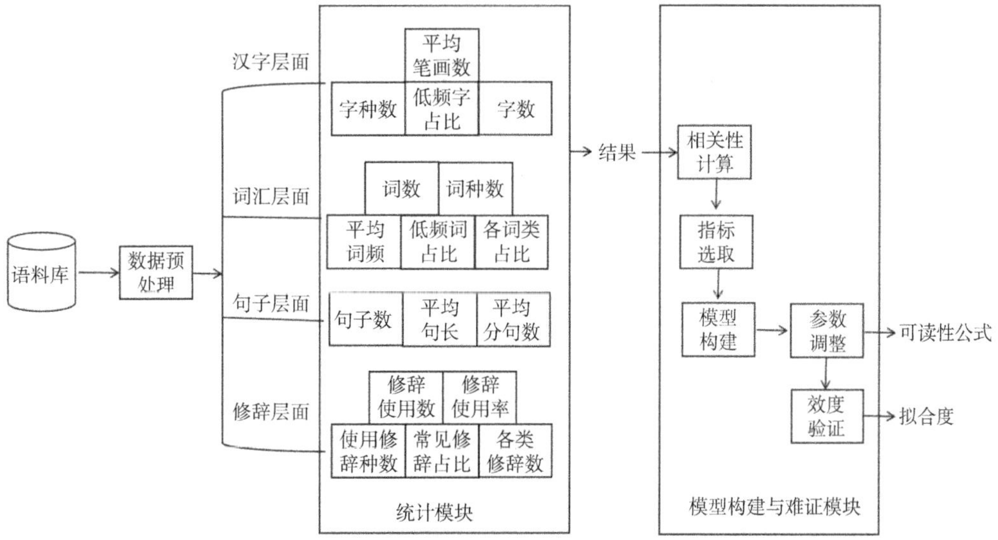

图 1 流程设计

(1)数据预处理:实验首先对语料数据进行预处理,如去除噪声(括数字、标点符号等)。

(2)统计:利用 python 内置函数对语料数据按照难度等级进行各层面特征衡量指标数值统计与计算。

(3)相关性计算:用 python 中 correl 函数对所有指标统计结果进行难度相关性计算,求出难度相关系数,难度相关系数公式如(1)。其中 x 代表难度级别, y 代表各个衡量指标的统计结果,i 代表第 i 个影响因素。

$$r=\frac{\sum_{i=1}^{n}\left(x_i-\bar{x}\right)\left(y_i-\bar{y}\right)}{\sqrt{\sum_{i=1}^{n}\left(x_i-\bar{x}\right)^2\cdot\sum_{i=1}^{n}\left(y_i-\bar{y}\right)^2}} \tag{1}$$

(4)指标选取:根据相关性计算结果,设定一个阈值,保留难度相关系数在阈值内的指标,去除相关性不大的指标。

(5)模型构建:以选取的特征衡量指标为自变量,难度级别为因变量,利用 python 中 sk-learn 内置函数进行多元线性回归方程模型构建。多元线性回归方程模型如公式(2)所示:

$$y=\beta_0+\beta_1x_1+\beta_2x_2+......+\beta_nx_n \tag{2}$$

(6)参数调整:对模型参数进行调整,选择效果最好的参项构建可读性公式。

(7)效度验证:使用 python 内置函数模型进行拟合优度检验,拟合度计算方法如下:

设 y 为待拟合数值,其均值为$\bar{y}$,拟合值为$\hat{y}$,记:

总平方和(SST):$\sum_{i=1}^{n}\left(y_i-\bar{y}\right)^2$

回归平方和(SSR):$\sum_{i=1}^{n}\left(\hat{y}_i-\bar{y}\right)^2$

残差平方和(SSE):$\sum_{i=1}^{n}\left(y_i-\hat{y}_i\right)^2$

则有:SST=SSR+SSE

决定系数:

$$R^2=\frac{SSR}{SST}=\frac{\sum_{i=1}^{n}\left(\hat{y}_i-\bar{y}\right)^2}{\sum_{i=1}^{n}\left(y_i-\bar{y}\right)^2}=1-\frac{SSE}{SST} \tag{3}$$

3 因素分析

3.1 汉字因素

汉字是汉语的记录符号,也就是中文阅读文本的记录符号。与世界上通用的其他文字所不同的是,汉字是非拼音文字。汉字内部结构屈折多变,由笔画、部件、偏旁等组合构成。

汉字的识别与记忆对学生来说有难易程度之分，因此汉字因素对文本阅读难度是有重要影响的。本文从汉字复杂度、汉字多样性和汉字熟悉度三个角度分析汉字特征因素对文本难度的影响作用。

（1）实验选取平均笔画数作为汉字复杂度的衡量指标。平均笔画数指的是每一级别所有文本内汉字的平均笔画数量。

（2）实验选取字数和字种数作为汉字多样性的衡量指标。字种数指的是某一级别文本中使用的全部汉字的种类数。

（3）实验选取难字比率作为汉字熟悉度的衡量指标。难字占比指的是每一级别文本中非常用字的比率，非常用字判别标准来自《现代汉语常用字表》（2500 字），不在字表内的就是非常用字。

1. 实验过程

本文对汉字层面特征因素影响作用的统计分析实验过程如图 2 所示：

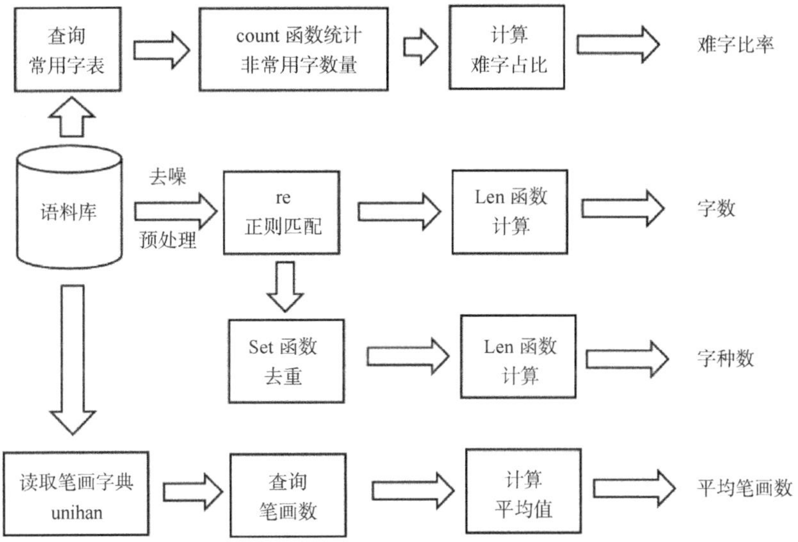

图 2 汉字层面特征因素影响作用统计分析实验过程

（1）数据预处理：对数据进行初步预处理，去除噪声如标点符号、数字等。

（2）字数、字种数统计：对汉字进行 re 正则匹配，使用 len 函数计算汉字数量，得到字数统计结果；然后用 set 函数去重，再用 len 函数计算去重后的汉字数量，得到字种数统计结果。

（3）平均笔画数计算：读取笔画字典 unihan，查询笔画数，然后计算各级文本的笔画数平均值，得到平均笔画数。

（4）难字比率计算：查询《现代汉语常用字表》（2500 字），用 count 函数统计各级文本的非常用字数量，然后计算非常用字（即难字）占比。

（5）对各个衡量指标统计结果进行归一化处理。

（6）以年级为难度级别增长标准，计算出每个影响因素的难度相关系数。

2. 实验结果

实验结果

实验统计了各指标随难度级别的变化关系,并计算了汉字相关因素各指标与难度级别的相关系数。结果表明:

(1)字种数、字数和难字占比这三个特征指标,都随着难度级别的上升呈现逐渐增长的趋势。具体来说,小学一年级使用的字种数和字数都是最少的,分别为750种和5 035个,难字占比约为4.5%,也是各级别中最低的。而高二年级使用的字种数和字数最多,分别为3 052种和110 301个,难字占比约为24.8%,是各级别中最高的。值得注意的是,初三年级的字数和字种数,以及初二年级的难字占比,较前一级别都呈现出下降的趋势。

(2)平均笔画数随着难度级别的变化趋势波动较大。其中,高二年级的汉字平均笔画数最少,约为6.12画,而初一年级的汉字平均笔画数最多,约为7.19画。

(3)实验统计的汉字层面文本特征的四个主要衡量指标与难度级别的相关度大小关系为:难字占比(0.958)>字数(0.956)>字种数(0.911)>平均笔画数(-0.626)。这说明,在汉字层面特征中,与文本难度相关度最高的衡量指标是难字占比。

3.2 词汇因素

词汇是构成语言的基石,同时也是构建阅读文本的基础元素,对文本阅读难度具有重要影响。本文从词语复杂度、词语熟悉度和词汇多样性三个角度来分析词汇与文本阅读难度之间的联系。

(1)在分析词语复杂度时,本文选用的主要指标是平均词长。平均词长指的是在某一级别的文本中使用的所有词种的平均字数。

(2)为了评估词汇熟悉度,我们选择了平均词频作为分析指标。平均词频是指在某一级别的文本中,所有词种的平均使用频率。为了获取这一数据,我们参考了现代汉语语料库的词汇频率统计信息,并对这些词频数值进行了归一化处理。此外,低频词比例也是一个重要的参考指标,它指的是在某一级别文本中使用的所有词种里,低频词所占的比例。在本文中,低频词的标准设定为在现代汉语语料库中出现次数低于50次的词。

(3)在衡量词汇多样性时,我们主要采用了词数和词种数这两个指标。其中,词种数特指在某一级别的所有文本中,不同词种的数量。

(4)为了分析词性复杂度,我们首先对阅读文本进行了词性自动标注,然后统计并分析了不同级别文本中各种词性的占比情况。

1. 实验过程

本文对词汇层面特征因素影响作用的统计分析实验过程如图3所示。

(1)数据预处理:对数据进行初步预处理,去除噪声如标点符号、数字等。

(2)词数、词种数统计:使用jieba包对文本进行中文分词,使用len函数计算词的数量,得到词数统计结果;然后用set函数去重,再用len函数计算去重后的词的数量,得到词种数统计结果。

(3)低频词占比计算:以现代汉语语料库中出现词数低于50次的词作为低频词标准,遍历词典统计每一级别文本中的低频词数量,然后计算低频词占比。

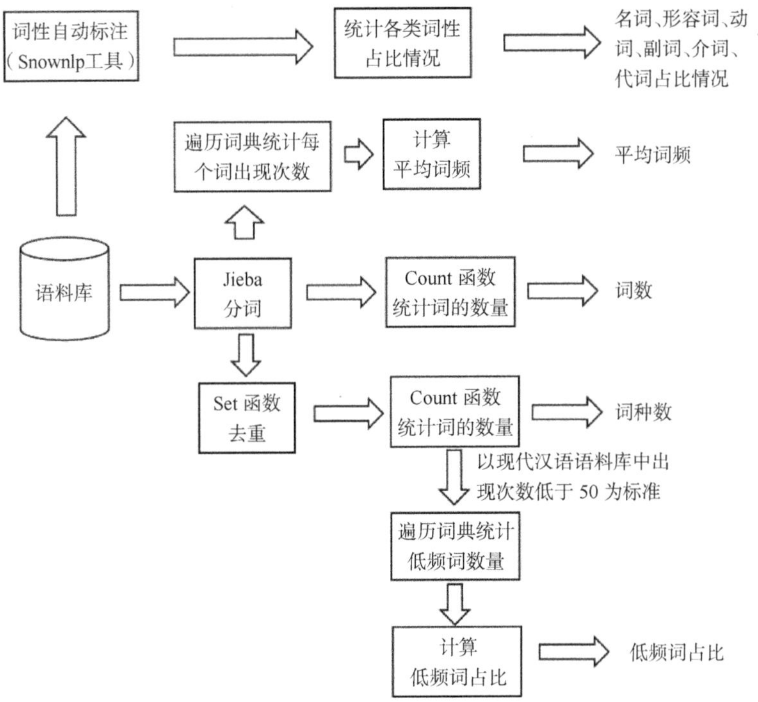

图 3 词汇层面按特征因素影响作用统计分析实验过程

（4）平均词频计算：使用 jieba 包对文本进行中文分词，遍历词典统计每个词出现的次数，计算平均词频（平均词频=总词频/词种数）。

（5）各词性占比情况计算：使用 snownlp 对词性进行自动标注（所标注的词性包括名词、形容词、动词、副词、介词、代词），然后统计各类词性占比情况。

（6）对各个衡量指标统计结果进行归一化处理。

（7）以年级为难度级别增长标准，计算出每个影响因素的难度相关系数。

2. 实验结果

实验统计得出各衡量指标随难度级别的变化关系，并计算了词汇相关因素各指标与难度级别的相关系数。结果表明：

（1）词种数、词数、平均词频、低频词占比、副词占比、介词占比和代词占比 7 个指标随难度级别上升总体上也呈现递增的趋势。小学一年级教材中这七个指标的数值都是最小的，其词种数为 1093，词数为 1881，平均词频为 1.969，低频词占比约为 35.6%，副词占比约为 11.8%，介词占比约为 5.4%，代词占比约为 1.1%；高二年级教材的词种数、词数、平均词频以及介词占比数值最大，其词种数为 16 654，词数为 34 019，平均词频约为 2.373，介词占比约为 7.3%；小学五年级教材的低频词占比最高，约为 44.6%；初三年级教材的副词占比最高，约为 15.8%；高一年级教材的代词占比最高，约为 14.7%。

（2）名词、形容词、动词占比三个指标随难度级别上升总体上是减小的趋势，但数值波动较多。小学一年级教材使用的名词、形容词和动词占比都是最高的，分别约为 26.3%、9.0%、36.6%；初三年级名词占比最低，约为 20.7%；高二年级形容词占比最低，约为 6.5%；初一年级动词占比最低,约为33.4%。名词占比在小学五年级到六年级、初一到初二以及高一到高二教材中出现明显上升波动,形容词占比在小学二年级到三年级和初一到初二教材中也出现明显上升波动,动词占比则在小学四年级到五年级和初一到初三教材中呈现上升趋势。

(3)实验统计的词汇层面文本特征10个主要衡量指标与难度级别的相关度大小关系为:词种数(0.964)>词数(0.939)>代词(0.808)>副词占比(0.807)>形容词占比(-0.761)>(-0.681)>低频词占比(0.631)>平均词频(0.565)>名词占比(-0.560)>介词占比(0.513),说明词汇层面特征中与文本难度相关度最高的衡量指标为词种数。

3.3 句子因素

句子作为语言最基础的表达单元,其特性与阅读难度紧密相连。本文将从句子多样性和句子复杂度两个维度来深入剖析与文本难度相关的句子层面特征。

(1)句子多样性主要通过三个指标来衡量:句子数量、单句的比例以及陈述句的比例。句子数量是指在某一特定级别的文本中所包含的平均句子数量。单句比例则是指在某一级别的所有句子中,单句类型所占的百分比。而陈述句比例,它表示在某一级别中,以句号结尾的句子在所有句子中所占的百分比。

(2)在评估句子复杂度时,我们主要看两个关键指标:平均句长和平均分句数。平均句长代表的是某一级别中所有句子的平均字数。而平均分句数,则是指某一级别的所有句子中所包含的平均分句数量。这些指标共同为我们描绘出句子的复杂程度,进而帮助我们更全面地理解文本的难度。

1. 实验过程

本文对句子层面特征因素影响作用的统计分析实验过程如图4所示。

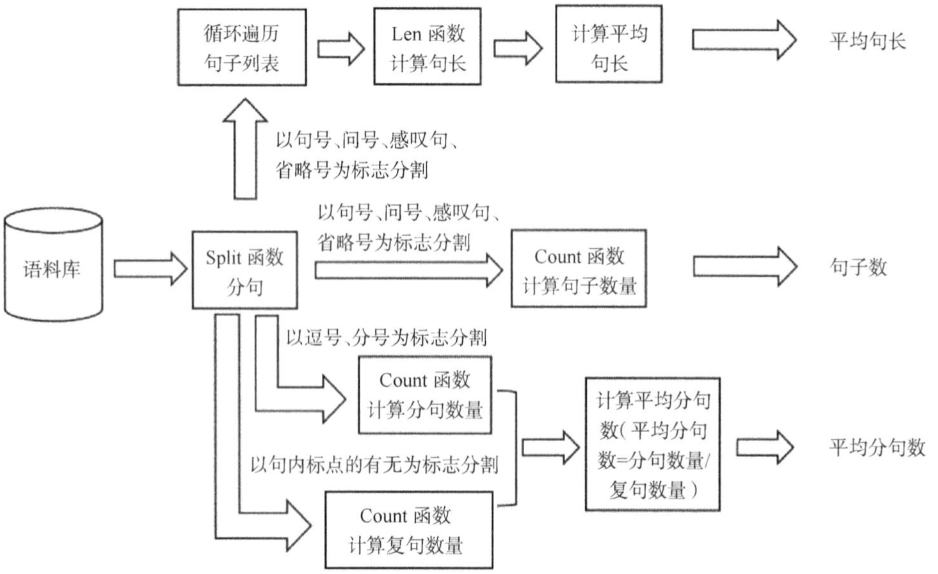

图4 句子层面特征因素影响作用统计分析实验过程

(1)分句:用 split 函数以标点符号对文本进行分割。其中,句子以句号、问号、感叹号、省略号为标志,分句以逗号、分号为标志。

(2)句子数、平均分句数统计:使用 count 函数计算每一级别文本中的句子数和分句数,各级文本中所有句子的分句数求出平均值即为平均分句数。

(3)平均句长计算:循环遍历句子列表,使用 len 函数计算每一级别文本中所有句子的句子长度,然后计算各级别文本句长的平均值,即为平均句长。

(4)对各个衡量指标统计结果进行归一化处理。

(5)以年级为难度级别增长标准,计算出每个影响因素的难度相关系数。

2. 实验结果

实验统计得出各衡量指标随难度级别的变化关系,并计算了句子相关因素各指标与难度级别的相关系数。结果表明:

(1)句子层面的句子数、平均分句数和平均句长 3 个衡量指标随难度级别上升都呈现出递增的趋势。小学一年级教材句子数、平均分句数和平均句长都是最少的,其句子数为 216,平均分句数约为 2.04,平均句长约为 21;高二年级教材句子数、平均分句数和平均句长都是最多的,其句子数为 2975,平均分句数约为 2.78,平均句长约为 38。

(2)实验统计的句子层面文本特征 3 个主要衡量指标与难度级别的相关度大小关系为:句子数(0.954)>平均句长(0.943)>平均分句数(0.931),即说明句子层面特征中与文本难度相关度最高的衡量指标为句子数。

3.4 修辞因素

本文主要从修辞多样性、修辞熟悉度和修辞复杂度三个角度来考察修辞层面特征因素对文本难度的影响。具体如下:

(1)修辞多样性主要通过文章中的修辞使用数、修辞使用率和修辞种数来衡量。修辞使用数指的是在某一级别文本中使用了修辞手法的句子数量。修辞使用率则表示这些使用了修辞手法的句子在某一级别文本中所占的比例。而修辞种数则代表了某一级别文本中使用的所有不同修辞手法的种类数量。

(2)修辞熟悉度的分析主要基于常见修辞占比进行。根据中小学生课程标准,常见的修辞格共有八种:比喻、拟人、夸张、排比、对偶、反复、设问、反问。常见修辞占比是指这八种修辞在某一级别文本中的使用数量合计占修辞使用总数的比例。

(3)修辞复杂度的衡量指标是各类修辞在文本中的占比情况,即前文提到的已标注的 15 种修辞手法分别在各级文本中的使用比例。

1. 实验过程

本文对修辞层面特征因素影响作用的统计分析实验过程如图 5 所示。

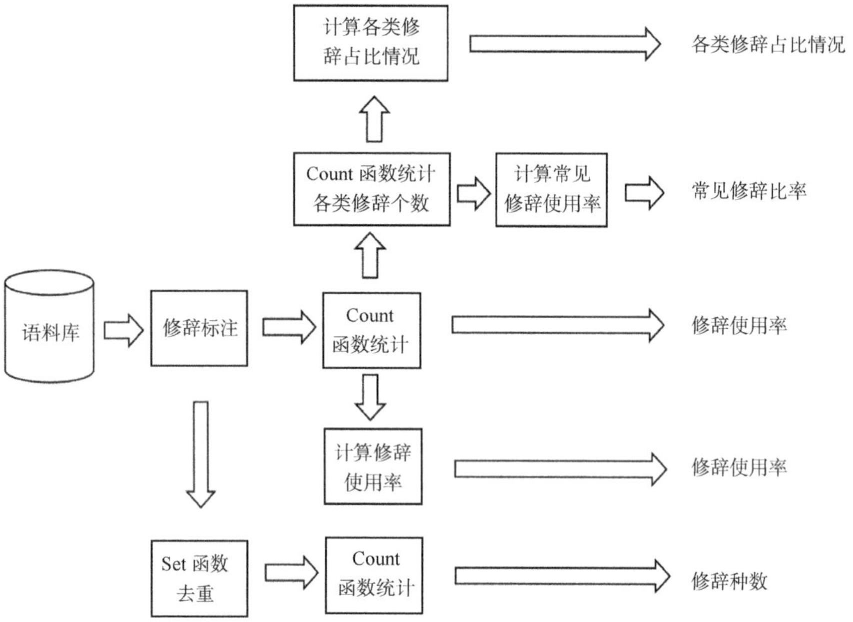

图5 修辞层面特征因素影响作用统计分析实验过程

(1)修辞标注:按照本文设定的修辞标注方案(见附录一)对文本中的修辞进行标注,标注的修辞包括比喻、拟人、夸张、排比、对偶、反复、设问、反问、借代、双关、引用、讽喻、顶针、通感、反语。

(2)修辞使用数、修辞使用率和修辞种数统计:使用count函数计算每一级别文本中有修辞标注的句子数量,得出各级文本的修辞使用数,并计算修辞使用率;然后用set函数计算去重后的修辞数量,得出修辞种数。

(3)各修辞占比情况计算:使用count函数统计每一级别文本中各类修辞个数,然后计算各修辞在每一级别文本中的占比情况。

(4)常见修辞占比情况计算:用count函数统计每一级别文本中常见修辞数量(新课标指出,基础教育阶段常见修辞有八种:比喻、拟人、夸张、排比、对偶、反复、设问、反问),然后计算常见修辞占比情况。

(5)对各个衡量指标统计结果进行归一化处理。

(6)以年级为难度级别增长标准,计算出每个影响因素的难度相关系数。

2. 实验结果

实验统计得出了各衡量指标随难度级别的变化关系,并计算了修辞相关因素各指标与难度级别的相关系数,结果如下。

(1)修辞使用数、修辞种数以及比喻、夸张、排比、设问、反问、借代、双关、引用、讽喻等修辞的使用情况,随着难度级别的上升,总体呈现出上升趋势。小学一年级教材修辞使用数最少,为107例。小学一、二、三年级的修辞种数为6种,比其他级别都要少。一年级教材中,比喻、夸张、排比、设问、反问、借代、双关、引用、讽喻等修辞的使用明显少于高级别教材文本,有的修辞(如借代、双关、引用、讽喻)在低级别教材文本中甚至出现次数为0。由此可见,这些修辞的使用情况在一定程度上反映了阅读文本的难度。

(2)常见修辞占比和修辞使用率随着难度级别的上升,总体呈现下降趋势。一年级教材文本中,常见修辞占比为97.2%,修辞使用率为49.6%;而高二年级教材文本中,常见修辞占比为79.6%,修辞使用率仅为8.1%。另外,拟人修辞在低级别文本中使用数量很高,但随着级别的提升,它的使用数量反而呈现出下降的趋势。

(3)实验统计的修辞层面文本特征的14个主要衡量指标与难度级别的相关度大小关系为:引用修辞使用数(0.945)>反问修辞使用数(0.944)>常见修辞占比(-0.911)>比喻修辞使用数(0.850)>修辞种数(0.821)>讽喻修辞使用数(0.775)>借代修辞使用数(0.752)>修辞使用率(-0.693)>修辞使用数(0.620)>拟人修辞使用数(-0.604)>双关修辞使用数(0.569)>夸张修辞使用数(0.563)>排比修辞使用数(0.413)。这说明,在修辞层面与文本难度相关度最高的为引用和反问两种修辞的使用数以及常见修辞占比。

4. 模型构建

本文上一节内容中考察了38个关键因素特征衡量指标与文本难度变化的相关性,本节在分析这些因素的基础上通过多元线性回归分析方法来构建可读性公式,并用拟合度进行验证。

4.1 多元线性回归方程指标选取

前文考查了38个指标与文本难度之间的相关系数,计算结果如表5所示。

表5 38个指标难度相关系数

字种数	字数	难字占比	平均笔画数	词种数	词数	平均词频	低频词占比	名词	形容词	动词	副词	介词
0.911	0.956	0.958	-0.626	0.964	0.939	0.565	0.632	-0.560	-0.762	-0.681	0.808	0.514
代词	句子数	平均句长	平均分句数	单句占比	陈述句占比	修辞使用数	修辞使用率	修辞种数	常见修辞占比	比喻	拟人	夸张
0.808	0.954	0.943	0.931	-0.110	-0.264	0.620	-0.693	0.821	-0.911	0.850	-0.604	0.563
排比	对偶	反复	设问	反问	借代	双关	引用	讽喻	顶针	通感	反语	
0.413	0.082	0.197	0.933	0.944	0.752	0.569	0.945	-0.972	0.399	-0.219	0.197	

设定相关系数阈值为0.4,筛选保留相关系数绝对值大于0.4的所有指标共31个,其中汉字层面指标4个,词汇层面指标10个,句子层面指标3个,修辞层面指标14个。如表6所示。

表6 筛选保留的31个指标

汉字层面	字种数,字数,难字占比,平均笔画数
词汇层面	词种数,词数,平均词频,低频词占比 名词、形容词、动词、副词、介词、代词词类占比
句子层面	句子数、平均句长、平均分句数

续表

修辞层面	修辞使用数，修辞使用率，修辞种数，常见修辞占比， 比喻、拟人、夸张、排比、设问、反问、借代、双关、引用、讽喻修辞使用数量

4.2 可读性公式模型构建

为构建可读性公式，研究首先将难度级别按照年龄转化为级别数字，小学一年级至高中二年级依次为 6~16；然后以这 31 个指标统计出的数值作为自变量，难度级别作为因变量，代入多元线性回归方程进行回归分析，最终按照回归分析的结果选出 4 个参项构建可读性公式模型，分析结果如表 7 所示。用拟合度计算公式计算可知，该模型拟合度 R^2=0.972。

表 7 多元线性回归分析结果

模型 B		未标准化系数		标准化系数	t	显著性
		标准误差	Beta			
1	（常量）	14.303	3.749	-	3.815	0.009
2	词种数	0.020	0.562	0.444	3.651	0.011
3	难字占比	47.973	2.168	0.934	4.887	0.003
4	字种数	-0.003	0.001	-0.558	-3.459	0.013
5	常见修辞占比	-8.907	2.684	-0.118	-2.418	0.010

由表可知，用于构建可读性公式的 4 个参项分别为词种数、难字占比、字种数、常见修辞占比。所构建的可读性公式为：

难度级别=14.303+0.02 × 词种数+47.973 × 难字占比−0.003 × 字种数−8.907 × 常见修辞占比

4.3 可读性公式参项分析

观察分析研究得出的可读性公式参项，可以发现：

（1）难字占比是本文得出的可读性公式中对文本难度级别计算贡献度最大的特征指标。它主要衡量的是汉字熟悉度特征，其与文本难度级别的相关性也达到了 0.958。由此可见，难字占比是影响文本难度测量十分重要的因素。难字占比越高，意味着文章中的常见汉字比例越少，汉字熟悉度越低。对于阅读而言，不熟悉的文本阅读起来难度越高，这符合人的认知规律。

（2）词种数和字种数也是与文本难度级别相关性很高的两个指标，相关性分别为 0.964 和 0.911。字种数和词种数分别为衡量汉字多样性和词汇多样性的指标，二者也被纳入本文构建的可读性公式中，说明字词多样性是文本难度测量不可或缺的因素。文本中包含的汉字和词汇越丰富，多样性越高，阅读活动需要调动的心理词典内容越多，阅读难度因而越高。

（3）常见修辞占比是本文提出的可读性公式中具有特色的一个指标。本文通过实验分析证明，修辞特征也是影响文本难度的重要因素。本文可读性公式纳入的常见修辞占比反映了修辞熟悉度特征，与文本难度的相关性为-0.911，意味着文本难度会随着常见修辞占比的降低而升高。在使用了修辞手法的文本中，常见修辞占比越低，即说明文本中使用的不常见或不熟悉的修辞比例越高，阅读难度因此也越高。

5 总结

本文尝试分析影响文本难度分级汉字、词汇、句子等文本内部特征因素，并在前人研究基础上加入修辞特征进行分析，提出了一种多指标融合的中文文本可读性计算方法。该方法以文本特征相关指标数值作为自变量，文本难度级别为因变量，构建出的可读性公式能够客观规范地为阅读文本划分难度级别，并且具有简单易操作的特点。以此为基础，在阅读教学中，文本可读性计算方法可以应用于语文教材选文筛选，阅读考试文本确定以及学生课外阅读指导等相关环节。

参考文献

[1] 宋曜廷，陈茹玲，李宜宪，等. 中文文本可读性探讨：指标选取，模型建立与效度验证[J]. 中华心理学刊，2013，(1):75-106.

[2] 周东杰，郑泽芝. 可读性研究综述[J]. 泉州师范学院学报，2020，38(01):55-63.

[3] 王蕾. 文本可读性公式研究发展阶段及特点[J]. 语言教学与研究，2022(02):29-40.

[4] 吴思远，蔡建永，于东，等. 文本可读性的自动分析研究综述[J]. 中文信息学报，2018，(12):1-10.

[5] 王泉根. 分级阅读的原则与对策[J]. 少年儿童研究，2011(02):4-7+27.

[6] 徐默凡. 文本难度分级标准的研制和说明[J]. 上海课程教学研究，2020(01):49-56.

[7] BRABHAM E G，VILLAUME S K. Leveled text：The good news and the bad news[J]. The Reading Teacher，2002，(55)：438 441.

[8] CHALL J S，DALE E.Manual for the new Dale-Challreadabilityformula[M]. Brookline：Cambridge，1995.

[9] HARRIS A J ，JACOBSON M D.A framework for readability research：Moving beyond Herbert Spencer[J]. Journal of Reading，1979(22)：390-398.

[10] LIVELY B A，PRESSEY S L. A method for measuring the "vocabulary burden" of textbooks[J]. Educational Administration and Supervision，1923，(9)：389-398.

[11] VOGEL M，WASHBURNE C. An objective method of determining grade placement of children's reading-mate--rial[J]. Elementary School Journal，1928，(5)：373--381.

[12] 杨孝濚. 实用中文报纸可读性公式[J]. 新闻学研究，1974(13):37-62.

[13] 荆溪昱. 中文国文教材的适读性研究：适读年级值的推估[J]. 教育研究资讯，1995(3):113-127.

[14] 孙刚. 基于线性回归的中文文本可读性预测方法研究[D]. 南京：南京大学，2015.

[15] 程勇，徐德宽，董军. 基于语文教材语料库的文本阅读难度分级关键因素分析与易读性公式研究[J]. 语言文字应用，2020(01):132-143.

[16] 吴思远，于东，江新. 汉语文本可读性特征体系构建和效度验证[J]. 世界汉语教学，2020(01):81-97.

[17] 李文彪，吴云芳. 基于神经网络模型的汉语文本难度分级[J]. 中文信息学报，2023，37(02):158-168.

[18] 王蕾. 初中级日韩学习者汉语文本可读性公式研究[J]. 语言教学与研究，2017(05):15-25.

[19] 左虹，朱勇. 中级欧美留学生汉语文本可读性公式研究[J]. 世界汉语教学，2014，(02):263-276.

语言智能与中文作文教学融合探究

吴旋珠
深圳中学光明科学城学校[①]

摘要:《新课标》指出,要发挥大数据的优势,分析和诊断学生的学业表现,优化教学,提供及时、准确的反馈和个性化指导。同时,要积极关注教学流程、教与学的方法、资源支持、学习评估等方面的新变化,探索线上线下相结合的混合式语文学习模式。本文结合国家语委中国语言智能研究中心指导开发的IN课堂中文作文教学与智能测评训练系统的使用情况,从导读、写、评、改五个方面,探索利用语言智能工具进行初中作文个性化教学、提升学生写作水平的新途径。
关键词:智能测评;初中作文;个性化教学

Research on the integration of language intelligence and Chinese composition teaching

Wu Xuanzhu

Abstract: The New curriculum standard points out that it is necessary to give full play to the advantages of big data, analyze and diagnose students' academic performance, optimize teaching, provide timely and accurate feedback and personalized guidance, actively pay attention to the new changes in teaching process, teaching and learning methods, resource support, learning assessment, etc., and explore blended Chinese learning combining online and offline. Based on the actual use of the IN-class Chinese composition teaching and intelligent assessment training system developed under the guidance of the Chinese Language Intelligence Research Center of the State Language Commission, this paper explores a new way to use language intelligence tools to conduct personalized composition teaching IN junior middle school and improve students' writing level from five aspects of guidance reading writing assessment and revision.
Key words: intelligent evaluation; Junior high school composition; Personalized teaching

作文教学是个性化极强的教学模块,没有统一的标准答案。相对于其他教学内容,学生更希望得到教师有针对性的个性化指导。新课标要求初中学生作文每学年一般不少于14篇,其他练笔不少于1万字。每位教师通常承担两个班的语文教学任务,而作文教学是其中的重要内容。这意味着,语文教师在教授语文知识之外,还需要面对大约两百万字的学生作文评阅工作。显然,面对如此大量的作文,教师很难做到每一篇都详批详改和提供个性化精准辅导。如果作文得不到详细批改和指导,学生的写作水平就很难得到稳步提高。

基于此,新课标提出了相应的教学建议:"充分利用网络平台和信息技术工具,支持学生开展自主合作、探究性学习,为学生的个性化、创造性学习提供条件。发挥大数据优势,分析和诊断学生学业表现,优化教学,提供及时、准确的反馈和个性化指导。积极关注教学流

① 深圳中学光明科学城学校是科技部科技创新重大项目"2030新一代人工智能"合作研发单位。此文为该项目作文智能测评关键技术研究(2020AAA0109703)的阶段性成果。

程、教与学方法、资源支持、学习评估等新变化，探索线上线下相结合的混合式语文学习。”在互联网时代，信息技术工具大量涌现，如何选择智能测评工具，有针对性地辅助作文个性化教学，显得尤为重要。

近年来，深圳中学光明科学城学校将“IN 课堂中文作文教学与智能测评训练系统”（下称 IN 课堂系统）与初中作文教学相融合，开展了“导读写评改”五位一体化的作文教学实践。他们从传统教学中探索出了一条作文教学的新路径，收获了语言智能与教学融合带来的喜悦。IN 课堂系统包含学生自主练习平台和教师指导平台。该系统以其高效的批阅能力助力学生高频次修改，即时反馈成绩，有效消除了学生的写作畏难情绪。学生的成绩在屡改屡进中不断提升，自主学习能力也在人机交互中得到了增强。

一、导：审题建议，引导立意

审题是写作的第一步，至关重要。如果审题不正确，容易导致写作离题。一旦作文离题，再完美的写作方法和技巧都会付诸东流。每次写作前，教师可以结合 IN 课堂系统为学生提供审题建议，明确写作的核心目标，开拓写作思路，选择合适的内容。在学生进行了众多审题思考的基础上，系统可以提供一些必要的审题方法指导，帮助学生迁移学习，举一反三。例如，当写作《看，风景在变》时，学生都会有意识去描写风景及其变化，但如果仅仅止步于此，系统就会提供写作思考：（1）在描述风景变迁时，你能否进一步挖掘其背后的社会、文化或心理层面的变化？这样的深度剖析能否使你的文章更加具有思想性和启发性？（2）如何在文章中巧妙地融合个人成长与社会发展的主题，使文章在展现个人情感的同时，也能反映出时代的变迁和社会的进步？

学生依据这个思路容易深入思考出比较深刻的主旨，如：“风景从来是变的，但有时或许也取决于人。我们那么为之奋斗的，终将使我们自己也成为风景。那一切变化带给我的，终于使我也成为了风景，美似朝花暮雪，胜过星雨斑驳。那时你看向窗外，原来不知何时，你也如风景般灿烂。风景在变的同时，你也在变，我也在变，是风景之变，也是我之变，是花变、草变、人变、物变，终成我变，而我之变成就全新的我，即新生又成风景，我亦成景。”

二、读：阅读范文，开阔思路

写作能力并非自然长成，需要大量阅读。对于初中学生而言，阅读范文、模仿写作是必经的一个阶段。鲁迅先生曾说：“好的文章中，往往显示着全部的‘怎么写’。”从读到写是一个潜移默化的过程。阅读是采集智慧，读得多了，就能揣摩出规律，写作水平在不知不觉中得到提高。

IN 课堂智能系统的海量范文库精选了符合新课标要求的各类优秀范文，使写作素材更加具象化，使学生思路更加开阔。教师可以依据范文对不同层次的学生因材施教，分层指导。写作能力强一点的学生可以从范文中学习优美语言、文章主旨、写作技法等，结合自己选择的素材进行写作；写作能力中等以下的学生可以模仿范文进行写作。有了范文的指引，学生比较容易体会到写作并不是一件困难的事情。

三、写:整理素材,撰写习作

写作是思维的高级表达。要想文采飞扬,必须用心思量。“文采”是围绕文章的中心来采集生活之风,用适合的词表达情感。故有人总结说:文采=风采+情采+词采。一直以来,作文是语文考试的重点,学生学习的痛点,老师教学的难点。作文写不好,原因之一是缺少素材,无从下笔。在IN课堂系统中,教师可以指导学生学会积累和整理素材,坚持练笔。该系统能够保留每个学生每次的作文数据,形成自己的写作素材库,既能体现每次写作的成长过程,让每一次写作都有独特意义,又能作为下次写作的参考。对于部分写作水平处于中等层次的学生和写作困难的学生,系统为他们精选各类写作素材,学生可以从中筛选素材,结合自身实际进行写作。有了语言智能工具的辅助,学生的写作素材整理更高效,写作也更顺畅。

四、评:多维测评,促进教学

2020年10月,中共中央、国务院印发了《深化新时代教育评价改革总体方案》,倡导创新评价工具,利用人工智能、大数据等现代信息技术,探索开展学生各年级学习情况全过程纵向评价。运用IN课堂系统评价学生作文训练全过程,能够使传统的经验性模糊评价变得科学、准确、明晰。

作文完成上传后, IN课堂系统快速对学生作文进行智能测评,学生能够即时看到自己作文在内容、表达、发展三个方面的测评反馈。测评结果包括分数、总评、段评、句评、提升建议和写作思考。学生可以根据反馈的点评、提升建议等信息逐一进行修改完善。

IN课堂系统的反馈对于教师开展有针对性的作文教学同样具有重要意义。例如,笔者通过系统对班级作文进行精准评估的数据,了解学生语文核心素养评估情况,发现所教班级的学生在思维能力方面,尤其是形象思维和创新思维方面表现较好,但在文化自信方面稍显不足。大数据精准反馈学生作文情况,使我快速了解到了班级作文整体状况,明确了讲评辅导方向,大大提高了教学效果。

五、改:多次修改,精益求精

叶圣陶先生说,好作文是改出来的。作文修改对于作文水平的提高具有重要意义。根据系统提供的一系列修改建议,教师可以引导学生多次修改。

每篇习作修改的内容都会有所不同,系统根据学生习作提供有针对性的修改建议,例如修改片段。修改片段是最小的修改单位,也是提升学生作文修改水平和写作水平的基础。教师引导学生根据提升建议修改作文片段,如原文:“我深知风景的变迁不只是外在环境的改变。”系统针对这个句子进行修改润色:“我深知,风景的变迁恰似一幅幅流动的画卷,不仅绘就了外在环境的更迭,更在我心中悄然绽放出一朵朵成长的花朵,每一瓣都承载着对未来的憧憬与向往。”通过对比,学生可以看出润色后的文本更加丰富和优美。针对这样的修改，系统还为学生提供相关的写作建议，即要合理想象，丰富表达，引导学生在写作中适当运用想象力，为文章中的场景、人物或事件增添细节，使描述更加生动具体，同时也要注意想象内容的合理性和逻辑性。从具体片段的修改到写作方法的指导，学生掌握了这样的方法，并将其运用到其他文句的表达中，从而提升了学生的写作水平。

作文修改往往需要反复多次，每一次修改都可能是一次重要进步。IN 课堂系统为学生作文保留了每次的修改痕迹，使学生的写作成长过程可视化。通过纵向对比修改数据，有力地证明了系统对于提升学生写作水平起到了重要作用。

综上所述，“IN 课堂中文作文教学及智能测评系统”对作文教学具有重要作用。一方面，学生借助 IN 课堂系统，人机协同修改作文，实现了作文的个性化训练，提升了学生的自主学习能力。另一方面，智能测评系统大大减轻了教师的作文评阅工作量，使教师从繁琐的作文批改中解放出来，以研究者、指导者的身份深度开展作文教学。

初中作文个性化智能教学实践使我深刻认识到，积极运用人工智能、大数据分析，及时了解学生学习情况和需求，通过多维度学情分析推送个性化资源，实现精准教学和个性化辅导，提高教与学的有效性，是未来作文教学走向数字化智能化的必然趋势。

基于多模态层次结构的多模态多跳问答①

吕浩成[1] 刘 杰[1,2,3] 张 晴[1] 陈芝云[1]
1.北方工业大学信息学院;2.首都师范大学;3.中国语言智能研究中心

摘要:多模态推理是一项具有挑战性的任务,需要理解和整合来自不同模态(例如文本和图像)的信息。现有的多模态推理方法通常无法捕获不同模态的视觉和文本语义之间丰富的层次结构信息,而这对于生成准确的答案至关重要。本文提出了一种利用图神经网络对结构信息进行建模以增强多模态推理的新方法。具体来说,首先将多模态上下文分割为多个固定长度的块,并使用多模态和多跳阅读器根据问题关注上下文中的不同块,然后在这些块中搜索多跳候选标记。接下来,构建图来表示块之间的关系并利用稀疏矩阵树算法学习分层信息结构。在构建图的过程中,使用层次结构感知消息传递机制在选定的边上执行多跳推理并更新节点表示。最后,使用图选择解码器根据结构丰富的块表示生成答案。在WebQA数据集上进行了实验,结果表明,本文的方法在推理和整体答案准确性方面优于基线方法。本文还提供了一些定性分析来说明本文的方法如何从不同模式之间的结构信息中受益。

关键词:多模态;多跳推理;图神经网络;

Discovering Multimodal Hierarchical Structures with Graph Neural Networks for Multi-modal and Multi-hop Question Answering

Lv Haocheng, Liu Jie, Zhang Qing, Chen Zhiyun

Abstract: Multimodal reasoning is a challenging task that requires understanding and integrating information from different modalities, such as text and image. Existing methods for multimodal reasoning often fail to capture the rich structural information among visual and textual semantics in different modalities, which is crucial for generating accurate answers.In this paper, we propose a novel method that leverages graph neural networks to model the structural information to enhance multimodal reasoning. Specifically, we first segment fixed chunks in multimodal context, then use a Multimodal and Multi-hop reader to attend to different chunks in the context based on the question, and then search for multi-hop candidate tokens within these chunks. Next, we construct a graph to represent the relations among the chunks. then we apply a Sparse Matrix-Tree algorithm to learn a hierarchical informative structure. Then, we use a Hierarchy-aware Message Passing mechanism to perform multi-hop reasoning on the selected edges and update the node representations. Finally, we use a graph-selection decoder to generate the answer based on the structure-enriched chunk representation. We conduct experiments on the WebQA dataset, which is a large-scale multimodal question answering dataset. The results show that our method outperforms the baseline methods in terms of reasoning and the overall answer accuracy. We also provide some qualitative analysis to illustrate how our method benefits from the structural information among different modalities.

Key words: Multimodal; Multi-hop reasoning; Graph Neural Networks.

① 基金项目:国家科技创新2030-"新一代人工智能"重大项目(2020AAA0109700),国家自然科学基金(62076167)。

一、引言

多模态和多跳问答(MMQA)是一项需要理解和整合来自不同模态(例如文本和图像)的信息来回答可能涉及多个推理步骤的问题的任务。MMQA 是一项具有挑战性且重要的任务,因为它可以实现各种应用,例如视觉对话、图像字幕和视觉搜索。然而,现有的 MMQA 方法往往无法捕获不同模态的视觉和文本语义之间丰富的结构信息,而这对于生成准确的答案至关重要。然而,大多数现有的 MMQA 方法要么忽略不同模态之间的结构信息,要么使用固定和预定义的结构,这对于不同的问题和上下文可能不是最佳的。本文提出了一种利用图神经网络(GNN)对结构信息进行建模以增强多模态推理的新方法。为了减少与 NER 相关的人工注释和错误传播,本文的方法不依赖于预先提取的 NER。相反,本文通过多模态与多跳阅读器每隔 n 个 token(包含图像的预留 token)来截取块,并从块中提取相关信息,这可以避免现成的 NER 工具带来的不可避免的错误。具体来说,本文首先使用多模态和多跳阅读器在关注问题的上下文中选择不同的块,接下来本文使用问题感知注意力来关注每个块中的特殊标记,以找到中间实体所在的块找到,然后在这些块中搜索多跳桥接 token。接下来,本文构建一个图来表示块之间的关系。接下来,本文应用稀疏矩阵树算法来学习分层信息结构。然后,本文使用层次结构感知消息传递机制在选定的边上执行多跳推理并更新节点表示。最后,本文使用多模态解码器基于结构丰富的多跳标记表示来生成答案。本文论文的主要贡献如下。

(1)本文引入了多跳和多模态阅读器来查找对应于每个多跳推理步骤的不同模态的相关块。

(2)本文提出了一种新方法,使用 GNN 来发现 MMQA 不同模态之间的层次结构信息。

(3)本文提供定性分析来说明本文的方法如何受益于不同模态之间的结构信息及其如何处理需要多跳推理的复杂问题。

二、相关研究

1. 多模态与多跳推理

多模态和多跳推理是一项需要连接来自不同来源和模式的线索来回答可能涉及多个推理步骤的问题的任务。多模态和多跳推理具有挑战性且重要,因为它可以实现各种

应用程序,例如视觉对话、图像字幕和视觉搜索。然而,支持多跳推理的数据集很少,例如 WebQA 和 MultimodalQA。WebQA 是一个大规模数据集,其中包含基于包含文本和图像内容的网页的问题。MultimodalQA 是一个较小的数据集,其中包含基于带有表格和图像的维基百科文章的问题。这两个数据集都需要从多个来源检索相关证据并生成自然语言答案。

2. 多跳阅读理解

之前的一些多跳阅读理解的工作使用基于记忆的方法,这些方法利用注意力基于查询

和上下文表示的交互来迭代细化查询和上下文表示,提出显式地建模实体关系,提出构建实体图和应用图神经网络进行信息聚合。然而,这些方法只关注局部信息而没有泛化能力,并且其中一些方法依赖于现成的 NER 工具。建议将文本转化为使用预先构建的实体数据库进行检索的虚拟知识库。

3. 图神经网络

图神经网络已经证明了它们捕获要总结的文档中丰富的依赖关系的能力。使用带有句子节点和并发单词节点的“异构图”来捕获句子依赖关系。使用两个单独的编码器通过解析的依赖图对输入序列进行编码。引入了一种自适应稀疏矩阵树结构来学习潜在的层次图和新颖的传播规则。本文遵循这个有前途的方向,并将其扩展到多模态推理场景,在该场景中,它更具挑战性,因为由于现成的 NER 工具带来的不可避免的错误以及隐藏在其中的复杂线索,根据上下文提前构建图并不容易。

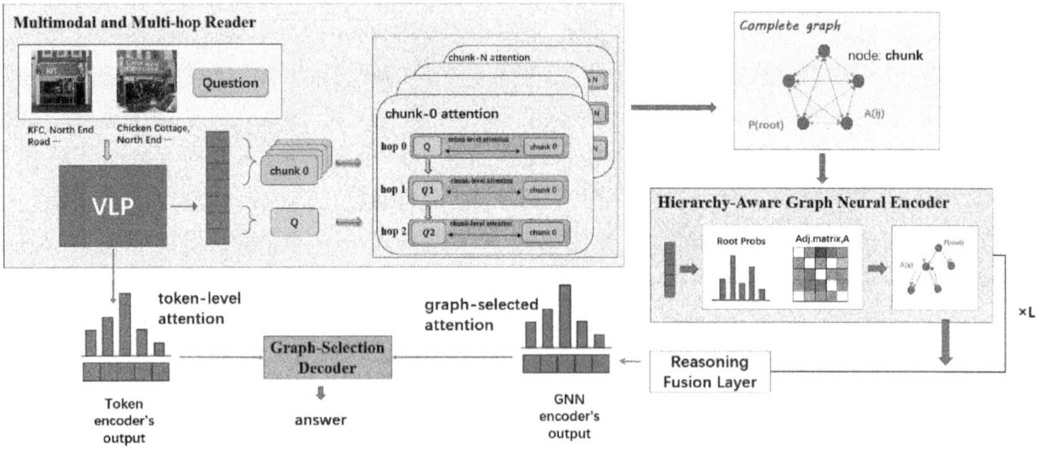

图1 本文方法的整体架构

三、方法

在本节中,本文将详细介绍本文提出的多模态推理方法。本文的方法的整体架构如图1所示。本文的方法由三个主要组件组成:受启发的多模态和多跳阅读器、层次感知图神经编码器和图选择解码器。多模式和多跳阅读器通过关注问题和上下文来获得与推理路径相关的每个块的表示。层次感知图神经编码器首先通过将稀疏矩阵树应用于多模态层次读取器的输出来计算图的节点和边的权重。然后,它通过使用层次结构感知消息传递来执行推理。最后,它使用推理融合层构建最终的层次树图。多模态解码器通过关注层次结构感知图神经编码器来生成最终答案。

1. 多模态与多跳阅读器

VLP 模型使用不同的掩码方法来进行双向或单向预测,因此本文首先使用 VLP 模型对上下文和问题进行双向编码,然后在最终解码中使用单向掩码对 VLP 模型的输出进行解码阶段。本文首先将 VLP 双向编码后的多模态上下文分隔为固定长度的块,并使多模态与多跳阅读器的所有操作在所有块中依次进行。本文提出了一个两级分层注意力网络来逐渐过滤出与问题中每个块相关的 lhop(l = 0, 1,…, L)单词。具体来说,令牌级注意力的目标是选择与每个块中的问题相关的令牌。然后,块级注意力通过以不同数量的推理跳数柔和地关注每个块来生成最终表示。给定一个带有 n^q 个 token 的问题 q 和一个长度为 n^c 的多模态上下文集 c,本文分别用 $Q \in R^{nq \times D}$ 和 $C \in R^{nc \times D}$ 表示它们在 VLP 模型之后的多模态特征。为了执行多跳推理,本文使用不同的注意力来识别或重新定位每个上下文中的目标单词。首先,使用问题到块的注意力来定位问题和每个块中相似的单词:$B_{ij}^q = W_q^T [Q_i; C_j; Q_i; C_j]$其中$W_q$是可学习的变换向量, [;]表示串联。本文通过对B^q的每一行进行 softmax 操作,获得问题中第 i 个标记与块中第 j 个标记之间的归一化相似度得分α_q^{ij}。问题感知(0 跳)上下文表示的生成方式为:

$$h_q = \frac{1}{n_c}\sum_{j=1}^{n_c} \bar{\alpha}_q^j C_j, \quad with \bar{\alpha}_q^j = \frac{1}{n_q}\sum_{i=1}^{n_q} \alpha_q^{ij} \beta_i^q, \tag{1}$$

其中β_i^q通过自注意力来衡量每个主题标记的权重:$\beta^q = softmax(W_q^T Q + b_q)$ 。

对于(l+1)跳推理(l≥0),需要重新定位到中间与 l 跳实体相关的(桥接)实体。因此,本文采用块到块的注意力$B_{ij}^{l+1} = w_l^{\top}\left[C_i + h_l;\ C_j;(C_i + h_l)\circ C_j\right]$给出 l 跳表示$h^l$,其中$h^0 = h^q$。本文使用$\alpha_{ij}^{l+1}$表示在对$B^{l+1}$的每一行应用 softmax 运算符后,第 i 个和第 j 个上下文标记之间的归一化注意力分数。因此由于$\bar{\alpha}_0^j = \bar{\alpha}_q^j$,(l+1)跳桥接上下文表示变为:

$$h_{l+1} = \frac{1}{n_c}\sum_{j=1}^{n_c} \bar{\alpha}_{l+1}^j C_j, \quad with \bar{\alpha}_{l+1}^j = \frac{1}{n_c}\sum_{i=1}^{n_c} \alpha_{l+1}^{ij} \bar{\alpha}_l^i. \tag{2}$$

当多个上下文(图像和图像标题)可用时,本文应用块级注意力来生成最终的 l-hop 特征表示。当 l = 0 时,模型会关注每个上下文,以生成上下文关注的问题表示,如下所示

$$\widehat{h_q} = \frac{1}{K}\sum_{k=1}^{K} \bar{\gamma}_q^k h_{q,\ k} \tag{3}$$

其中$\bar{\gamma}_q^k$是上下文c_k的注意力权重,通过对得分向量γ^q进行归一化而获得$\gamma_q^k = v_q^{\top}\left[q;\widehat{h_{q,\ k}};\ q\circ\widehat{h_{q,\ k}}\right]$.。这里$h_{q,\ k}$是在(1)中计算的与第 k 个上下文相对应的问题感知上下文表示c_k。v_q是可训练的变换向量。最终的问题表示形式为$\bar{h}_q = W_q\left[q;\widehat{h_q};\ q\circ\widehat{h_q}\right]$

包含原始特征和关注信息。本文将$\bar{h}_q$视为 0 跳问题表示。最终,本文将所有多跳的表示拼接起来$H^{(0)} = \left[h_{q,0}^0,\ h_{q,1}^0\ldots,\ h_{q,0}^1,\ h_{q,1}^1\ldots,\ h_{q,\ k}^2\right]$作为多模态与多跳阅读器的输出。

2. 层次感知图神经编码器

潜在多模态层次图。完整的加权图用于表示多模态上下文,其中每个节点对应于与问题相关的多模态块。两个块之间的方向依赖性的边际概率决定了边权重。此外,每个节点还有一个附加概率值,即“根概率”,表示块的层次角色,例如作为最优先或最关键的推理线索。

稀疏矩阵树计算。本文使用多输出模态层次结构阅读器,用于为层次结构感知的图神经编码器提供数据。本文将多模式分层读取器的输出中的每个块的标记表示分配给图$H^{(0)} = [s_1,\ldots,\ s_i,\ldots,\ s_M]$的节点。这是针对包含一张或两张图像及其相应标题的上下文集。

然后本文应用两个单独的非线性变换来获取每个块的所选标记的父表示和子表示,

$$s(p)_i = \sigma\left(W_p s_i + b_p\right) \tag{4}$$

$$s(c)_i = \sigma\left(W_c s_i + b_c\right) \tag{5}$$

其中W_p, W_c, b_p, b_c是参数,σ是 ReLU 激活函数。

为了计算具有正项的矩阵 $F \in R^{M \times M}$,其中f_{ij}表示从节点s_i到s_j的边的权重;和正根得分向量$f_{root} \in R^M$ -标准矩阵树定理使用指数函数。然而,这会导致密集的矩阵,通过引入来自冗余 M 句子节点的噪声,损害本文的图推理模块。受稀疏自注意力的启发,本文提出了一种自适应方法来诱导 MTC 的稀疏性。本文使用$RELU\left(x \in R\right) = max\{x,0\}$(或向量的坐标方式)代替指数函数,并通过全连接层和双线性注意力层分别计算根和边的分数

$$f_{(i)}^{root} = RELU\left(W_r s_i^{(p)} + b_r\right) + ?, \tag{6}$$

$$f_{ij} = RELU\left(s_i^{(p)^\top} W_{bi} s_j^{(c)}\right) + ?, \tag{7}$$

其中W_{bi}、W_r、b_r是可训练的。(本文使用 $\epsilon = 10^{-6}$ 来防止矩阵奇点问题。)与指数函数不同, ReLU 强制$f^{(root)}$为非负数,从而允许零概率并消除依赖边和根。然后,本文将这些值插入到标准 MTC 中,并计算边缘和根概率作为邻接矩阵 A(i,j)= P(z_{ij} =1)和根概率p_i^r指示分层角色(即成为连接器的倾向)每个句子。

通过跨模式层次结构消息传递进行推理。本文使用一个基于学习的层次图的消息传递机制。这种机制实现了跨模态推理,连接器可以聚合来自相关信息节点的信息并将其传播给其他节点。对于第 i 个句子节点,边控制来自其 K 个信息节点的聚合;根概率控制相邻信息如何组合为第 l 个推理层中第 i 个节点的更新 $u^{(l)}$,

$$u_i^{(l)} = \left(1 - p_i^r\right)\mathcal{F}_r\left(s_i^{(l)}\right) + \left(p_i^r\right)\sum\nolimits_{k=1}^{K} A_{ik\mathcal{F}_n}\left(s_k^{(l)}\right), \tag{8}$$

其中 $\mathcal{F}_r$ 和 $\mathcal{F}_n$ 是带参数的函数。这个想法是连接器令牌应该与相关信息节点具有高连接性,并收集更多详细信息。每个信息节点学习要么保留其信息的唯一性,要么合并来自连接器的信息。为了消除不必要的信息,本文在节点更新中使用门控机制作为信息过滤器,

$$g_i^{(l)} = \sigma\left(\mathcal{F}_g\left(\left[u_i^{(l)};\ h_i^{(l)}\right]\right)\right), \tag{9}$$

$$h_i^{(l+1)} = LN\left(g_i^{(l)} \odot \varphi\left(u_i^{(l)}\right) + \left(1 - g_i^{(l)}\right) \odot h_i^{(l)}\right), \tag{10}$$

其中 $\mathcal{F}_g$ 是参数函数,$\odot$是逐元素点积。本文使用层归一化(LN)来稳定更新函数的输出。函数σ是 sigmoid 函数,φ可以是任何非线性函数。

推理融合层。本文通过将 L 个层次树图块堆叠在一起来构建由 L 个跳组成的推理链。为了处理需要少于 L 跳的情况,本文添加一个融合层来聚合每个推理跳的输出,以生成层次结构感知图神经编码器的最终输出。

$$h_i^{(G)} = \left(W_g\left[h_i^{(1)}, \ldots,\ h_i^{(L)}\right] + b_g\right) + h_i^{(0)}, \tag{11}$$

其中W_g、b_g是可训练参数。本文分别学习每一层的潜在层次图,其中每个消息传递层都有自己的图。

3. 图选择解码器

除了使用token级解码注意力之外，本文还提出了一种图选择注意力机制（GSA），为解码器提供学习的分层信息，同时实现块级内容选择。在每个解码步骤t中，本文的解码器首先获得图上下文向量c_G^t，其中包含潜在分层图的全局信息。本文首先计算a_G^t的图级注意力概率分布：

$$e_{vi}^t = ATTN^{(G)}\left(h^{(L)},\ z_t\right), \tag{12}$$

$$a_G^t = SOFTMAX\left(e^t\right), \tag{13}$$

其中$ATTN^{(G)}$是图注意力函数，向量$h_i^{(L)} \in R^d$，$z_t \in R^d$分别是块i的第L层节点嵌入和时间t的解码状态。最终通过对a_G^t加权的所有$h_i^{(L)}$求和得到图上下文向量$c_G^t \in R^d$。c_G^t的值用作计算token级别注意力的附加输入，

$$e_i^t = ATTN^{(T)}\left(h_{enc}\left(X\right),\ z_t,\ c_G^t\right), \tag{14}$$

$$a_T^t = SOFTMAX\left(e^t\right), \tag{15}$$

其中$ATTN^{(T)}$是token级注意力函数。最终上下文向量c_f^t由图c_G^t和标记上下文向量c_T^t与参数函数g_f、$c_f^t = g_f\left(c_G^t,\ c_T^t\right)$。

四、实验

1. 数据集

本文在WebQA数据集上验证了本文的方法。该数据集由多源、多形式的问答对组成，其中所有问题都是寻求知识且类似于现实世界的用途。44%的基于图像的查询和99%的基于文本的问题需要两个或多个知识源。训练、验证和测试集包含34K/5K/7.5K问答对。由于本文的方法是基于多模态上下文设计的，因此本文从WebQA的原始训练集中随机抽取5000个查询作为评估的开发集。因此，最终的训练集、验证集和测试集分别包含29K/5K/5K问答对。WebQA中的答案是完整且自由形式的自然语言句子，以更好地评估模型的生成能力。为了进行评估，WebQA使用BARTScore和关键字准确性得分。BARTScore衡量在给定参考的情况下生成候选者的概率之间的流畅性。关键字准确性衡量生成和引用之间关键实体的重叠。将这两个分数相乘即可计算总分。

2. 基线

本文使用多模态预训练模型（例如VLP）作为WebQA的基线。VLP结合输入文本和图像，并将它们传递给基于转换器的编码器-解码器以生成答案。本文试验了VLP的两种变体：普通VLP和VLP + VinVL。VinVL是提取视觉特征的最先进的方法。在微调过程中，这些模型将 < [CLS], Si , [SEP], Q, [SEP] > 的串联作为输入并估计Si被选择的概率。然后将 < [CLS], S, [SEP], Q, [SEP] > 输入到模型中以生成答案。

3. 实现细节

本文的方法使用VLP作为多模态特征提取器和最终解码器。VLP是一个统一视觉语言预训练模型，在训练阶段，本文将 $<$ [CLS]、C [SEP] Q、A [SEP] $>$ 输入到VLP模型中，并在A中输入随机掩码标记。然后在生成答案阶段，本文不断在句子末尾添加掩码标签来

预测下一个单词，然后本文将停止生成答案，直到下一个预测单词属于特殊标签。

在多模态特征提取阶段，文本片段（包括问题、答案和图像标题）由 Bert-base-cased tokenizer 进行标记。每幅图像由对象检测模型预测的 100 个区域表示，该模型是具有 ResNeXt-101 FPN 主干的 Faster RCNN 的变体，在 Visual Genome 上进行了预训练。本文将目标检测网络中 fc1 层的输出作为 2048 维的特征，并对 fc2 层进行微调。

由于本文的方法仅修改了问答阶段并且基线的检索分数相对较低，因此本文使用金证据检索结果作为本文的上下文检索结果输入。为了训练，本文将每个块的长度设置为 50 个标记。然后本文设置使用 Adam 优化器，初始学习率为10^{-5}，学习率线性衰减。这些方法在解码期间利用波束搜索（n = 5）。

4. 实验结果

本文在表 1 和表 2 中显示了 WebQA 的结果。VLP（Qonly）仅将问题输入 VLP。本文可以看到本文的方法实现了最佳性能，大大超过了 QA 准确性的所有基线。

表 1　使用模型检索证据时基于图像的查询的 WebQA 验证集的结果

Method	Retr	FL	Accuracy	Overall
Question-Only	—	34.9	22.2	13.4
VLP+X101fpn	67.4	46.1	44.3	23.2
VLP+Vin VL	69.4	47.3	47.6	26.7
Our METHOD	67.4	46.7	48.6	27.1

表格 2 基于图像的查询的 WebQA 验证集的结果

Method	FL	Accuracy	Overall
Question-Only	34.9	22.2	13.4
VLP+X101fpn	45.6	46.9	24.2
VLP+VinVL	46.7	48.7	26.8
Our Method	44.1	51.6	27.7

本文使用两种证据检索结果来测试模型，即 VLP+x101fpn 检索到的证据和数据集中包含的所有正确证据。如表 1 和表 2 所示，由于本文的模型也使用 VLP 和 x101fpn 作为多模态特征编码器，所以 bart-score 与基线相似。但是本文的方法在 QA 上比所有基线都具有更高的准确性，并且在使用所有正确的证据后 QA 的准确性得到更显著的提高，这证明本文的模型在推理任务上有更好的结果，特别是在提供所有正确的证据时。

5. 消融实验

为了证明多模式和多跳阅读器以及层次结构感知图神经编码器在本文的方法中的影响，本文进行了消融研究并在表 3 中报告了结果。

当放弃多模态和多跳阅读器时，本文的方法直接将编码的图像和文本块馈送到层次感知图神经编码器中，而不需要从每个块到问题建立注意力，其性能如表 3 的第二行所示。可以看到整体 QA 性能下降，证明了使用多模态和多跳阅读器对多跳令牌注意力进行建模的有效性。表 3 的第三行显示了当本文放弃层次感知图神经编码器时的结果，其中来自多模态和多跳读取器的编码表示直接与解码器执行交叉关注。整体 QA 性能和流畅度下降，表明层次感知图神经编码器对推理过程有显著帮助。

表格 3　我们的方法在 WebQA 验证集上的消融研究

Method	FL	Accuracy	Overall
our method	44.1	51.6	27.7
w/o Reader	45.1	50.1	25.3
w/o GNN	43.4	49.2	26.4
w/o Reader+GNN	45.6	46.9	24.7

6. 个例分析

图 2 展示了来自 WebQA 的示例和显式推理过程。如图 2 左侧所示，模型需要通过图像描述来定位两幅图像，并从两幅图像中选择相同颜色的桌布，这涉及多跳和多模态推理。如图 2 右半部分所示，本文使用根节点中权重最高的节点作为根节点，并从每层的邻接矩阵中选择三个权重较高的子节点。橙色节点是最高权重节点，绿色节点是次优节点。该树有三层，与读者的多跳推理步骤相匹配。本文的方法可以通过多模态阅读器从每个块中选择与问题相关的兴趣点，并通过建模多跳关系找到每个跳的候选块，并通过 GNN 学习这些多跳候选块的层次关系。

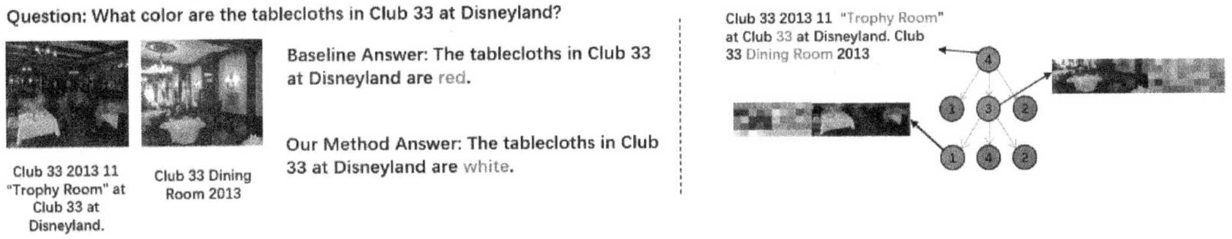

图 2　WebQA 数据集中的示例以及我们方法的示例推理过程

五、总结

本文提出了一种基于多跳注意力和层次树图的多模态和多跳问答方法。本文的工作是通过发现不同模态的块的层次结构来执行多跳推理、对相互依赖的推理步骤进行建模以及学习层次推理步骤图来激励的。本文的实验证明了这种方法的优势，因为它超越了各种指标的现有基线。然而，对多跳推理的跨模式中间实体表示进行建模仍然不够准确。这表明在答案生成过程中仍有更有效地利用层次结构的空间。

融合专家知识的心理疾病智能预诊方法研究

杨雨欣[1,2] 超木日力格[1,2]
1. 民族语言智能分析与安全治理教育部重点实验室;2. 中央民族大学信息工程学院

摘要:本文提出了一种融合专家知识的心理疾病智能预诊方法,该方法实现了心理状态测评和心理疾病预诊两个功能。由于心理疾病数据的隐私性较高且缺乏公开数据集,直接进行心理疾病预测具有困难。本文采用基于深度学习的情感分析方法获取患者心理状态,再利用孪生网络结合专业心理测评量表 SCL-90 的信息,在缺少相关公开数据集的前提下,完成了心理疾病预诊,扩展了情感分析模型的应用场景。经自建验证数据集验证,该方法预诊心理疾病准确率可达 83.33%,为未来在心理疾病诊断方面提供了一种可行的方法。

关键词:心理疾病预诊;情感分析;深度学习;孪生网络;

Research on intelligent pre-diagnosis of mental illnesses by integrating expert knowledge

Yang Yuxin , Chaomurilige

Abstract: This paper proposes an intelligent pre-diagnosis method for psychological diseases that integrates expert knowledge, realizing two functions: psychological state assessment and psychological disease pre-diagnosis. Due to the high privacy of psychological disease data and lack of public datasets, direct prediction of psychological diseases is difficult. This paper utilizes a deep learning-based emotion analysis method to obtain the patient's psychological state, and then combines the information from Siamese Networks with the professional psychological assessment scale SCL-90 to complete the pre-diagnosis of psychological diseases in the absence of relevant public datasets, expanding the application scenarios of emotion analysis models. Through validation with self-built datasets, the pre-diagnosis accuracy of this method can reach 83.33%, providing a feasible method for future psychological disease diagnosis.

Key words: Pre-diagnosis of mental disorders; Sentiment analysis; Deep learning; Sentence-BERT;

一、引言

现代社会的发展速度日益加快,这不仅仅使经济快速发展,在技术和文化上也收益颇丰,对人们的生活方式更是产生了潜移默化的影响。然而,这种快节奏的生活方式也带来了越来越激烈的社会竞争,给人们带来了巨大的心理压力,使得心理失调和心理疾患的风险与日俱增。近些年来,我国高度重视民众的心理健康意识和心理健康素养,已将其作为建设健康中国的重要组成部分。2019 年国务院发布了《国务院关于实施健康中国行动的意见》,其中指出"到 2022 年和 2030 年,居民心理健康素养水平提高 20%和 30%"。

传统的心理疾病诊断需要专业的心理医生通过心理量表、心理咨询等方式开展测评。这些测评方法被不断验证,并已在临床使用多年。但同样也暴露出很多问题,例如它们耗时耗力、人力成本高。很多心理量表是经过权威机关反复验证发布的，并在心理领域被许多论文用作辅助工具，具有科学性和权威性。但是完成一次心理量表测评需要经历印刷、分发、回收和分析等一系列烦琐的步骤才能获得结果。

随着科技发展，人们越来越倾向于使用自动化的方式来解决问题，如机器学习、深度学习技术。在医学领域，这些技术可以为诊疗的医生提供辅助数据参考，如利用计算机先行对患者进行分诊、预诊，从而提高问诊效率和最终诊断结果的准确性，同时也缩减了人力消耗。尽管目前基于深度学习的情感分析方法已经取得了不小的成果，但由于情感分析与心理疾病诊断之间存在一定的知识鸿沟，直接将现有情感分析技术用于心理疾病诊断并不能取得令人满意的效果。此外，医疗诊断数据的私密性要求比较高，公开的数据比较少，这种方案面临着很多困难。因此，本文提出了一种融合专家知识的心理疾病智能预诊方法，主要通过利用专家诊断知识（本文主要参考专业心理量表）来辅助情感分析模型，扩展情感分析模型的应用场景，实现了较为准确的心理疾病预诊和科学预测。通过这种方法，不需要创建新的数据集，就可以提高情感分析模型的应用效率，进而实现更加准确的心理疾病预测。

二、研究方法

1. 症状自评量表（SCL-90）

90 项症状清单（Symptom Checklist 90，SCL-90），又名症状自评量表（Self-reporting Inventory），是 Derogatis 基于他 1973 年编写的 Hopkin's 症状清单重新编制的，该清单共包含 90 个题目，主要是用来衡量患者自觉症状的严重程度。SCL-90 主要参照心理症状准则进行评估，能够有效辨认出存在心理疾病症状的患者，从而较为准确地判断他们的心理健康水平。早在 1986 年，金华等人就基于中国人的测试数据总结出了 SCL-90 在中国正常人中的常模，为后续的心理健康测评提供了标准。早在 1986 年，金华等人就基于中国人的测试数据，总结出了 SCL-90 中国正常人常模，为后续的心理健康测评提供标准。

SCL-90 测评量表涵盖 90 个项目，主要分为 10 个因子：躯体化、强迫症状、人际关系敏感、抑郁、焦虑、敌对、恐怖、偏执、精神病性和其他。这些项目分别对应某一种因子的表现症状。量表中每个项目采用 5 级评分方法，备选项完全相同，分别为没有症状、很轻、中等、偏重、严重。通过计算所有单项分数之和，即可得到总分，而各项因子均分则为总分除以对应的因子项目数。这两项指标的分数越高，意味着该患者的心理健康水平越低。

2. 基于 TextCNN 的情感分析模型

学术上，情感分析，又名意见挖掘和情感计算。本文从研究对象和研究任务两方面入手，来剖析情感分析的定义。早期的情感分析主要研究文本数据，直到现在，文本数据仍是该领域热门的研究对象，特别是用户主动发布的关于实体及其属性的观点、评价和情绪，这些实体主要包括各类商品、事物、服务或某些人。从自然语言处理的角度来看，情感分析的研究任务是识别输入文本中包含的主观性句子，并判断其情感倾向，以确定人们表达的主题和观点倾向。随着互联网的不断发展，研究对象也不再局限于文本，还扩展到语音、图像、视频等多模态的数据形式。

目前中文文本领域的情感分析技术主要有三类，分别为基于知识驱动、基于数据驱动和基于知识与数据协同驱动的情感分析技术。

本文使用到了基于数据驱动的情感分析技术，即利用深度学习模型完成特征提取、学习和预测分类。本文在情感分析环节采用 TextCNN 模型。TextCNN 模型，是由 Yoon Kim 在《Convolutional Neural Networks for Sentence Classification》中提出的。图 1 为 TextCNN 的模型架构示例，TextCNN 是 CNN 的变体模型，它设置了不同大小的卷积核来提取文本序列中不同的局部特征。

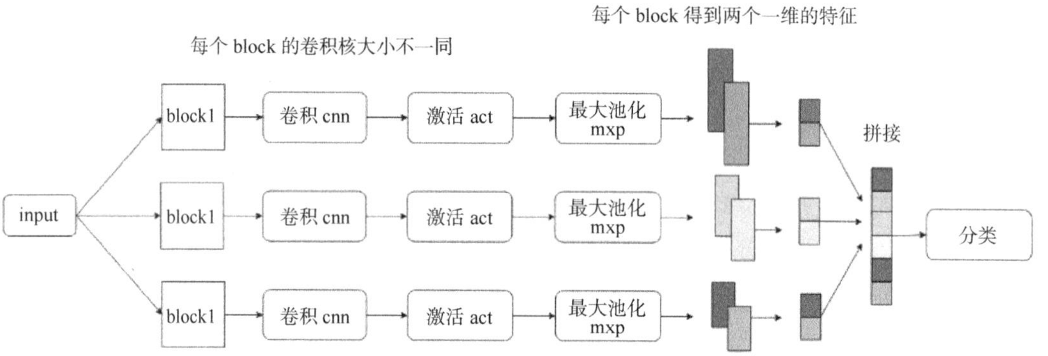

图 1 TextCNN 模型架构图

设 M 为某个序列的长度，d为其嵌入维度，则该序列嵌入矩阵的形状是（M，d）。将该嵌入矩阵输入到 TextCNN 模型中，进行一维卷积，将嵌入维度看作通道维度，所以，输入通道数量仍为d。

此时设x为输出通道数，y为卷积核的大小，因此经过 TextCNN 卷积之后就会得到形状为（$M-y+1$，x）的矩阵。对该矩阵进行最大时间汇聚（取每一列的最大元素）处理，最终会得到一个长度为x的向量。

一般地，在一个 TextCNN 模型中会做多个一维卷积。若以x_1,……，x_n 为输出通道数，y_1,……，y_n 为与之对应的卷积核大小，那么，卷积之后会得到 n个形状为（$M-y_i+1$，x_i）的矩阵，再分别对这n个矩阵进行最大时间汇聚，即可得到 n 个长度为x_i 的向量。将这些向量进行拼接，可得到一个长度为 $\Sigma_i x_i$ 的向量，最后将该向量输入到全连接层 $nn.Linear(sum(x_i),2)$，得到最终输出的分类结果。

卷积层是 TextCNN 的核心，为了提取不同层次的特征，假设进行三次一维卷积对应的卷积核分别为2、3、4，其计算公式如下：

$$g_i = f\left(\sum_{x=1}^{3}\sum_{y=1}^{3} w_{i(x,\ y)} \times c_{x,\ y} + b_i\right) \tag{1}$$

其中，f表示激活函数（常用 ReLU 函数）；$w_{i(x,\ y)}$表示输出矩阵中第i个节点对应过滤器输入节点（x，y）的权重；$c_{x,\ y}$ 表示过滤器中节点（x，y）的值；b_i 表示第i个节点对应的偏置项。该式通过设置三个卷积核来实现不同特征的提取，以得到最终结果 。

TextCNN 具有很大的优势，模型较为简单，训练速度很快，并且效果良好。

3. 基于孪生网络的心理疾病预诊

Sentence-BERT 模型是 Reimers 在 2019 年基于 BERT 提出的一种孪生网络模型。对于大部分自然语言处理任务来说，通过微调预训练模型，都可以获得不错的效果，但是某些场景如文本匹配、文本聚类等,更多注重的是文本的表示。传统的 BERT 模型在大部分 NLP 任务场景中可以取得不错的性能,但在进行语义匹配时,它需要将所有可能的组合都输入到模型中,拥有极大的计算量。经过实验,使用 BERT 在 10 000 个句子中找到与每个句子最相似的句子对,大约需要经过 65 个小时进行 5 千万次运算。因此, BERT 就不太适合做语义相似查询和一些无监督的任务。Sentence-BERT 采用了孪生网络和三级网络结构来获取句子语义,能够输出定长的且保留语义信息的句向量,再通过曼哈顿距离、余弦距离或欧式距离来计算其相似度。同时,Sentence-BERT 还使用了三种目标函数进行训练。

(1)分类任务函数。

如图 2 所示,句子 A 和句子 B 输入到同一个 BERT 模型,然后使用 $[CLS]$ 向量或者所有字符的向量均值得到 A 的句向量 u 、B 的句向量 v ,再将 u、v 拼接,接入全连接网络,经 $softmax$ 分类输出;其中,损失函数使用交叉熵, n 为句子向量维度,最终通过 softmax 完成一个 k 分类任务。

$$o = softmax\left(W_t\left(u, \ v, |u-v|\right)\right) \tag{2}$$

(2)回归目标函数。

如图 3 所示,对 u 和 v 直接计算余弦相似度,这里使用均方误差作为目标函数进行优化。

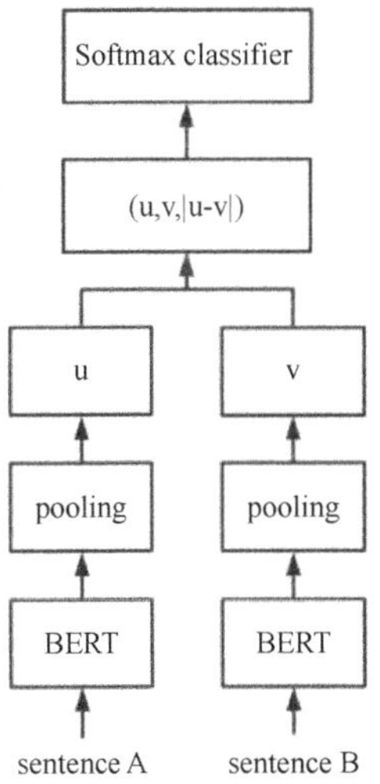

图 2　使用分类目标函数流程

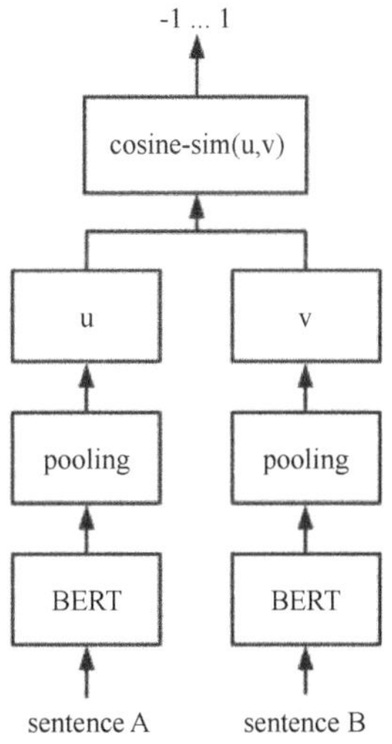

图 3　使用回归目标函数流程

(3)三重目标函数。

给定一个主句子 a,正例 p,负例 n。不断调整使得 a 和 p 之间的距离小于 a 和 n 之间的距离,即正例之间的距离越小,负例之间的距离越大。在数学上等价于最小化以下损失函数:

$$max\left(\| s_a - s_p \| - \| s_a - s_n \| + \in, 0\right) \tag{3}$$

如前所述,采用孪生网络 Sentence-BERT 模型可高效完成文本匹配任务。本研究使用孪生网络对患者的心理自述文本与各心理症状描述文本逐一进行相似度计算,以找出相似度最高的心理病症并作为预诊结果。

三、实验设置

本文提出了一种融合专家知识的心理疾病智能预诊方法,该方法创建了一个心理疾病预测模型,该模型接收测试者提供的心理状况自述文本并进行分析,判断测试者是否可能患有心理疾病。如果存在患病的风险,模型会进一步分析预测出最有可能患有的心理疾病,为医生提供辅助诊断。

该模型整体分为两部分,分别为基于 TextCNN 的情感分析模块和基于孪生网络的心理疾病预诊模块。

基于 TextCNN 的情感分析模块,用于初步判断该测试者的心理状况和是否有可能患心理疾病。测试者将填写一份问卷,其中包含了有关测试者心理情绪的问题,以简答题形式回答。回收其答案文本,作为当前模块的输入数据,输入至提前训练好的 TextCNN 预训练模型中。此时每道题的答案文本都将拥有一个情感分析预测值。因此,为了得出唯一的预诊结果,需要设计一种方法整合本次测评所有题目的情感分析结果。

在基于孪生网络的心理疾病预诊模块,相似度检测使用 Sentence-Bert 模型。其功能是,当测试者存在患病风险时,该模块可预测出最可能患有的某种具体心理疾病。这里使用测试者在第一模块填写的心理状况自述答案文本,分别与由 SCL-90 项目组成的九个因子症状描述文本进行文本相似度计算,这将得到 9 个相似度数据。对其排序后,选择最大相似度对应的病症作为预诊该测试者所患疾病的结果,如图 4 所示。

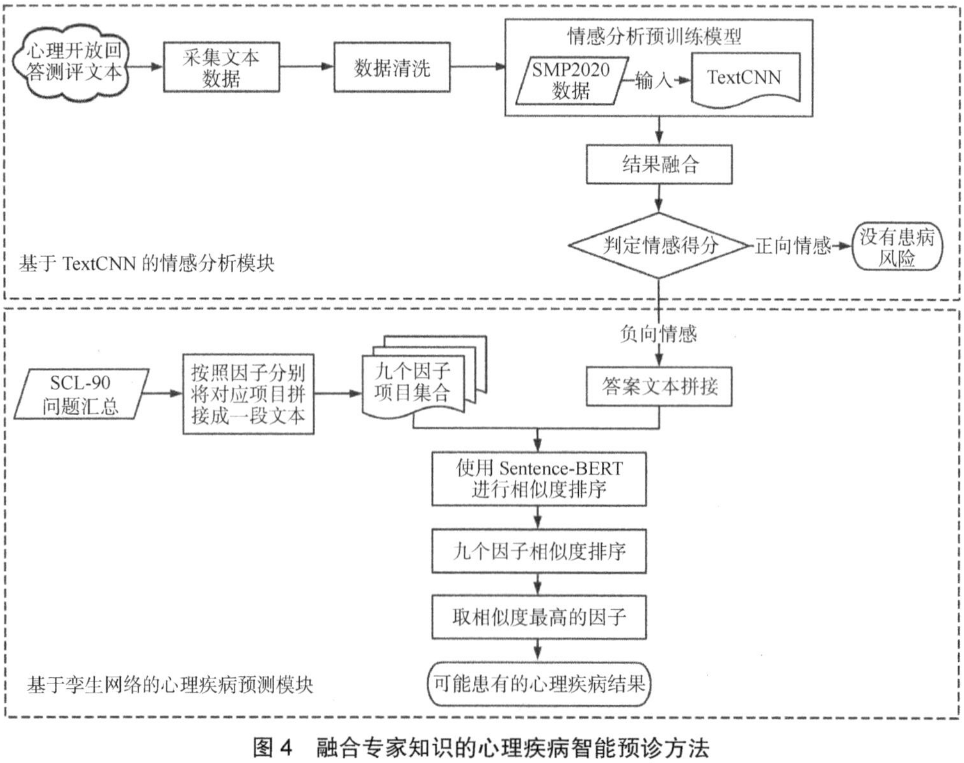

图 4　融合专家知识的心理疾病智能预诊方法

四、实验分析

1. 情感分析模型数据采集

由于本文需使用深度学习的情感分析预训练模型，因此在设计之初就需要确定符合需求的数据集。考虑到开放问答测评的模式，患者需根据问题和自身真实情况编写回答文本。通过分析自主回答的特点可以得知，答案是一段中文文本，并且带有强烈的答题者个人主观感情色彩，后续将对该文本进行情感分析，来分析受试者的心理状态。因此，适合训练预训练模型的数据集应满足以下要求。

（1）数据集为中文文本。（2）由于情绪本身的特性，需要寻找已经标记好的多分类或多标签的数据集。（3）数据集标记的分类或标签需要与心理状态相关，并且情绪标签要尽可能丰富，即包含人类常见的情绪状态。同时，情绪标签的极性需要有强弱变化，例如应当出现“无情绪或心情平稳”和“兴奋”这种程度对比明显的情绪标签；情感色彩也要具有明显差异，例如不能仅包含“兴奋”“开心”“喜悦”等同属积极方面的情绪标签。

基于上述要求，本文选择 SMP2020 微博情绪集作为预训练数据集。该数据集包含六个标签：neutral（无情绪）、happy（积极）、angry（愤怒）、sad（悲伤）、fear（恐惧）、surprise（惊奇），由此可见这符合上述情绪标签设定需求。同时，SMP2020 数据是微博用户自述的、对生活或者所见所闻的感想，基本为中文文本。该数据集包含一类通用微博数据集，其中文本是随机获取的，没有特定的话题限制，覆盖范围较广，因此选择这一部分数据集。以通用数据集的训练集为例，数据集内部内包含数据编号、文本内容和情绪标签。训练集可达 27 768 条微博，验证集 2000 条微博，测试集 5000 条微博。由此可知，训练数据量十分充足，有利于训练模型得到不错的分类效果。

2. 心理疾病预诊验证数据采集

本数据集为自建数据集，用于评估本文所建模型预诊心理疾病的准确度。数据来源于网络，并以 SCL-90 量表所包含的九个因子（排除“其他”这一因子）为标准。本次研究分别收集对应每类因子的病人自述，并制作成中文心理疾病自述数据集。该数据集共包含 102 条数据，其中包括患者的自述和对应的心理疾病两种属性，心理疾病包括躯体化、强迫症状、人际关系敏感、抑郁、焦虑、敌对、恐怖、偏执和精神病性这九类病名。表 1 为该数据集中某一个病人的自述文本及其对应患病标签示例。

3. 基于 TextCNN 情感分析模型的搭建

首先，病人需要自主回答表 2 中的五个问题。这种形式不仅充分体现出他们的心理状态，也增加了病人表达自由度。这里采集了这五个问题的答案文本，并进行了数据清洗处理。接着使用 TextCNN 模型建立情感分析预训练模型，然后逐一将五个文本输入预训练模型进行情感分析，分别得到五道题各自的情绪标签。

接下来，需要将这五个情绪标签进行融合，得到唯一的分类结果。由于心理特征具有数量性特点，本文选择通过层层设定 score 和权重的方式，完成最终情绪标签的归一化处理。此时输出结果是一个数量值 T，表示当前测试者的情绪得分。

表1 某一患者开放问答自述文本

题目序号	作答内容	患病情况
1	是有出现恐惧害怕的情绪,总是杞人忧天,我对于还未发生的事情总是很畏惧,比如,我很害怕我之后的工作无法顺利完成。	焦虑
2	最近心情一直比较低迷吧,很少有放松的时候,在心情不好的时候,我会不太想吃东西。	
3	我害怕面对家人,我感觉我辜负了他们的期望,我害怕看到他们失望的眼神。	
4	确实最近有些失眠,躺在床上我总是胡思乱想,那些焦虑的想法总是挥之不去。	
5	我真的不知道我能做成什么,我总是感觉自己一事无成,但是家人朋友的期望对我很高,我很害怕自己什么事都做不好。	

具体步骤为:首先为SMP2020中的六个情绪标签设置score。将六个情绪按照从积极到无情绪再到消极的顺序进行排序(happy、neural、surprise、fear、sad、angry)。接着为其赋予score。这里设定,无限接近于积极的score值为0,无限接近于消极的score值为1,故这六种情绪score值将分布在0~1之间。最终分配权重如表3所示。本实验的目的是分析这次测试者的情绪状态,但是其中有一些状态例如"惊奇",并没有过于激烈的情绪色彩,在日常生活中大部分人的这一情绪都是仅仅表达出乎意料的想法,没有过多的感情波动,该情绪很容易被转换取代。因此,第二步需要对这六类情绪进一步分类,以降低种类数目。这样不仅可以更好、更精炼地概括病人的心理状态,还为下一步结果的分析提供了标准化范围。经过周密考虑,最终将六种情绪划分为四个大类:积极、情绪平稳、焦虑伤心、愤怒。第三步是确定分类后,根据六个标签的score值,确定四类情绪的score区间。这里一方面根据单个情绪的score值分布,另一方面还要考虑到这类情绪在日常生活中的出现频率。因此,我们确定了范围如表3所示。

为了完成最后的计算,还需对每道题目进行权重赋予。观察表2题目的内容,可以看出前四道题目都有一定的情景倾向性,即每道题对应的情景不同。例如题目2侧重于调查心情和生活习惯;而题目五则基于更加开放的前提,希望用户模拟"树洞"进行倾诉,因此其回答也更能反映用户当前的心理状态,应该优先考虑其中包含的心理情绪。因此,前四道题目的优先级相同,第五题所占比重相对较大。此外,五道题目的权重和应为1,这样才能更好地完成特征提取的工作。本文将题目权重设置如表2所示。

假设某用户完成五道题目后得到的五个情绪得分分别是s_1、s_2、s_3、s_4、s_5;并且五道题目对应的权重为w_1、w_2、w_3、w_4、w_5。因此,最终得分T为:

$$T = s_1 * w_1 + s_2 * w_2 + s_3 * w_3 + s_4 * w_4 + s_5 * w_5 \tag{4}$$

在这个公式中,权重w_i用来衡量每道题目对最终得分T的影响程度,情绪得分s_i用来表示用户在每道题目上的情感状态。最终得分T反映了用户整体的情绪状态,可以用来进一步分析用户的心理状况。接下来,将T映射到表3规定的四种情绪范围,以获得最终的情绪值。根据用户最终的情绪标签,判断是否需要进一步分析患者患病的可能性。如果T小于等于0.46,那么表示该患者目前没有患病风险;否则,需要进入下一模块进行疾病预诊。在这一步骤中,我们使用了表3中定义的四种情绪范围来量化用户的情绪状态。这些情绪范围可能涉及不同的心理健康状况,如焦虑、抑郁等。将T映射到这些范围内的特定区间,可以更具体地了解用户当前的情绪状态，并作为进一步分析的依据。

表 2　开放问答题目

题目序号	题目内容	w_i
1	最近是否出现明显和以前不同的焦虑恐惧不安情绪？如果有请描述一下这种情绪出现的场景或者你对于这种情绪的看法。	0.175
2	最近感觉心情是什么样的，心情起伏波动是否明显，这是否影响了您的食欲等生活习惯？	0.175
3	你对家人、爱好或朋友是否丧失了兴趣？说说你对他们的看法。	0.175
4	你是否患有失眠症或整天感到体力不支、昏昏欲睡？	0.175
5	请把我当作一个树洞，来和我讲讲你最近的生活，袒露心声吧！	0.3

表 3　情绪标签分值

情绪类别	分值 score	分类	分类区间
happy（积极）	0.18	积极	0<=T<=0.2
neutral（无情绪）	0.28	情绪平稳	0.2<T<=0.5
surprise（惊奇）	0.46		
fear（恐惧）	0.64	焦虑伤心	0.5<T<=0.82
sad（悲伤）	0.82		
angry（愤怒）	1	愤怒	0.82<T<=1

4. 基于孪生网络的心理疾病预诊模块的搭建

在经过上一步的测评后，如果发现该患者目前有患病风险，那么需要进一步进行疾病诊断。这里选择将患者的问答自述文本输入到基于孪生网络的心理疾病预诊模型中，实现疾病预诊预测。

具体来说，本模块需要将这五个文本整合拼接成一段文本，与九个目标疾病的描述文本进行相似度分析。这九个目标疾病来源于 SCL-90 中的九个心理疾病因子。由于 SCL-90 量表具有很强的权威性且已经在心理学界流行多年，我们使用它包含的所有项目描述作为九个目标疾病的描述文本。首先按照该量表的组成，将九个因子对应的项目分别拼接整合成一段文本，这时就获得了九个症状的描述文本。然后，将第一步获得的当前患者描述文本与这九个症状描述文本利用 Sentence-BERT 模型分别进行相似度分析，并对所得九个相似度结果进行排序。最终取最大相似度对应的因子作为当前患者可能患有的心理疾病。需要注意的是，这种情绪识别方法仅仅是辅助性的工具，不能代替专业的心理医生或者心理学家的诊断。在实际应用中，需要结合其他方法和工具来全面评估用户的心理健康状况。

5. 结果分析

（1）TextCNN 情感分析模型。

TextCNN 预训练模型的构建完成后，通过不断调整词汇表大小、词嵌入维度、情感类别数、学习率、批次大小和训练轮数等超参数，以期达到更好的预测效果。经过不断的试验，使得 TextCNN 模型在 SMP2020 上有了较好的训练效果，评估结果如表 4 所示。

表 4 TextCNN 结果分析

	acc	P	R	F1
训练初期	72.91%	69.54%	72.33%	70.91%
调整后	91.13%	89.58%	90.21%	89.89%

可以看出，调整后心理状况预测较为准确，这为后面疾病预测打下了坚实的基础，能够完成更加精准的检测。

（2）Sentence-BERT 模型心理疾病预测。

将自建数据集（心理疾病自述数据集）输入到模型中，构建 Sentence-BERT 模型进行文本相似度的计算，最终输出相似度最高的因子。由于自建数据集自带标签，利于对结果进行评估，最终整个预测模型准确率达到 83.33%，P 值为 85.46%，R 值为 83.89%，F1 值为 84.66%。经过与专家交流，这与人工进行诊断的准确度相当，可见当前模型能够完成心理疾病的预测工作，且预测效果较好，可为医生提供辅助诊断，帮助提高诊断准确率。

五、总结与展望

本文提出了一种融合专家知识的心理疾病智能预诊方法，综合利用基于深度学习的情感分析手段和孪生网络，实现心理状况评测和心理疾病预诊两个方面的功能。在心理疾病自述数据集上，利用孪生网络将患者心理状况自述文本与包含专家信息的各类心理病症描述文本进行相似度计算，消除了缺少心理患者病症的数据集对结果的影响。此方法能够利用专家诊断知识辅助情感分析模型，在不需要创建新训练数据集的情况下，扩展了情感分析模型的应用场景，实现了心理疾病预诊，并提高了预测的科学性。同时，该方法模拟了心理医生进行心理咨询访谈的过程，既增加了数据的真实性和灵活性，也能够辅助医生诊断，减少了人力物力的消耗。然而，本研究也可以进一步提高，未来在情感分析模块可以使用更多模型提高情感预测精度。同时，专家知识目前仅使用了 SCL-90 测评量表，还可以寻求心理专家的帮助，扩充专家知识，以提高预测的准确性和权威性。未来的研究将进一步探索这些内容。

参考文献

[1] 庞红卫. 健康中国建设背景下学校心理健康教育的使命、挑战与推进策略[J]. 当代教育论坛，2023（08）：1-13.

[2] 国发〔2019〕13 号. 国务院关于实施健康中国行动的意见[S]. 北京：国务院，2019.

[3] 晋争，赵凯宾，于欢，等. 症状自评量表（SCL-90）河南省青少年区域性常模的建立和心理测量特性验证[J]. 精神医学杂志，2022，35（02）：113-118.

[4] 陈春妮. "互联网+医疗"模式下医院信息化建设技术分析[J]. 数字通信世界，2023（10）：57-59.

[5] 喻子睿. 基于用户体验的智能预诊系统服务质量评价研究[D]. 武汉：华中科技大学，2020.

[6] 喻子睿，马敬东，刘乙岑. 国内外智能预诊系统准确性评价研究[J]. 中华医学图书情报杂志，2020，29

(02):29-34.

[7] 黄云,周敏,王玉卓,等. 从电子病历的发展历程谈医疗安全管理中的风险管理[J]. 中国医院管理，2007 (10):53-55.

[8] ZHANG L，WANG S，LIU B. Deep learning for sentiment analysis：A survey[J]. Wiley Interdisciplinary Reviews：Data Mining and Knowledge Discovery，2018，8(4)：1253.

[9] WANKHADE M，RAO A C S，KULKARNI C. A survey on sentiment analysis methods，applications，and challenges[J]. Artificial Intelligence Review，2022，55(7)：5731-5780.

[10] 王征宇. 症状自评量表(SCL-90)[J]. 上海精神医学,1984(02):68-70.

[11] 单茂洪. 正确使用 SCL-90、16PF 量表测查心理健康水平[J]. 中国心理卫生杂志,1998(02):18-19.

[12] 金华,吴文源,张明园. 中国正常人 SCL-90 评定结果的初步分析[J]. 中国神经精神疾病杂志，1986 (05):260-263.

[13] 杜岳,李楠,张春花,等. 基于症状自评量表全国 3569 名急诊科护士心理健康水平调查分析[J]. 中国急救复苏与灾害医学杂志,2022,17(09):1247-1251.

[14] 陈国伟,张鹏洲,王婷,等. 多模态情感分析综述[J]. 中国传媒大学学报(自然科学版)，2022，29(02)：70-78.

[15] 江红. 情感分析研究综述[J]. 智能计算机与应用,2018,8(05):103-105.

[16] 周立柱,贺宇凯,王建勇. 情感分析研究综述[J]. 计算机应用,2008(11):2725-2728.

[17] 刘忠宝,王宇飞. 知识与数据驱动的多粒度中文文本情感分析[J]. 计算机工程与应用，2023，59(15)：177-186.

[18] YOON KIM. An attention-gated convolutional neural network for sentence classification[J]. Intelligent Data Analysis，2019,23(5):1091-1107.

基于提示学习的记叙文篇章成分识别研究①

王 炯[1] 张 经[2] 王晓艺[2] 刘 杰[2,3]

1. 首都师范大学信息工程学院;2. 中国语言智能研究中心;3. 北方工业大学信息学院

摘要:作文篇章结构分析是作文自动评分中的重要技术之一,也是自然语言处理领域中的重要研究内容。目前国内外关于作文篇章结构分析的研究主要集中于议论文,对记叙文的研究还存在不足,尤其是在记叙文篇章结构方面研究方法和研究资源都相对有限。针对这些问题,文中构建了面向中小学记叙文篇章成分识别的语料库,该语料库共标注作文 3024 篇,共计 21 128 句篇章成分分类语料。同时使用基于 BERT-BiLSTM 的语料自动标注模型提高标注效率,并对语料内容分布以及语料标注的一致性进行了统计分析。为了提高神经网络模型对该语料库的识别准确率,文中提出了基于提示学习的记叙文篇章成分识别方法,为了降低人工设计提示的成本,本方法通过自动构建识别记叙文篇章成分的提示模板,能够学习到更为丰富的文本特征,从而提高记叙文片篇章结构识别能力。文中使用提示学习方法在自建语料库下进行实验,实验结果表明,所提出的方法能够将记叙文篇章结构的准确率提高到 85.80%,相较于预训练语言模型 BERT 有着更好的识别性能。

关键词:语料库构建;篇章结构;作文自动评分;提示学习

Research on Text Component Recognition of Narrative Essays based on Prompt Learning

WANG Jiong, ZHANG Jing, WANG Xiaoyi, LIU Jie

ABSTRCT: Text structure analysis is an important technique of automatic essay scoring system (AES), and is also one of the important research directions in natural language processing. At present, the analysis of discourse structure at home and abroad mainly focuses on argumentative papers, and there are still deficiencies in the research of narrative, especially in the macro discourse structure, the research methods and resources are relatively limited. In view of these problems, this paper proposes a method for identifying the text components of narrative texts based on prompt, and constructs a template for identifying the narrative components by Prefix-Tuning. Besides, this paper proposes and constructs a corpus for the text component identification of narrative essay . The paper finally annotated 3024 articles with 21 128 sentences in total. An automatic corpus tagging method based on Bert-LSTM is proposed to improve the tagging efficiency, and conducts statistical analysis on the distribution of the corpus content and the consistency of the corpus annotation. Finally, the recognition method proposed in this paper is tested in this corpus. The experimental results show that the recognition accuracy of the proposed method is 85.80% higher than that of the fine-tuning model Bert.

Keywords: Corpus construction, Text structure, Automatic essay scoring, Prompt learning

1 引言

在作文自动评分任务中,处理单位可由小到大划分为词、短语、句子和段落,而这些单位

① 基金项目:国家新一代人工智能(2030)重大项目(2020AAA0109700);国家自然科学基金资助项目(62076167)。

相结合就形成了篇章，构成了在作文自动评分(Automated Essay Scoring, AES)中的重要内容，即对篇章成分的处理和判断。篇章成分分析作为篇章结构识别中的关键问题，将其应用在关注上下文联系的 AES 上有着一定的研究价值，有助于 AES 技术的发展。而记叙文作为中国中小学生常见的一种写作形式，常用于考查学生逻辑能力和写作能力，研究记叙文的篇章结构分析有助于完善作文自动评分技术。

根据正规考试作文的评分标准，结构的完整和分段的恰当合理在评分时占据着重要的比重。正确地识别出篇章成分是作文篇章结构研究的重要任务，在关于作文的篇章成分的研究中，Burstein 等通过分析了 250 篇外语议论文体裁的文章，将这些文章的篇章成分划分为标题、背景介绍、观点综述、主要理由、论据、总结和无关句。Stab 等主要关注议论文的论证过程，将篇章成分大致分为 3 类：主论点、分论点和论据。由上述研究看出，作文篇章成分就是按照文体特点划分作文段落，以便于 AES 系统识别段落成分，分析不同段落对整体组织结构的贡献度，并且在记叙文评分中，可以借助篇章成分快速地定位到叙事或者人物描写所在的段落，有利于提高记叙文评分的效率。针对中文记叙文篇章成分类别，我们分析了大量中考范文、中小学优秀作文并参照记叙文写作评分规则以及与相关领域专家进行探讨，根据中小学生记叙文段落特点，结合记叙文高分作文的要求，即以叙事为主题，要求叙事完整、条例清晰、详略得当、内容生动具体等，将记叙文以段落为单位划分为 4 个类别标签。表 1 列出了记叙文篇章成分及其标注示例。

表 1　中小学记叙文篇章成分标注示例

类别	示例
文章开篇	老师，您是辛勤的园丁，哺育我们成长；您是高高的航标灯，指引我们前进的航程；您是红红的蜡烛，献给我们所有的光和热，真是“春蚕到死丝方尽，蜡炬成灰泪始干”啊
人物描写	在三年级的时候，王老师是我们的班主任，教我们数学。班里芝麻大的小事，她都会严肃认真地处理，同学们只要见到她的影子，就会专心致志地学习
事件描写	王老师把王子阳叫到讲台前，抚摸着王子阳的脑袋，面带微笑，说：“王子阳，作为一名少先队员，上课要认真听讲，不能走神，更不能做小动作，知道吗?”王子阳这才松了一口气，向王老师点点头。王老师又笑眯眯地说：“老师相信你一定能做到，加油!”王子阳惭愧地低下了头，恨不得有个地洞钻下去
总结结尾	王老师，在我们的心目中，您是最严厉的父亲，又是最慈祥的母亲。我们深深地感谢您、爱您、祝福您

篇章结构分析是 AES 的重要研究内容之一，旨在识别篇章单元(句子、段落、章节或篇章)间的语义关系，确定篇章的组成结构，从而挖掘出自然语言文本的结构信息和语义信息。随着深度学习在文本处理方面的应用，基于深度学习的方法在运用深层次语义知识和缓解数据稀疏问题等方面具有明显的优势。近年来，基于预训练的深度学习模型(Pre-Trained Model, PTM)广泛应用于自然语言处理的众多下游任务中，并取得了较好的结果。尤其是 Bert(Bidirectional Encoder Representations from Transformers)和 GPT(Generative Pre-Training)等深层次 PTM 的出现，预训练技术的发展迎来了一个高潮。但是随着 PTM 的体量的增大，模型在训练过程中所需要的硬件和数据需求也在不断增加，使得模型在经过预训练后再进行微调所需进行的设计更加复杂。基于 Prompt-Tuning 的方法不同于传统的预训练技术，可以将预训练和下游任务进行严格区分。为构建能够明显区分不同段落内容

的识别模型,本文提出了一种基于层次注意力构建前缀提示模板的神经网络模型(Prefix-Template prompt neural net model based on Hierarchical Attention, PHA),用于识别中小学记叙文篇章成分。此模型基于多层的特征抽取,借助训练语料构建连续的Prompt,通过捕获长文本下的结构特征,将文本特征更加集中,以实现自动化构建提示的方式,进而提高篇章成分的识别能力。

本文收集义务教育阶段小学五至六年级及初中七至九年级优秀人物类中文记叙文文体作文3024篇,对所选择的作文进行筛选,通过参照记叙文写作评分规则以及与相关领域专家进行探讨后,制定标注规则,对所选记叙文以段落为单位划分,为每个段落标注篇章成分,同时使用Bert-BiLSTM对部分语料进行自动标注实验,最终构建了共计21 128句中小学记叙文篇章成分的语料库。本文对该语料库进行可用性验证后,使用PHA进行中小学记叙文篇章成分识别实验,结果证明本文所提出的模型表现优于传统的神经网络模型,并且优于同等规模下的PTM。

2 相关工作

在作文自动评分任务中,各类作文的评分已经进行了比较系统全面的研究,许多研究人员从不同的评分角度入手,在各类作文文体的评分上都有较大的突破。但是随着评分技术的提高,提高AES技术在篇章结构方面进行评分的能力仍是现在研究的重点和难点。

从现阶段的研究调查中发现,篇章结构识别更多作为文本分类问题进行处理,使用传统机器学习模型以及深度学习模型来对文章的篇章成分进行分类都可以取得不错的结果。Duverle等使用修辞结构理论研究篇章单元之间修辞关系的判定,通过对丰富的篇章结构特征进行提取,采用传统机器学习方法SVM来构建篇章结构分析模型,最终提高篇章结构识别的性能; Song使用传统机器学习模型结合议论文逻辑结构特征,构建了基于篇章结构位置信息的编码器,使用SVM模型和基于线性链的条件随机场模型(Conditional Random Fields, CRF)来对作文段落的篇章成分进行分类; Xu等提出TMN模型,使用BiLSTM+CNN来对篇章单元及其段落进行编码,通过计算语义相似度和语义交互进行句子段落关系的识别。

国内关于篇章结构的研究主要集中于篇章关系的识别上,有效的识别篇章关系对于实现篇章文本的结构化有着一定的帮助。Kong等使用语义相似度和上下文特征,采用最大熵模型构建了一个端到端的篇章结构分析器。以上的各种处理皆是为了提高特征识别的能力,但是随着自然语言技术的发展,在对长文本语料的特征抽取和语义表示问题上,在近些年有了明显的突破,尤其是PTM的出现,如Bert通过双向的Transformer编码器在上下文语义处理方面能够表征更强的语义特征。因此,将PTM引入到作文篇章成分分析中,是发展的趋势。

记叙文作为中国中小学生平时作业和考试所面临的常见文体,在进行评分时快速定位到记叙主体段落有助于提高评分效率。目前关于中文记叙文篇章结构研究有着一定的匮乏,其中的一部分原因就在于研究数据的不足。本文通过自建中小学记叙文体裁语料库,将重点侧重于记叙文篇章成分分析,并引入新的识别方法提高模型对记叙文篇章成分的识别能力。

3 方法

本文提出的基于层次注意力构建前缀提示模板的神经网络模型(Prefix-Template prompt neural net model based on Hierarchical Attention, PHA),框架如图 1 所示。

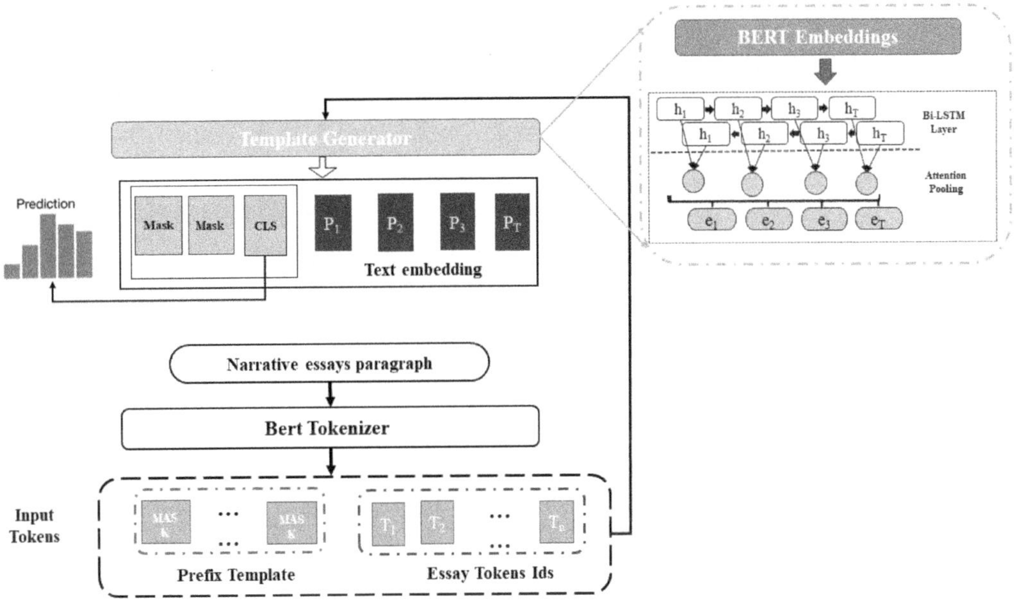

图 1 PHA 模型框架图

模型的处理流程中,本文以 Prefix-Tuning 的方法来优化词嵌入,构建基于 Prompt Embedding 的语义信息表示。首先,在对文本进行构建后,以字编码的方式通过预训练语言模型 Bert,形成离散的 Tokens;其次,将这些 Tokens 映射到 embedding 层构成向量表示 $E_{1:T}=\{[MASK], \cdots, [MASK], E_1, E_2, E_3, \cdots, E_T\}$,再经过 Prompt Generator 来抽取具有长依赖的文本特征形成特定连续的 Prompts Embedding,让学习到的 Prefix Template 发挥作用,得到最终的识别结果。

3.1 Prompting 介绍

Prompting 表示在使用模型处理下游任务时,会预先添加指示和一些示例,然后经过语言模型(Language Model, LM)产生目标输出。在监督学习中,为了得到$P(y|x;\ \theta)$ 模型,需要足够的监督数据,但是在实际的任务中却无法寻找到足量的监督数据。但基于 Prompt 的学习方法减少大量标注数据的需求,通过设置 Prompting Function 并对输入文本x进行修改,将x进行模板化表示,模板中设置有模型输出结果的对应位置[Answer],x通过 Prompting Function 映射为x¡¯, x¡¯在由$P(y|x;\ \theta)$ 得到结果 y 并在模板中的[Answer]位置出表示出来。本文以文本分类为例,将上述过程在表 2 中进行举例说明。

表2　使用 Prompt 进行文本分类示例

	Task type	Input([x])	Template	Output [Answer]
Text Classification	情感分类	今天天气真好	[x] 天气 [Answer]	积极 消极 …
	话题分类	分子可以分解为原子和质子	[x] 这句话是关于[Answer]	科学 运动 …

3.2　基于层次注意力构建 Prompt Generator

本文使用 BERT 模型来进行词向量的构建，来获取段落的语义信息，由于本文是基于 Prefix-Template 构成 Prompt，因此在将文本信息传输到 Bert Encoder 前，需要进行特别的文本标注处理，这样处理后的文本在经过向量化后就会被激发更多的模板识别能力，并在构建 Prompt 进行向量传播时，可避免长期的特征依赖和调整更多的参数，构建 Prefix-Template 的标注处理如图2所示。

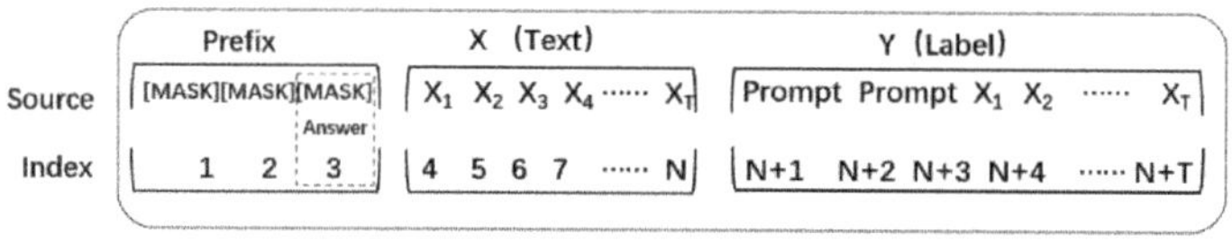

图2　Prefix-Template 文本标注处理示例

由图2可知，经过特定文本标注处理后，文本表示为$z=[Prefix;\ x;\ y]$，此时文本的 Position Id，即 Index 的表示就为连续文本表示，然后将其放入 Bert 转化为连续的 Tokens。在最后的 Prompt 构建中，通过 Prefix-Tuning 来初始化训练矩阵，用来存放 Prefix Parameters，记作$P_\theta \in e^{|Index| \times dim(h_i)}$，$h_i$和最终的模型训练目标如公式（1）和公式（2）所示。最终选取出概率最大的值经过激活函数后输出表示文本划分结果的 Index。

$$h_i=\begin{cases} P_\theta[i,\ :],\ if i \in index, \\ LM_\varnothing(z_i,\ h<i),\ otherwise. \end{cases} \tag{1}$$

$$max_\varnothing log p_\varnothing(y|x)=\sum_{i \in Index} log p_\varnothing(z_i|h<i) \tag{2}$$

为了提高模型的特征向量训练能力，本文在进行 Prefix-Tuning 的过程中，使用注意力的方式来进行特征权重的计算，通过自注意力的计算方式得到文本特征信息的注意力分数，来构造 Prefix Parameters。首先，经由 BERT 产生的语义信息在经过双向长短记忆网络（Bi-LSTM）后，得到前向和后向的语义信息。

为了突出每个字词所表示的重要程度，来得到集中的 Prefix Parameters，借助自注意力来获取语义的权重分布。通过区分不同特征的重要程度，提高重要特征的权重表示，使得到的 Prompt Embedding 的可以更好地表示段落划分的特征。其中，$W_{Qi} \in R^{y_k \times y_k}$ 和$W_{ki} \in R^{y_k \times y_k}$是可学习的参数矩阵，以$\sqrt{d_k}$为分母防止内积过大。$S_i$表示自注意力分数矩阵。

$$Q_i=H_i W_{Qi} \tag{4}$$

$$K_i = H_i W_{ki} \tag{5}$$

$$S_i = softmax\left(\frac{Q_i K_i^T}{\sqrt{d_k}}\right) \tag{6}$$

4 实验

4.1 中小学记叙文语料库构建

构建中小学记叙文篇章成分识别语料库首先需要确定标注体系，制定记叙文段落的划分结构，同时要统一标注规则，防止产生具有争议性的标注，保证语料库具有应用价值。

4.1.1 语料库标注规则

本文的标注规则旨在面向中小学记叙文进行段落篇章的标注，根据记叙文评分特点，从选取的中小学记叙文中根据段落划分，并与相关领域的专家（中小学一线语文教师）针对记叙文篇章结构部分进行讨论，结合教师的评测角度进行详细制定，最终的文章划分结构如图3所示，共设置了四种分类标签：文章开篇、人物描写、事件描写和总结结尾。其中文章开篇是对记叙文所描述事件或者人物的概括性段落，指明了文章叙述的中心；人物描写和事件描写是对文章具体细节进行描述；最后，总结结尾是对整篇文章进行总结的段落，和概括段进行呼应。

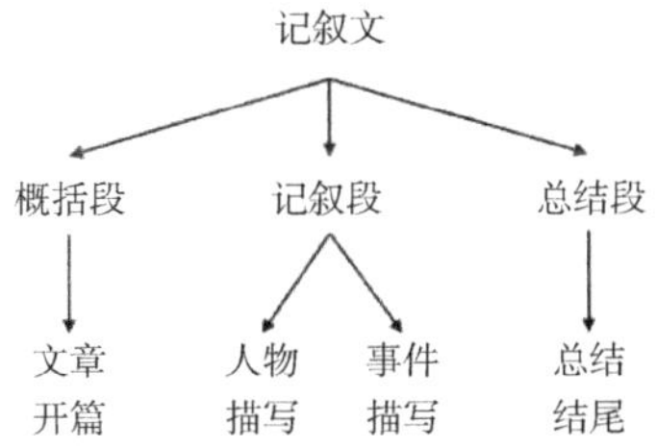

图3 记叙文结构划分图示

在与相关领域专家进行讨论后，为了防止标注人员难以达成一致性标注，需要定义针对该语料库的标注规则以防范争议标注，提高标注质量。针对记叙文篇章结构书写特点，文章开篇和总结结尾的标注准则很难有歧义产生的情况，因此标注准则的重点关注于记叙段。

事件的描述需要对动作进行刻画，而动作描写同样是理论上明确人物描写的基本方法之一。因此，人物描写与事件描写的界限重点在对动作的描写是否占据段落的主导地位。

例1 他的短笛牵动着人们的心，在村巷、街道、地头、路口、集市上...... 只要他的短笛一响，总是围着一层又一层的听众。人们争着看他那奇妙的乐器，也看他那令人怜惜的手，倾听着那优美的笛声，欣赏着，赞叹着，发出阵阵欢笑声......

例1中虽然有许多的动作描述，但是动作描述并不占据本段落的主体地位，更多是通过他人的动作来描写主要人物的特点。因此，类似于这种段落应该标注为人物描写。

4.1.2 语料自动标注实验

考虑到人工标注耗费过多的人力物力资源，本文提取出部分已标注语料进行篇章成分的模型预先标注。实验采取的是 Bert-BiLSTM（基于变换器的双向编码表示-双向长短时序网络）深度学习网络模型结构通过部分已标注语料训练后，对未标注的文本语料进行自动标注。该模型将 Bert 充当固定的 embedding 层，再通过双向长短时序网络进行编码计算后给每段文本进行标注。

最终，对选取到的语料在与专家人员讨论后进行篇章划分，课题标注成员在对标注规范进行熟悉后，为了标注结果会有较高的一致性，特别邀请专家带领课题组成员进行试标。从语料库中随机选择 600 篇进行语料标注，在标注所选文章后训练标注模型以进行模型预标注，选取 50 篇文章由两名标注人员分别独立标注，其中一名标注者（A）直接对生文档进行标注，另一名标注者（B）对模型预标注的结果进行检验并修改，在（A）和（B）标注结束后，由规范制定者对标注结果进行审核并于标注者进行讨论。最后，分别计算独立标注一致性和联合标注一致性，由表 3 可以看出语料标注的一致性达到不错的结果。

表 3　试标一致性结果

标注者	独立标注一致性 /%	联合标注一致性 /%
A	81.9	93.2
B		87.1

由表 3 可以看出，在模型预标注的基础上对标注结果进行修订可以节省标注时间，但是标注质量却有一定的下降，分析有以下可能原因。

（1）标注人员在已知参考结果的基础上，随着标注数量的增加会逐渐遗忘已训练过的标注标准，会依赖模型预标注的结果；

（2）因为已标注的语料数量有限，未能充分激发出模型的能力，精确率较低，在预标注时会出现很多的错误，易干扰标注人员，影响标注结果。但是随着标注语料数量的增加，模型预标注的准确率会越来越高。

（3）使用 Kappa 系数用于一致性检验，用于衡量分类精度，计算过程如式（7）所示，其计算结果基于混淆矩阵。其中P_0是每一类正确分类的样本数量之和除总样本数，即总体分类精度，P_e如式（8），假设每一类的真实样本个数分别为a_1，a_2,…，a_C预测出的每一类样本个数分别为b_1，b_2,…，b_C，总样本个数为n。

$$K=\frac{P_0-P_e}{1-P_e} \tag{7}$$

$$P_e=\frac{a_1\times b_1+a_2\times b_2+\ldots+a_C\times b_C}{n\times n} \tag{8}$$

通过计算，表 4 为所收集的所有 3 024 篇文章进行标注后，篇章结构标注一致性的结果，语料库的篇章结构标注一致性的 kappa 为 0.782，表明该语料标注的质量可靠。

表 4　标注一致性结果检测

Kappa 值	0.821
标注总数/篇	3024

4.1.3　语料库统计

本文收集义务教育阶段小学五~六年级及初中七~九年级优秀人物类记叙文，对所选择的文章进行筛选，选择较好的人物类作文进行语料库的构建。其中五年级 689 篇，六年级 507 篇，七年级 567 篇，八年级 625 篇，九年级 636 篇，共计 3024 篇。最终经过人工标注和模型自动标注后得到的各年级篇章成分类别分布如图 4 所示。

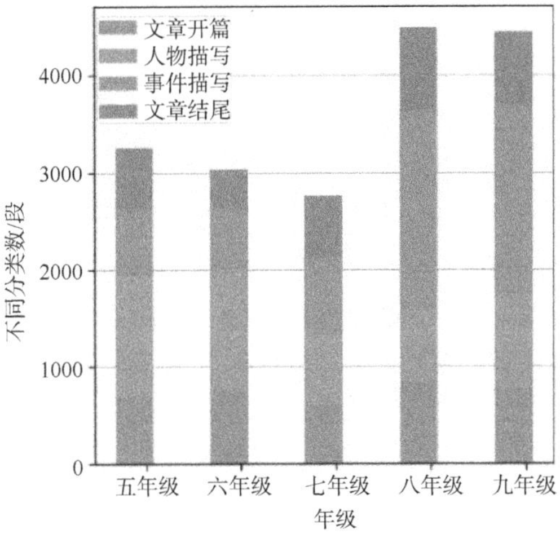

图 4　语料中各年级篇章成分分类分布

在对 3024 篇记叙文进行标注后，经过统计，语料库共计 21 128 句有效句，平均每个有效句的句长为 82.53 字，体现了中小学作文的文本特征。标注统计如下：文章开篇共包含 4497 句，人物描写共 5961 句，事件描写 6663 句以及总结结尾 4007 句。每一个结构分类的相关具体数据如表 5 所示，据统计含有语料最多的类别是事件描写同时也是平均字数最多的类型，开头和结尾在数量上的差别不大。通过统计可以看出，本语料库的总体标注结构贴合中小学记叙文的实际写作要求。

表 5　篇章结构分类基本情况

统计对象	数量 / 句	平均长度 / 词
句子	21 128	82.53
文章开篇	4497	48.67
人物描写	5961	92.16
事件描写	6663	124.68
总结结尾	4007	34.10

4.1.4 语料库统计

为了证明所构建的语料库的可用性,本文使用经典的文本分类模型 fastText 和 TextCNN 对语料的标注质量进行检验。本文将 21 128 句中小学记叙文的段落按照 7∶1∶2 的比例,随机选择句子并分别划分为训练集、验证集和测试集。对于自动标注的评价,采用准确率(Precision, P)、召回率(Recall, R)和 F1-Score 作为评价指标。Precision 和 Recall 经常用于衡量分类模型的性能, F1-Score 是对 Precision 和 Recall 的调和平均的计算结果。为了保证模型实验的结果,在进行参数设置时,若每一模型在超过 1000 batch 后效果还没提升,就会提前结束训练。表 6 为各个模型的性能表现,语料数据均是以字符的形式传送到模型中。

表 6 篇章结构识别实验结果

模型	准确率/%
TextCNN	78.23
fastText	78.73

结果表明,基于本文制定的中小学记叙文篇章结构识别的标注体系在对篇章成分进行划分后,经实验后取得了不错的结果,对于每一种分类最终准确率平均可以达到 78%,表 7 给出了在不同模型下各个类别的识别性能。综合以上实验数据表明,本文的中小学记叙文的语料库标注体系,在进行人工标注与自动标注实验后能取得不错的效果。因此,本语料库的标注质量总体有着一定的保证,表明本文提出的标注方法具有较好的可计算性,有利于面向人工智能领域的实际应用。

表 7 篇章成分识别结果

分类类别	TextCNN			fastText		
	P	R	F1	P	R	F1
文章开篇	0.75	0.75	0.75	0.77	0.74	0.73
人物描写	0.76	0.87	0.82	0.80	0.80	0.82
事件描写	0.82	0.74	0.78	0.79	0.78	0.79
总结结尾	0.79	0.71	0.75	0.75	0.73	0.71

4.2 实验设置

为证明在本文所构建的语料库下,使用 Prompt Tuning 会得到比使用同规模的 PTM 有更好的效果,本文使用 Fine-Tuning 模型 BERT 作为基准模型。同时证明进行文本处理时,借助自动构建模板的方式有助于抽取记叙文段落特征,使在进行预测时根据[MASK]的位置可以得到更为准确的识别结果,因此在进行实验对比时,使用 Template BERT 和未使用注意力机制来自动构建模板的 Prefix-Tuning 作为对比系统。

在进行对比验证时，保证输入向量的一致性，均使用 BERT 的隐层输出作为文本表示，其中设置隐层向量维度为 768，文本的最大输入长度设置为 99。并为了使 PHA 进行特征抽取后构建的 Prefix-Template 的维度与 BERT 隐层维度一致，使用了多个线性层来保证构建的 Prompt Embedding 的维度，并使用 Relu 作为激活函数。在训练时将 epoch 作为评估策略，批次大小为 64，学习率为 2e-5。

4.3 实验结果

本文采用四种不同结构的神经网络模型，对记叙文篇章结构进行识别，具体的识别结果如表 8 所示。本文所提出的模型 PHA 在不同的评价指标下均高于其他模型。可以看出在长文本下使用层次注意力机制来自动构建 Prefix-Template，所构建的模板可以在连续空间的搜寻到更好的提示信息。

表 8 不同模型在记叙文语料库下的识别结果

模型	准确率/%	召回率/%	F1/%
BERT	80.86	80.06	80.26
Template Prompt	80.25	77.85	78.59
Prefix-Tuning	82.46	82.36	81.21
PHA	85.80	85.53	84.08

从表 8 可以看出，使用微调模型和直接使用人工定义模板的方式，在正确率方面并没有明显的提高，反而在召回率和 F1 值上有些许的下降。但是使用模型自动搜寻连续模板的方法识别后，在各个评价指标下都有了一定的提高。尤其是本文所提出的 PHA 模型在最终的评判结果下，相较于其他的识别模型有了明显提高。从图 5 中观察到，使用微调模型时，模型在刚开始训练时，结果的拟合并不好。但是使用 Prompt 的方式，在模型在刚开始训练时就可以得到一个较为不错的拟合状态。本文认为，这是因为使用 Prompt 可以更好地激发模型的潜力，使得在训练次数较少的情况下，会比微调模型表现得更好。特别是使用层次注意力来抽取长文本特征的方式来构建连续模板时，在向量经过池化处理后所产生的注意力权重矩阵的分布更加明显，这样模型所学习到的模板可以更好地释放模型的学习能力。

同时，为了证明使用 Prompt-Tuning 在使用 PTM 进行微调设计时无需过于复杂，本文还通过离散模板类型和使用模型自动构建连续型模板来进行对比实验，在此实验下均使用参数统一的 PTM(BERT)，实验结果如表 9 所示。使用离散型模板，即人为定义模板的格式，本文分别定义了“这段是[MASK]”和“段落划分为[MASK]”的模板格式。对于使用模型自动构建连续型模板，只需要定义所构建模板的长度，将文本数据输入模型后，模型会根据文本特征来自动构建相应长度的模板，然后通过特定的提示方式获取识别结果。从表中可以看出，无论是使用哪种构建 Prompt 的方式，Prompt 的不同对最终的分类结果都会有一定的影响，但是，使用模型来自动构建 Prompt 的方式可以减少人工设计 Prompt 的烦琐，无需对模板进行特别的设计。

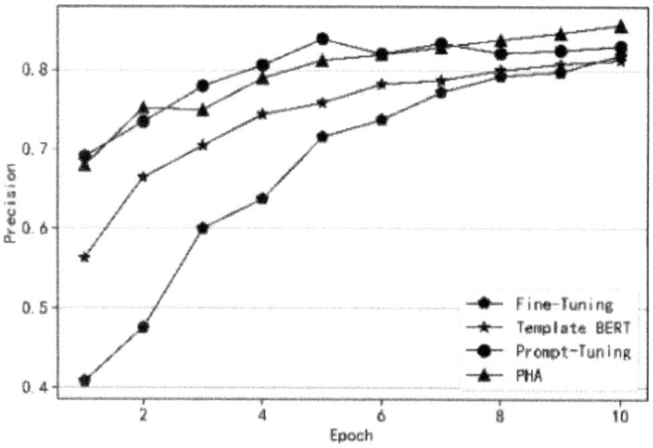

图5 准确率对比曲线

表9 微调 Prompt 模板长度的识别结果

提示类别	模板类型	准确率/%	召回率/%	F1/%
Template BERT	这段是[MASK]	74.56	74.12	73.52
	段落划分为[MASK]	80.83	77.92	80.12
Prefix Tuning	2	81.75	79.33	80.82
	3	80.25	80.06	80.13
	4	82.46	82.36	81.21
PHA	2	85.80	85.53	84.08
	3	80.39	79.49	80.38
	4	81.85	80.96	81.88

5 总结

本文针对中小学记叙文篇章成分进行研究,构建了关于中小学记叙文篇章成分分析的语料库。本文通过收集国内义务教育阶段小学五~六年级及初中七~九年级人物类记叙文,筛选部分作文进行语料库的构建工作,总共标注3024篇,共计21 128句篇章成分语料。同时为节省标注时间,本文采用模型自动标注的方式,使用Bert-BiLSTM模型对部分文本进行预标注。最后计算该语料库的标注一致性,并使用经典文本分类模型分析该语料库,验证语料库的实际可用性。最终实验表明,该语料库具有较好的一致性。并且针对中小学记叙文篇章成分识别方法,本文还提出了基于层次注意力构建前缀提示模板的神经网络模型,并在本文所构建的语料库下进行实验,实验结果表明,本文所提出的PHA模型表现优于Fine-Tuning模型BERT,并且在进行参数调整来适配下游任务时进行的设计相较于微调的方式更为简单。

实验结果表明,将Prompt-Tuning应用于作文自动评分任务中有着一定的优势,但是同样有着极大的挑战。从本文的工作中可以看出,使用 Prompt-Tuning 在处理文本分类任务时效果有一定的提高,但是在作文自动评分整体任务下,所做到的技术应用有限。因此,在未来的工作中,将应用该语料库进行作文篇章结构分析的进一步研究,并继续完善语料标注体系,使其能够更好地在中文作文自动评分研究工作中体现价值,同时将 Prompt-Tuning 在相关研究中发挥更多的作用。

参考文献

[1] BURSTEIN J, MARCU D, KNIGHT K. Finding t-he WRITE Stuff: Automatic Identification of Discourse Structure in Student Essays[J]. IEEE Intelligent Systems, 2003, 18(1): 32-39.

[2] STAB C, GUREVYCH I. Parsing Argumentation Structures in Persuasive Essays[J]. Computational Linguistics, 2017, 43(3): 619-659.

[3] WANG Q.A review of narrative writing for high school entrance examination based on "scoring criteria" [J]. Chinese Teaching Communication, 2016, (32): 71-73.

[4] XU F, ZHU Q M, ZHOU G D. Survey of Discourse Analysis Methods[J]. Journal of Chinese Information Processing, 2013, 27(3): 20-33.

[5] HU W C, YANG Y L, WU C X. Survey of Implicit Discourse Relation Recognition Based on Deep Learning[J]. Computer Science, 2020, 47(04): 157-163.

[6] SUN Z H, ZHOU Y, ZHU Q M, et al. Recognizing Chinese Macro Discourse Nuclearity Based on Discourse Topic[J]. Journal of Chinese Information Processing, 2020, 34(12): 30-38.

[7] KONG F, WANG H, ZHOU G. ACDTstyled end-to-end Chinese discourse parser[M]. Berlin: Springer, 2016.

[8] YAN W R, XU Y, ZHU S S, et al. A Survey to Discourse Relation Analyzing[J]. Journal of Chinese Information Processing, 2016, 30(4): 1-11.

[9] HRIPCSAK G, ROTHSCHILD A S. Agreement, the f-measure, and reliability in information retrieval [J]. Journal of the American Medical Informatics Association, 2005, 12(3): 296-298.

多模态情感识别技术研究综述

张 泽
首都师范大学信息工程学院

摘要:人类是情感丰富的生物。我们的情感表达通常通过多种方式体现,包括显性表达(如面部表情和语言)以及隐性表达(如文本和图像)。让机器具备情感智能,也就是能够辨别、理解、处理和模拟情感的能力,正变得愈发重要。本文探讨了多模态情感识别的若干关键方面。首先,它简要介绍了广泛应用的情感模型和不同情感表达方式。接着,总结了情感标注策略、相关的计算任务以及多模态情感识别所面临的主要挑战。此外,文中列举了各种情感表达方式的表示学习方法、不同情感模态的特征融合方法、分类器优化以及领域自适应的代表性方法。最后,对于实际场景的应用和未来的发展方向进行了探讨。
关键词:多模态、情感识别、情感模态

Review of research on multimodal emotion recognition techniques

Zhang Ze

ABSTRCT: Humans are emotional beings. Human emotional expression typically involves various modalities, including explicit expressions like facial expressions and language, as well as implicit expressions such as text and images. Enabling machines to possess emotional intelligence, which entails the ability to recognize, understand, process, and simulate emotions, is becoming increasingly important. This article discusses several key aspects of multimodal emotion recognition. Firstly, it provides a brief introduction to widely used emotion models and emotion modalities. It then summarizes emotion labeling strategies, relevant computational tasks, and the primary challenges of multimodal emotion recognition. Additionally, it lists representative methods for representation learning for each emotion modality, feature fusion across different emotion modalities, classifier optimization, and domain adaptation. Finally, it explores real-world applications and future directions.
Keywords: Multimodal, Emotional Recognition, Emotional Modality

1 引言

情感是人类生活中不可或缺的一部分,它在决策和判断过程中起着关键作用。当涉及市场营销时,广泛宣传的品牌能够在消费者心中留下深刻的心理印象,从而影响他们的品牌偏好和购买行为。同时,在购物过程中,激发悲伤或厌恶情感可能分别提高或降低消费者的购买意愿。在教育领域,学生的情感体验和与教师的互动对于塑造他们的学习能力、激发兴趣、提高参与度,甚至对职业选择都具有重要的影响。

识别和理解人类情感是智能机器表达类似人类情感的第一步。通常,机器采用两种情感模式来识别情感,即显性情感线索和隐性情感刺激。显性情感线索对应于可以直接观察和记录的特定生理和心理变化,例如人脸表情、眼球运动、语言、行为和生理信号。不过,这

些信号的缺点在于它们容易受到抑制或掩盖，有时也难以捕捉。同时，移动设备和社交网络的广泛使用使人们习惯性地在网络上使用文字、图像、音频和视频来分享他们的经验和观点。隐性情感刺激与这些常见的数字媒体相对应，它们提供了一种推断人类情感的潜在方式。

无论情感是显性表达还是隐性表达，通常都有多种模态对情感识别任务作出贡献。与单模态情感识别相比，多模态情感识别（Multiple Emotion Recognition，MER）有以下 3 个优势。

（1）数据的互补性。来自不同模态的线索可以相互增强或补充。例如，如果看到一个好朋友的帖子："这家餐厅真便宜!"，那么这个朋友很有可能是在表达一种积极情感；但是如果还配有一张昂贵的账单的图片，我们就能推断出这段文字实际上是一种反讽，在表达一种消极情感。

（2）模型的鲁棒性。数据采集过程可能受突发因素的影响，如传感器设备故障，造成一些数据模态无法使用，这在非实验室场景尤其普遍。举例来说，在包含语音、人脸表情和手势模态的 CALLAS 数据集中，某些静止的用户可能没有可用的手势流数据。在这种情况下，经过训练的多模态情感识别（MER）模型仍然可以在其他可用模态的帮助下进行工作，展示了其鲁棒性。

（3）性能的优越性。联合考虑不同模态的互补信息能带来更好的识别性能。元分析表明，与对应的单模态最好方法相比，MER 实现了平均 9.83%的性能提升[7]。

本文力图对 MER 的不同侧面进行细致和完整的讨论，包括心理学模型、情感模态、数据收集和标注、计算任务、挑战、计算方法、应用和未来方向。目前已有一些关于 MER 的综述和调查，有些研究涵盖了一般多模态机器学习的各个方面，但缺乏对情感识别的关注。有些研究着重于对现有 MER 系统的定量分析和元分析；有些研究是关注多模态融合技术的概述性文章。不同于前述文章，本文旨在提供一份简单且全面的情感识别（MER）初学者和非专业人士可理解的导览。

2 研究内容

2.1 心理学模型

在心理学中，情感类别状态（CES）和情感维度空间（DES）是两类代表性的度量模型。情感类别状态模型将情感定义为几个基本类别，如二元情感（积极和消极，有时包括中性），Ekman 的六种基本情感[开心、惊喜（积极），愤怒、厌恶、恐惧、悲伤（消极）]，Mikels 的八种情感（积极的开心、敬畏、满足、兴奋，和消极的愤怒、厌恶、恐惧、悲伤），Plutchik 的情感轮（八种基本情感类别，每种情感扩展出三种强度），以及 Parrott 的树状层次分组（初级、二级和三级类别）。心理学理论的发展使情感类别状态越来越多样化和细粒度。DES 模型采用连续的二维、三维或更高维度的笛卡尔空间来表示情感；愉悦度-激活度- 优势度（VAD）模型是情感维度模型中应用最广泛的，其中愉悦度、激活度和优势度分别代表情感的正负特性、激活水平和控制程度。这两类情感的定义是相关的，有从 CES 到 DES 转化的可能。例如,愤怒与负愉悦度、高激活度和高优势度有关。除了情感,还有其他几个广泛使用的相近概念,如情绪、感情、心情等,它们均可被期望、诱导和感知。

2.2 情感模态

情感模态根据其来源分为两类,一类是从人的身体变化感知情感(显性情感线索),另一类是受外部数字媒体的刺激而产生情感(隐性情感刺激)。其中,显性情感线索有人脸表情、眼球运动、语言、行为、步态、脑电图等,这些都能通过观察人体直接记录和收集。隐性情感刺激物则包括文本、音频、图像和视频等。我们使用这些数据类型来存储信息和知识,并在数字设备之间传输它们。通过这种方式,情感可能被隐性地唤起。虽然不能保证某一特定模态所表达的情感的有效性,但同时考虑多种模态仍可显著提升可靠性和鲁棒性。对于显性情感线索,例如人脸表情,语音,脑电图等。人脸表情被认为是传达人类情感状态和意图的最自然、最有力的信号之一。我们可以通过观察一个人的眼球运动来推断他/她的感受。语音是传递情感的重要模态。说话者通过使用不同语调、声音大小和节奏来表达他们的意图,如询问或声明。脑电图(EEG)作为代表性的心理信号,是记录大脑情感活动的另一种重要方法。对于隐性情感线索,例如文本,数字信号,图像等。文本是记录人类自然语言的一种形式,它可以隐含情感信息。数字音频信号是声音的表示,通常使用一系列二进制数字来存储和传输。图像是彩色点在空间上的分布。众所周知,"一图胜千言"。心理学已经证明,人类的情感可以由图像唤起。视频同时包含多种模态,如视觉信息、音频和文本信息。这意味着可以利用时间、空间和多通道表示来识别视频中的情感。

2.3 数据收集和情感标注

构建MER数据集通常涉及两个步骤:数据收集和情感标注。数据来源分为两类:从现有的数据中选取或重新在特定环境中采集。一方面,有些数据是从线上的电影、评论、视频和电视节目中选取的,如YouTube和微博。例如,ICTMMMO和MOUD中的评论视频是从YouTube上收集的;视听片段是从MELD的电视剧中提取的;食品和餐馆类别的在线评论是在Yelp中抓取的;CMU-MOSI收集由说话者看着镜头的视频博客,以捕捉说话者的信息。一些收集到的数据提供了人工(如CMU-MOSI、CH-SMIS)或自动(如ICT-MMMO、MELD)的语音转录。另一方面,有些数据是在专门设计的环境中用不同的传感器重新采集的。例如,DEAP记录了参与者的生理信号和由音乐视频引起的正面面部变化。数据集的情感标注策略各有不同。有些数据集在采集时有目标情感,因而无需专门标注。例如在EMODB中,演员表演的每一句话都对应着一个预定的情感。对于一些数据集,情感标注是自动获得的。在Multi-ZOL中,每条评论的情感分数(从1到10的整数)被视为情感标签。另一些数据集(例如VideoEmotion-8)雇佣工人来标注情感。其中有的根据参与者的自我报告来标注,如MAHNOB-HCI;大部分数据集的情感标签则由多数投票规则获得。对于DES模型,常用"FeelTrace"和"SAM"来标注。前者基于激活评价空间,它允许观察者在感知刺激的过程中跟踪情感内容。后者是一个基于不同的李克特量表来完成情感评级的工具。

2.4 计算任务

1. 情感分类

在情感分类任务中,假设一个实例只能属于一种或固定数量的情感类别,目标是发现数据空间中的类别边界或类别分布。目前的工作主要集中在人工设计多模态特征编码器和分类器,或以端到端方式应用深度神经网络。对于单标签学习(SLL)问题, MER 为每个样本分配一个单一的情感标签。然而,相较于单一的代表性情感,情感更可能由来自不同区域或序列的不同情感成分混合而成。同时,不同的人对同一刺激可能有不同的情感反应,这是由性格等多种因素造成的。因此,多标签学习(MLL)被用来研究一个实例关联多个情感标签的问题。实际应用中, MLL 不能很好地解决某些标签重要性分布不同的问题,针对此提出了标签分布学习(LDL)。LDL 覆盖一定数量的标签,用来代表每种情感标签描述实例的程度。

2. 情感回归

情感回归任务的目的是学习一个能有效地将实例与笛卡尔空间中的连续情感值联系起来的映射函数。最常见的 MER 回归任务旨在为源数据预测维度空间的值。为了处理情感固有的主观性特征,研究人员提出预测情感的连续概率分布,这些分布在维度的愉悦度-激活度(VA)空间中表示。具体来说, VA 情感标签可以用高斯混合模型(GMM)表示,然后情感分布预测可以被形式化地定义为一个参数学习问题。

3. 情感检测

原始数据并非总是包含情感,有时只有部分片段携带情感信息。因此,研究人员提出了情感检测任务,旨在确定源数据中具体哪些部分包含何种情感。举个例子,考虑 Yelp 上的餐厅评论,其中可能出现以下内容:“这个地方距离我工作的地方很近,能够步行到达,对我来说是一个巨大的优势! 食物方面,它几乎和我去过的每个地方都一样,所以没有什么可说的。我不得不说,这里的客户服务很不到位。”总体评分为三颗星,而满分是五颗星。这篇评论包含不同的情感和态度:第一句是积极的,第二句是中性的,而最后一句是消极的。因此,对于系统来说,识别每个句子所对应的情感是至关重要的。另一个例子是图像中的情感区域检测任务。

4. 情感检索

基于人类感知来搜索情感内容是另一项有意义的任务。现有的框架首先寻找查询和候选数据源中的局部兴趣块或序列。然后,通过比较两个块或序列之间的相似度,以确定它们是否在给定的阈值范围内,来发现所有的匹配对。查询和每个候选数据之间的相似度得分被视为匹配程度的度量,随后根据这些相似度得分对该查询的候选数据进行排序。尽管情感检索系统在从庞大的数据库中获取所需情感内容方面表现出高效性,但任务的抽象性和主观性特征使其成为一个充满挑战并难以进行全面评估的任务。

3 多模态情感识别实现方式

3.1 计算方法

为了将文本表示为计算机可以理解的形式,通常需要以下几个步骤:第一步,初步的文本处理将文本中的词语转化为数值表示。最早的方法是使用词汇表大小的独热编码(one-hot encoding)向量来表示每个词语,其中只有一个元素是1,其余都是0。然而,这种方法随着词汇量的增加导致向量维度急剧膨胀。在第二步,需要对词语的语义关系进行建模,以便计算机能够理解文本的含义。这可以通过训练语言模型来实现,其中模型会预测给定上下文中的下一个词语。这种训练可以生成具有固定维度的词向量,将词语嵌入到连续的向量空间中。最后,需要将整个文本(句子、段落等)表示为一个统一的向量。这可以通过不同的文本特征提取方法来实现。一种简单的方法是将文本中所有词语的词向量进行平均,从而获得整段文本的表示。另一种方法是使用递归神经网络(RNN)来建模词语之间的顺序关系,或者使用卷积神经网络(CNN)来提取词语之间的上下文关系。流行的词向量表示模型包括word2vec、GloVe、BERT、XLNet等,它们都可以将词语嵌入到一个连续的向量空间中,以便计算机可以更好地理解它们的语义关系。这些模型已经在自然语言处理任务中取得了显著的成功,提高了文本处理的效率和性能。

到目前为止,人们已经开发出大量方法来提取音频中情感刺激的代表性特征。研究发现,音频特征(如音高、对数能量、过零率、频谱特征、语音质量和抖动)在情感识别中非常有用。自2013年以来,ComParE声学特征集通常被用作计算机辅助语言学挑战系列的基线。然而,由于某些情感可能具有很高的相似性,单一类型的音频特征不足以区分情感。为了解决这个问题,一些方法提出结合不同类型的特征。随着近年深度学习的发展,在许多领域的大规模的自然数据处理上CNN都展现了其优越性,当然也包括音频情感识别。音频通常被转移到一个图表示(如频谱图)中,然后输入到CNN。CNN使用共享权重的卷积核和池化,使模型具有更好的频谱和时间不变性,这通常会生成泛化性更强的情感识别模型。

研究人员在图像中的情感识别方面设计了携带信息的表示,主要分为非限制性图像和人脸表情图像两类情况。针对非限制性图像(如自然图像),研究人员一开始使用各种手工算子的特征来表示情感,这些特征包括颜色、纹理、形状、构图等,受到心理学和艺术理论的启发。这些低层特征旨在捕捉图像的情感特征,尽管它们通常不能直接映射到情感标签。随后,基于视觉概念的中层特征被提出,用于减小图像像素和情感标签之间的差距。SentiBank是其中最具代表性的项目之一,它包括1,200对形容词-名词组成,展现出出色的情感识别性能。在深度学习领域,卷积神经网络(CNN)被视为强大的端到端特征提取器。研究人员使用CNN来提取图像的特征,其中不同层次的表示被整合在一起,以捕获各种特征。同时,注意力机制用于学习特定局部情感区域的更好情感表示,从而提高情感识别性能。对于人脸表情图像,情感识别通常需要首先进行人脸检测和对齐,然后对人脸进行编码。这是因为在人脸表情图像中,情感通常通过人脸表情来表达。然而,值得注意的是,对于一些非限制性图像中偶然包含人脸的情况,人脸表情也可以被视为重要的中层线索,有助于提高情感识别的准确性。总而言之，情感识别领域使用了多种特征提取方法，包括传统的手工特征和深度学习方法，以捕捉图像中的情感信息。这些方法的选择取决于具体的情感识别任务和图像类型。

上文提到了如何在单一模态中识别情感，这里首先关注从连续框架中感知情感的问题，然后介绍如何建立视频的联合表示。与单一图像相比，视频包含一系列具有时间信息的图像。人们提出了各种各样的方法建立视频的表示。早期方法主要是利用视频领域手工算子的局部表示，包括颜色、运动和镜头剪切率。随着深度学习的出现，近期方法通过采用三维卷积来提取具有区分性的表示，以捕捉多个相邻帧所编码的时间信息。在提取视频中特定模态的特征后，将不同类型的特征整合可以获得更好的结果，提升模型性能。

为了感知情感，人们通常采用两种主要方式来学习步态的表示。这两种方法可以帮助捕获与情感相关的姿势和行为信息。明确建立姿势和行为信息的模型，这一方法的关键是对与情感相关的信息进行明确建模。首先，人的骨骼结构会被提取，然后使用三维坐标来表示人体的每个关节的位置。一旦获得这些坐标，可以轻松提取不同关节之间的角度、距离、面积（姿势信息）、速度、加速度（运动信息）以及它们的协方差描述符等。这些特征可以捕获步态中的运动和姿势信息，有助于情感的识别。高层情感表示可以通过使用长短期记忆（LSTM）、深度卷积神经网络（CNN）或图卷积网络（GCN）来建模步态信息。其他方法学习步态的骨架结构，然后将其输入到多个神经网络中，以提取具有区分性的表示。这些方法使用视觉信息来建模步态，并可以识别情感。总之，学习步态表示的方法可以有多种，从明确建模姿势和行为信息到利用图像和光流信息。这些方法的选择取决于可用数据类型和情感识别任务的要求，但它们都旨在从步态中提取与情感相关的特征，以实现情感的感知和识别。

由于可以从大脑对情感刺激的反应中挖掘关于情感的各种信息，如频带、电泳、时间信息等，因此脑电信号被广泛用于情感分析。为了提取 EEG 情感识别的可判别特征，从频带或电沉积关系中提取微分熵特征是以往工作研究的热点。除了手工设计的特征，我们还可以直接将 CNN 和 RNN 等端到端的深度学习神经网络应用于原始 EEG 信号，以提取强大的深度特征。受人类学习模式的启发，可以利用空间注意力机制提取更具区分性的空间信息。此外，考虑到 EEG 信号包含多个通道，也可以将通道注意力机制整合到 CNN 中以利用特征图间的通道关系。

3.2 各情感模态的特征融合

特征融合作为 MER 的一个关键研究主题，旨在整合来自多种模态的表示，以预测情感的特定类别或连续值。一般来说有两种策略：无模型融合和基于模型的融合。

不直接依赖特定学习算法的无模型融合在过去几十年被广泛使用。它分为早期融合、晚期融合和混合融合。这些融合方法都可以从现有的单模态情感识别分类器中扩展得到。早期融合，也被称为特征级融合，直接将来自不同模态的特征表示拼接为一个表示。这是一种最直观的方法，利用早期各模态间的交互来融合各表示，这种方法只需要训练一个单一的模型。但来自不同模态的表示可能存在很大差异，我们必须考虑时间同步问题，以便在融合前将这些表示转化为相同的格式。当某个或某些模态缺失时，早期融合会失败。晚期融合，也被称为决策级融合，则是整合来自每个单模态的预测结果。流行的机制有平均、投票和信号方差。晚期融合的优点包括：灵活性和优越性——可以为不同的模态选择最优分类器；鲁棒性——当某些模态缺失时，晚期融合仍然可以发挥作用。但晚期融合忽略了不同模态做出预测前的关联。混合融合结合了早期融合和晚期融合，在一个统一的框架内利用它们的优势，但计算成本更高。

基于神经网络的融合采用直观的策略，通过神经网络融合不同模式的特征表示或预测结果。基于注意力的融合使用注意力机制来获得一组带标量权重的特征表示的加权和，这些权重由注意力模块动态学习所得。不同的注意力机制用于融合不同的部分。例如，空间图像注意力衡量不同图像区域的重要性。图像和文本联合注意力采用对称的注意力机制来产生被关注的视觉和文本表示。平行联合注意力和交替联合注意力可以分别用于同时和逐一计算对不同模态的注意力。近期新设计的多模态适应门（MAG），使基于 Transformer 的语境词表示（如 BERT 和 XLNet）能够接受多模态的非语言数据。基于对非语言行为的注意条件，MAG 能将携带大量信息的多模态映射为一个时序统一的向量。基于张量的融合试图通过一些特定的张量操作，如外积和多项式张量池，来利用不同表示的相关性。这些用于深度模型的融合方法能性能良好地以端到端方式从大量数据中学习，但存在可解释性低的问题。

上述特征融合方法的一个重要属性是它们是否支持视频中 MER 的时序建模。显然易见，由于在晚期融合之前基于每种模态的预测结果已经可以获取，所以早期融合可以，但晚期融合和混合融合不能。对于基于模型的融合，除了基于核的融合，其他的都能用于时序建模，如基于图融合的隐马尔可夫模型（HMM）和条件随机场（CRF），以及基于神经网络融合的 RNN 和 LSTM 网络。

3.3 多模态情感识别的分类器优化

对于用单词嵌入序列表示的文本，最流行的方法是使用 RNN 和 CNN 捕捉单词之间的语义关系。LSTM，作为一种典型的 RNN，包含一系列具有相同结构的单元。每个单元接受一个词编码和上一个单元的隐藏状态作为输入，计算输出，并为下一个单元更新隐藏状态。隐藏状态记录了之前词的语义。CNN 通过卷积操作计算连续词之间的局部上下文特征。平均池化层或最大池化层用于进一步整合所提取的特征，以进行后续情感分类。最近，研究人员开始使用基于 Transformer 的方法，例如 BERT 和 GPT-3。Transformer 由一系列模块实现，包含一个多头自注意层，然后是归一化层，一个前馈网络和另一个归一化层。文本中词的顺序也由另一个位置嵌入层表示。与 RNN 相比，Transformer 不需要按顺序处理单词，这提高了并行性。而且与 CNN 相比，Transformer 可以对距离更远的词之间的关系进行建模。

用于音频情感识别的分类方法一般包括以下两种：传统方法和基于深度学习的方法。传统方法中，HMM 是一个够捕捉到序列数据动态特征的代表性方法。SVM 也被广泛运用于音频情感识别。由于不受 HMM 模型经典独立假设的限制，基于深度学习的方法越来越受欢迎。在这些方法中，带注意力机制的序列到序列模型在端到端的方式中取得了成功。最近，通过开发深度混合卷积和循环模型，一些方法显著提升了该领域的技术水平。

现有方法大多采用两阶段模型来识别视频情感，即提取视觉和/或音频特征和训练分类器。对于训练分类器,已有许多机器学习方法被用来建模视频特征和离散情感类别间的映射,包括 SVM、GMM、HMM、动态贝叶斯网络(DBNs)和条件随机场(CRF)。尽管上述方法对视频情感识别的发展做出了贡献,但由于深度神经网络的出色能力,近年提出了许多基于深度神经网络的端到端识别视频情感的方法。基于 CNN 的方法首先采用三维卷积神经网络来提取包含情感信息的高层时空特征,再使用全连接层进行情感分类。最后,模型通过损失函数来优化整个网络。受人类感知情感过程的启发,基于 CNN 的方法采用了注意力机制,强调每段视频中与情感相关的帧或片段。此外,考虑到极性-情感层次的约束,近期的方法提出采用极性一致的交叉熵损失来引导注意力的生成。

3.4 多模态情感识别的领域自适应

领域自适应的目的是从有标签的源领域中学习可迁移的 MER 模型,该模型在无标签的目标域中也能取得良好表现。近期学者们致力于研究深度无监督领域自适应,它采用双流架构。一个流用于在已标记的源域上训练 MER 模型,而另一个流则用于对齐源域和目标域。基于对齐策略,现有的单模态域适应方法可以分为不同的类别,如基于差异、对抗判别、对抗生成和基于自监督的方法。MER 领域自适应的主要困难在于同时对齐源域和目标域之间的多种模态。当然,我们可以使用差异损失或判别器来对齐融合后的特征表示。不同模态之间的对应关系可以作为一种自监督的对齐方式。将对抗式生成模型从单模态扩展到多模态会更加困难。与图像不同,其他生成的模态,如文本和语音,尽管能让判别器无法区分,但可能存在语义混乱。用生成中间特征取代原始数据是一个可行的解决方案。

4 未来方向及其挑战

现有方法在不同 MER 设置(如视觉-音频、人脸-文本-语音和文本-视觉任务)中都取得了不错的表现,但所有上述总结的挑战都未完全解决。例如,如何提取与情感更相关的判别性特征,如何在通用的和个体化的情感反应之间取得平衡,以及如何强调更重要的模态,这些问题仍未解决。为了提高 MER 方法的性能并使其满足实际应用中的特殊要求,我们提供了一些潜在的未来方向。

4.1 新的 MER 方法

上下文和先验知识建模。上下文信息,如会话和社会环境,会明显影响用户的情感体验。用户的先验知识,如个性和年龄,也与情感感知相关。例如,乐观的用户和悲观的用户可能会对相同刺激有不同感受。联合考虑这些重要的上下文信息和先验知识有助于提高 MER 的性能。图相关的方法,如图卷积网络,是建模各种因素和情感之间关系的可能解决方案。从未标记的、不可靠的、不匹配的情感信号中学习。在大数据时代,情感数据可能仅有少量标签甚至没有标签,原始数据或标签或许可靠,但测试和训练数据可能不匹配。探索先进的机器学习技术,如无监督表示学习、动态数据选择和平衡、领域自适应、嵌入情感的特殊属性,可以帮助解决这些挑战。针对 MER 的可解释的、鲁棒的、安全的深度学习。由于黑盒的性质，目前很难理解为什么现有的深度神经网络对 MER 表现良好。训练好的深度网络容易受到对抗性攻击和不可避免的噪声影响，这可能会导致结果不稳定。从本质上解释深度学习的决策过程有助于设计鲁棒和安全的 MER 系统。显性和隐性信号的结合。显性和隐性信号都被证明对 MER 有用，但它们也存在一些局限性。例如，显性信号容易被压制或难以捕捉，而隐性信号可能无法实时反映情感。将它们结合起来探索观众与多媒体互动过程中的互补信息将提升 MER 的性能。

4.2 更实用的 MER 设置

自然场景的情感识别（MER）目前主要针对实验室设置，但实际情感识别问题更加复杂。自然场景中的数据可能包含大量情感无关的噪声，增加情感识别的难度。测试集的用户可能来自不同文化和使用不同语言，导致不同的情感表达方式，需要跨越这种多样性。不同环境可能使用不同的情感标签空间，需要考虑如何处理这些不一致性。训练数据可能是逐步获取的，如何有效地利用逐步积累的数据进行训练是一个挑战。设计一个通用且在实际环境中有效的情感识别模型具有研究价值。另外，边缘情感识别也是一个重要领域，计算和隐私考虑：在边缘设备上（如手机和摄像头）部署情感识别模型时，需要考虑计算能力和数据隐私性。使用自动剪枝、神经结构搜索、可逆神经网络和软硬件联合设计等技术可以提高在设备上的高效训练和推断。此外，个性化和群体情感识别也是研究方向之一。由于情感具有主观性，仅识别个体的主要情感可能不足够。一种解决方案是使用少量标记数据来使情感识别模型适应每个人的主要情感。预测具有相似品味、兴趣和背景的人群的情感在应用中具有重要意义，如推荐系统。然而，如何有效地将用户分为不同的群体仍然是一个挑战。总之，情感识别领域面临着许多复杂性和挑战，包括数据多样性、计算限制、隐私问题以及个性化和群体情感识别的需求。解决这些问题对于实现更广泛的应用具有重要意义。

参考文献

[1] ZHAO S, YAO H, GAO Y, et al. Continuous probability distribution prediction of image emotions via multi-task shared sparse regression[J]. IEEE Transactions on Multimedia, 2017, 19(3): 632–645.

[2] SHE D, YANG J, CHENG M-M, et al. Wscnet: Weakly supervised coupled networks for visual sentiment classification and detection[J]. IEEE Transactions on Multimedia, 2020, 22(5): 1358–1371.

[3] ZHAO S, YUE X, ZHANG S, et al. A review of single-source deep unsupervised visual domain adaptation[J]. IEEE Transactions on Neural Networks and Learning Systems, 2020(16):308-312.

[4] BHATTACHARYA U, MITTAL T, CHANDRA R, et al. Step: Spatial temporal graph convolutional networks for emotion perception from gaits[J]. AAAI Conference on Artificial Intelligence, 2020: 1342–1350.

[5] LIU Y J, YU M J, ZHAO G Z, et al. Real-time movie-induced discrete emotion recognition from eeg signals[J]. IEEE Transactions on Affective Computing, 2018, 9(4): 550–562.

[6] JI R, CHEN F, CAO L, et al. Cross-modality microblog sentiment prediction via bi-layer multimodal hypergraph learning[J]. IEEE Transactions on Multimedia, 2019, 21(4): 1062-1075.

[7] LYU H, CHEN L, WANG Y, et al. Sense and sensibility: Characterizing social media users regarding the use of controversial terms for covid-19[J]. IEEE Transactions on Big Data, 2020(5):350-358.

[8] WU R, WANG C L. The asymmetric impact of other-blame regret versus self-blame regret on negative word of mouth: Empirical evidence from china[J]. European Journal of Marketing, 2017, 51(12): 1799-

1816.

[9] RODRÍGUEZ P, BAUTISTA M A, GONZALEZ J, et al. Beyond one-hot encoding: Lower dimensional target embedding[J]. Image and Vision Computing, 2018, 75: 21-31.

[10] CHUA L O, ROSKA T. The CNN paradigm[J]. IEEE Transactions on Circuits and Systems I: Fundamental Theory and Applications, 1993, 40(3): 147-156.

[11] YANG Z, DAI Z, YANG Y, et al. XLNet: Generalized autoregressive pretraining for language understanding[J]. Advanccs in Ncural Information Processing Systems, 2019(32):237-243.

[12] EDDY S R. Accelerated profile HMM searches[J]. PLoS Computational Biology, 2011, 7(10): 1002.

[13] GERS F A, SCHMIDHUBER J, CUMMINS F. Learning to forget: Continual prediction with LSTM[J]. Neural Computation, 2000, 12(10): 2451-2471.

[14] MILLER G A. WordNet: An electronic lexical database[M]. Cambridge: MIT Press, 1998.

世界语言博物馆数字化发展研究

吴 艳[1,2]
1. 华北理工大学外国语学院；2. 首都师范大学文学院

摘要：世界语言博物馆数字化建设刚刚起步。本研究以世界上八座专门的语言博物馆为例，从藏品/展品内容、展示方式和语言服务、数字展览、公共服务以及经营方式五大方面，深入探讨了语言博物馆数字化发展的现状。研究发现，当前语言博物馆的数字化发展主要呈现出三种模式，即脱实向虚、虚中求实以及虚实结合。研究进一步预测，未来语言博物馆数字化建设的重要方向将包括数据资源管理、数智化展示、人机交互式体验以及专业化语言服务。鉴于语言的博物性特点，我们预见，在数字技术、互联网技术以及人工智能技术的共同驱动下，未来的语言博物馆将连接人类的“三元空间”，发展成为一个由人类共享、共建、共创的知识生产与传播中心。

关键词：语言博物馆；数字化；发展；前景

The Digitization of Global Language Museum

Wu Yan

Abstract: Language museums in the world are at the early stage of digitization. By studying eight specialized language museums in the world from the five aspects of collection/exhibits, display and language services, digital exhibition, public services and business operation, the development of digital museum of language are examined. It is found that there are three modes of digitization: virtual-space based, physical-space based and a mixed one. And in the near future, language museum is supposed to be enhanced in database management, digitized and intelligent display, machine-mankind interaction, and specialized language services. Due to the museum-like nature of language, along with digital technology, Internet technology and artificial intelligence, language museum will integrate *the Ternary Space* and evolve into a center for knowledge sharing, establishing, creating and disseminating.

Key words: language museum; digitization; development; prospects

传统的语言博物馆主要收藏以物质形态存在的语言遗产，包括古文物、书面文献等。随着声波、光波、电波等语言媒介物的发展，产生了多种语言交际变体。留声机、无线电广播、电视、电脑、互联网等技术的出现，使得语言的声音、画面等可以不受时空限制，得以记录、保存、再创造和传播。尤其是数字技术的诞生，使得语言藏品的图、文、声、像等可以转化为计算机能够识别的二进制数字“0”和“1”，然后进行运算、加工、存储、传送、传播和还原。语言博物馆的数字化极大地扩展了语言博物馆的收藏和展示内容，实现了语言藏品的物质形态和非物质形态的展示与展览，从而提升了语言博物馆在语言学习和语言研究方面的社会功能。

20世纪80~90年代，信息技术的兴起拉开了语言博物馆数字化建设的序幕。截止到2015年，世界范围内的语言博物馆共有59座。中国文字博物馆建于2009年，是世界上唯

——一座以文字为主题的博物馆。在"中国语言资源有声数据库建设计划"(2008年启动)和"中国语言资源保护工程"(2015年启动)的不断推动下,中国语言博物馆的建设蓬勃发展。中国江永女书博物馆(2014年建成)、中国贺州学院方言博物馆(2016年建成)、岭南方言文化博物馆(2017年建成)、广西民族大学语言博物馆(2019年建成)、上海外国语大学世界语言博物馆(2019年建成)、北京外国语大学世界语言博物馆(2021年建成)、中国语言文字数字博物馆(2023年建成)等也相继落成并向公众开放。

一、博物馆数字化发展研究回顾

2022年8月24日,国际博物馆协会(International Council of Museums)对"博物馆"进行了重新界定:博物馆是为社会服务的非营利性常设机构,它负责研究、收藏、保护、阐释和展示物质与非物质遗产。博物馆向公众开放,具有可及性和包容性,致力于促进多样性和可持续性。它们以符合道德和专业标准的方式运营和交流,同时在社区的参与下,为教育、欣赏、深思和知识共享提供多种体验。① 国内学者将语言(文化)博物馆定义为"专门典藏、制作和陈列具有社会历史文化意义和知识价值的活态言语样本及文字资料的学术研究和文化教育机构,这些资料以物质实体或数字媒体形式存在。"由此可见,语言博物馆不仅是采集、收藏、保护和展示物质形态和非物质形态语言文化遗产的平台,同时也是服务于社会公众的语言学习和研究的公共知识共享平台。

根据主题的不同,语言博物馆可以分为专业语言博物馆和综合语言博物馆。专业语言博物馆是指以语言(文字)为主题的独立博物馆;而综合语言博物馆则并非独立存在的机构,而是作为其他博物馆的一部分。根据语种的不同,语言博物馆可以进一步分为单一语言博物馆或多语语言博物馆。此外,根据形态的不同,语言博物馆还可以分为实体语言博物馆、虚拟语言博物馆或数字语言博物馆。② "虚拟语言博物馆"(virtual museum of language)是相对于实体语言博物馆而言的,它是一个数字实体,通过内容的个性化、互动性和丰富性来补充、增强或提升博物馆的体验。而数字语言博物馆(digital museum of language)则是"利用信息技术,以数字化的形式展现传统的实体博物馆的功能,并在互联网上实现文物的资源共享"。前者侧重于博物馆的虚拟形态,后者则侧重于数字技术的应用以及数据资源的共享。

在国外,关于数字博物馆的研究主要集中在计算机科学、教育、人文学科、影像科学、电气工程以及考古学等领域;而在国内,研究则主要集中于档案及博物馆、计算机软件及应用以及旅游等领域。③ 从研究对象来看,博物馆数字化发展研究可以分为三个维度,即藏品或展品的研究、展示展览的研究以及观众行为与心理的研究。

① 定义原文:"A museum is a not-for-profit, permanent institution in the service of society that researches, collects, conserves, interprets and exhibits tangible and intangible heritage. Open to the public, accessible and inclusive, museums foster diversity and sustainability. They operate and communicate ethically, professionally and with the participation of communities, offering varied experiences for education, enjoyment, reflection and knowledge sharing."

② 本文统一使用"数字语言博物馆"这一名称。

③ 笔者于2023年2月8日在WoS核心合集数据库搜索主题词 digital museum 或 virtual museum 得到论文715篇;在中国知网搜索主题词"数字博物馆"或"虚拟博物馆",得到论文148篇。经过可视化分析,得出以上结论。

(一)藏品/展品研究

与传统博物馆不同,数字博物馆的藏品/展品的采集方法更加多元化,不必拘泥于现有的文物藏品、文献资料等。例如,俄罗斯科学院斯拉夫研究所在创建虚拟斯拉夫文化博物馆时,除了遴选文献、文物藏品之外,还组织专家队伍编写展示内容。他们在编写时面向公众,选用通俗易懂的语言,避免使用专业术语。

(二)展示展览研究

目前,博物馆展示展览研究主要聚焦于技术应用和网页端设计,包括提供的语言种类和展示、展览界面。博物馆应用的数字技术或设备主要为移动设备端应用(APP)、虚拟现实(virtual reality)、增强现实(augmented reality)、多点触摸屏(multi-touch screens)、交互式3D(interactive 3D)技术以及人工智能等。

为了提升用户的互动体验,有学者提出了创建自适应虚拟博物馆的架构;布雷拉天文博物馆(the Museo Astronomico di Brera)使用交互式虚拟现实技术;有的博物馆则"雇佣"虚拟助理用自然语言与访客进行交流,以提升博物馆的信息可访问性;还有研究介绍了博物馆参观者使用MuBot平台创建的聊天机器人与"智能"展品聊天。参观者提问得越多,MuBot可以进一步学习,更新其知识储备。

为了提升藏品数据采集的效率,伦敦自然历史博物馆利用机器学习来完成标本的自动采集和分析。

除了技术应用之外,数字语言博物馆还需要规划界面语言种类以及界面设计,以便服务于更多的人群。例如,日本濒危语言宫古方言博物馆(www.kikigengo.jp)(于2015年对外开放)由三层空间组成:第一层用于展览,第二层用于存储,第三层用于原始数据。云技术和最新服务的发展使得存储空间与展览空间相互关联。而国内博物馆数字化展示方面主要存在两个主要问题:一是展品以图文介绍为主,缺乏互动性;二是展览模块独立于全景漫游模块,影响用户体验。

(三)观众行为与心理研究

观众参观数字博物馆的体验会直接影响其线下参观实体馆的意愿。虚拟现实技术从多方面扩展了数字博物馆的体验;沉浸式、互动式和可触及的观众体验能够促使观众实地参观博物馆;观众的娱乐性体验不容忽视;可感知的价值和文化认同发挥了中介性作用。观众感知到的有用性和娱乐性是用户参观实体博物馆的重要预测因素。因此,搭建用户在线行为采集和分析的系统架构非常重要。

综上所述,以往鲜有研究专门考察语言博物馆的数字化发展,更谈不上针对世界范围内语言博物馆的系统考察。著名语言学家李宇明曾指出:"语言具有博物性"。这句话强调了语言博物馆建设的重要性。当前世界范围内语言博物馆数字化发展现状如何?如何促进以及引导语言博物馆的数字化发展以更好地发挥其公共服务的功能是当前亟须解决的问题。

二、世界语言博物馆数字化发展现状

世界范围内语言博物馆数量众多,本文主要探讨具有一定影响力的专门语言博物馆,例如中国文字博物馆、中国枣庄学院世界语博物馆、中国国家语言文字数字博物馆、美国国家语言博物馆、德国图书与文字博物馆、加拿大语言博物馆、法国语言博物馆、法国商博良博物馆等共计八座语言博物馆。本研究采用网络田野调查法,通过观察和比较分析的方法,从语言藏品/展品、展示方式、数字展览、公共服务和经营方式五个方面来探讨语言博物馆数字化发展现状。

(一)语言藏品/展品

语言藏品是传统语言博物馆的珍贵资产。如表1所示,中国文字博物馆的藏品分为:铜器、碑碣、钱币、陶器、玉石器、甲骨、竹木、纸质、瓷器类,共计九种类型。枣庄学院世界语博物馆藏品则包括书籍、报刊、图片、邮品、音像制品、艺术品、档案资料、会议资料、纪念物以及专用品等,合计十种。

实体语言藏品需要占用大量的物理存储空间,而网络空间则相对更加广阔,能够收纳更多的语言藏品。由于无需开辟实体空间,数字语言藏品的增加相较于实体博物馆更为便捷。此外,实体语言藏品很容易受到环境、安全等外部因素的影响,容易发生损坏或丢失。例如,巴西圣保罗葡萄牙语言博物馆在2015年曾发生火灾,其后的修复工程耗时长达5年。而数字语言藏品可以存储在计算机、硬盘或云端,不易受损,但需要庞大的虚拟存储空间以及资金和技术支持来进行后期维护。

数字语言藏品/展品的采集方法主要有以下4种:(1)将实体语言藏品进行数字化处理;(2)利用藏品元素创造数字衍生品;(3)邀请用户上传相关内容;(4)通过建立链接实现不同机构之间的资源共享。目前,语言博物馆的藏品/展品除了对实物进行图片采集、视频制作,并附上介绍性的文字说明或语音讲解外,还包括丰富的数字衍生品。例如,美国国家语言博物馆以世界上最古老的笑话书为灵感,创作了电子漫画展品。加拿大土著语言的纪录片则是由“活的历史”课程的学生们制作并上传到语言博物馆网站的。法国商博良博物馆采用三维技术重现了木乃伊的动画视频。而德国柏林通讯博物馆将五千年的语言媒介发展史制成了时间轴,观众可以在电脑端上通过移动时间轴观看特定时间的语言媒介发展事件,也可以通过搜索关键词获取个性化的服务。

表1 语言藏品/展品的内容与来源

语言博物馆	藏品/展品	藏品/展品来源
中国文字博物馆[①] (National Museum of Chinese Writing)	铜器、碑碣、钱币、陶器、玉石器、甲骨、竹木、纸质类、瓷器	实物收集、图片采集、文字编辑、声音导览

① http://www.wzbwg.com/cn/访问日期:2023年12月4日。

续表

语言博物馆	藏品/展品	藏品/展品来源
枣庄学院世界语博物馆[①]（Esperanto Muzeo）	文档、图书、期刊、图片、音像、邮品、证章旗、艺术品、纪念物、宣传品和其他物品	实物收集、图片采集、文字编辑
中国语言文字数字博物馆[②]	语言展品分列于以下版块中：语言国情、发展演变、经典传承、语博书屋、语博学堂、语言智能、主题展览	实物图片采集、文字编辑、多种数字技术衍生品
德国图书与文字博物馆[③]（German Museum of Books and Writing）	语言藏品/展品分列于以下版块中：手稿、历史印刷品、现代书籍艺术品、档案资料和文化遗产、世界上最大的水印藏品、图形复制技术、印刷排版设备、用于纸张生产、测试和加工的设备、书籍装订工具和材料、书籍雕塑、纸艺、数字记录、存储和回放技术等	实物收集、图片采集、文字编辑、多种数字技术衍生品
美国国家语言博物馆[④]（National Museum of Language）	语言展品分列于以下版块中：波多黎各虚拟邮轮之旅、诗歌的力量、分享我们的故事（多语言）、美国方言词典、1812 美语的兴起、最古老的笑话书（公元 4~5 世纪，Philogelos）、国际语言旗帜	实物收集、实物图片采集、文字编辑、多种数字技术衍生品
法国语言博物馆（Mundolingua）[⑤]	语言藏品/展品分列于以下版块中：了解语言（语音、副语言、语义、词汇、语法、句法）、语言学习（母语学习、神经语言学、第二语言学习、语言实验室、微型语言图书馆）、微型多语电影院、语言之旅（语言的起源、语言与宗教、语言与神话、词语的演变、民族语言学、语言多样性、手语、世界语言、古老的希伯来文手稿、社会语言学、盲文、写作）、语言乐趣、语言技术与语言学（信鸽到 facebook）	实物收集、图片采集、文字编辑
加拿大语言博物馆[⑥]（Canadian Language Museum）	语言藏品/展品分列于以下版块中：语言资源库（加拿大土著语言纪录片、加拿大土著语言手册、地图、APP、网站）、在线展览（加拿大手语、加拿大国歌、加拿大语言数字展（messages from mosaic）、意第绪语 Yiddish 音乐）、巡回展览（加拿大汉语、多伦多语言景观 150 年、超越文字、克里语、因纽特语、加拿大语言景观、加拿大法语、加拿大手语）	实物收集、图片采集、文字编辑、多种数字技术衍生品
商博良博物馆[⑦]（Champollion Museum）	语言藏品/展品分列于以下版块中：商博良破译象形文字；文字的发明；早期文字（楔形文字、象形文字、中文、玛雅文字）；字母的诞生（腓尼基字母、希伯来字母、阿拉伯字母、希腊字母、拉丁字母）；书籍的历史；文字与权力	实物收集、图片采集、文字编辑、三维技术

（二）展示方式和语言服务

在传统的语言博物馆中，语言藏品/展品通常被陈列在展示柜里，仅在特定的时间内对公众开放，或者仅对特定的学者和专家开放。然而，数字技术已经改变了语言博物馆的展示方式。

1. 从“藏”为主转变为以“看”为主

借助数字化技术，藏品/展品现在已经可以实现泛在化访问。例如，石碑铭文等展品可以在手机或电脑上进行观看，通过放大、缩小、拖动甚至旋转碑文，观众可以全方位地观看展品。普通观众无需亲自前往实体博物馆，便能大饱眼福；而专业观众则可能需要前往实体馆

① http://e-muzeo.uzz.edu.cn/ 访问日期：2023 年 12 月 4 日。
② https://szyb.smartedu.cn/ 访问日期：2023 年 12 月 5 日
③ https://www.dnb.de/DE/Ueber-uns/DBSM/dbsm_node.html 访问日期：2023 年 12 月 4 日
④ https://languagemuseum.org/ 访问日期：2023 年 12 月 4 日。
⑤ https://www.mundolingua.org/ 访问日期：2023 年 12 月 5 日
⑥ https://www.languagemuseum.ca/indigenous-languages-maps-apps-websites 访问日期：2023 年 12 月 4 日
⑦ https://ville-figeac.fr/culture-sport-loisirs/musee-champollion/decouvrir-le-musee 访问日期：2023 年 12 月 4 日

进行更深入的研究。因此,语言博物馆必须考虑观众多样化的需求。

2. 从"看"到"参与"与"创作"

在技术的辅助下,语言展品实现了多样化的展示方式,可以是图文并茂(如漫画),可以是视听一体(如视频介绍),可以是互动式参与(如角色扮演、互动虚拟现实体验),甚至可以进行再创作(如意第绪语音乐作品)。由此可见,观众的角色已经从传统的"观看者"转变为"参与者",甚至是"创作者"或"展示者"。

3. 从"单一语言"到"多语言"再到"无障碍"浏览

语言博物馆的数字化使得多语言或无障碍访问成为可能,为更多的用户提供了更加便捷的信息获取方式,让更广泛的人群能够享受到语言博物馆的公共服务。例如,中国语言文字数字博物馆就提供了无障碍浏览服务。

当前,语言博物馆藏品/展品的展示方式主要有 7 种,如表 2 所示。

(1)实体场馆陈列与展示。包括基于馆藏资源的常设展览、临时展览、巡回展览等。

(2)网页展示。主要介绍博物馆的结构、功能以及以图片、文字、音频、视频、影片等为载体的馆藏资源。

(3)数字化展示。包括数字展览、互动虚拟现实体验、数字藏品/展品、语音导览等。

(4)移动展示。通过手机端 APP 和馆藏资源外借服务等方式进行展示。

(5)交互式展示。如字谜、知识探索、游戏、语音测试、变声器、语音翻译转换以及诗歌创作等互动活动。

(6)衍生创作式展示。包括音乐作品、艺术作品、漫画和纪录片等创作形式。

(7)数据库链接形式展示。用户可以点击链接直接获取所需的资源信息。

此外,语言博物馆的网页端还可以提供包括无障碍信息访问在内的多种语言服务。例如,中国文字数字博物馆就提供了无障碍语音导览服务。

表 2 展示方式和语言服务

语言博物馆	展示方式	语言种类
中国文字博物馆	实地展示、360° 全景游、场境+语音导览、手机 APP	中文、英语、韩语、日语
枣庄学院世界语博物馆	实地展示、图文展示、手机 APP	中文、世界语
中国语言文字数字博物馆	360° 全景游、"语博" APP、场境+语音导览	中文、无障碍语音导览
德国图书与文字博物馆	照片、图文、数据库链接(链接在德国国家图书馆);虚拟展("歌德 VR"):德国国家图书馆将歌德的《浮士德一世》和《浮士德二世》从书中带到了 VR 眼镜上,时长 20 分钟	英语、德语
美国国家语言博物馆	图文展示、视频(录制、社交网站)、文字漫画(古希腊语翻译为英语、创作)、录音、虚拟交互式游览	英语
法国语言博物馆	实地展示(互动式、娱乐式、体验式、沉浸式(例如:语音测试、棋盘游戏、法语方言游戏)、图文介绍	法语、英语、西班牙语、中文、俄语、阿语、世界语
加拿大语言博物馆	视频、电子书、数据链接、音频、APP、文字、交互式虚拟展、巡回展(用户申请借用馆内资源,举办展览)	英语、法语
商博良博物馆	实地展示、视频、游戏、探索体验	法语

(三)数字展览

除了法国语言博物馆和商博良博物馆没有数字展览之外,其他六家博物馆都设有数字展览或提供移动端访问应用程序,如表3所示。中国文字博物馆注重书法艺术、文字史料以及民族文化方面的主题展览;中国语言文字数字博物馆则侧重新中国成立以来的语言文字事业和语言教育事业展览;德国图书与文字博物馆拥有最为丰富的主题和最为强大的数据资源库;美国国家语言博物馆的展览聚焦于文字文物和美国本土文化;加拿大语言博物馆则提供了丰富的加拿大土著语言数字展览。当前,应用于数字展览的数字技术主要有以下3种.

1. 虚拟现实技术(Virtual Reality,VR)

虚拟现实是一种由计算机创建的模拟现实的技术,能为用户提供沉浸式体验,实现时空融合和交互。例如,通过"歌德VR"(Goethe VR),德国国家图书馆将歌德的《浮士德第一部》和《浮士德第二部》从书中带到了VR眼镜上,使用户的体验从"观看"转化为"身临其境",提供了一种交互式服务。虚拟现实技术为在线用户构建了逼真的观感,加上语音导览、藏品3D扫描等技术,使在线观展突破时空限制,达到逼近实地观展的效果。

2. 全景漫游(Panoramic Roaming)

全景漫游可以为观者提供一种身临其境的场景感。用户可以使用键盘上的方向键在博物馆内自由穿行。在虚拟场景中会有一些热点链接,用户点击后可以观看想要看的内容。中国文字博物馆提供了全景漫游服务;美国国家语言博物馆也提供了虚拟漫游展览。

3. 移动端访问

用于移动展示、展览的技术,如手机APP应用程序,可以实现泛在化观展。中国文字博物馆、中国语言文字数字博物馆等都提供移动端泛在化访问服务。

表3 数字展览内容及形式

语言博物馆	主题/版块	形式
中国文字博物馆	书画艺术展、书法艺术展、东巴文化展、文字改革史料展	全景漫游、APP端访问
枣庄学院世界语博物馆	书类、报刊类、图片类、邮品类、音像类、艺术类、档案类、会议类、纪念物、专用品	APP端访问
中国语言文字数字博物馆	党的语言文字事业百年光辉历程展、中国共产党的百年历程与中国外语教育、语言教育发展历程与成果展	APP端访问
德国图书与文字博物馆	常设在线展览"符号-书籍-网络:从楔形文字到二进制代码";虚拟展主题涵盖"出版界的丑小鸭:按需印刷""古腾堡图书奖""知识创造民主""艺术与危机""文学的文化史""5000年在线媒体史""报纸的历史"	虚拟现实
美国国家语言博物馆	民族文化、语言学家的故事;文字文物(如最古老的笑话书)、国际语言旗帜、美国语言辞书及其编纂者等	虚拟现实
法国语言博物馆	无数字展览(网页版图文介绍)	
加拿大语言博物馆	加拿大手语、加拿大国歌、土著语言纪录片、加拿大语言数字展(messages from mosaic)、意第绪语(Yiddish)音乐	虚拟现实
商博良博物馆	无数字展览(网页版图文介绍)	

（四）公共服务

数字技术进一步提升了语言博物馆的公共服务功能。语言博物馆联手语言教育机构、语言学术研究机构、档案馆、图书馆、网络媒体等相关机构及专家学者，为用户提供一站式信息资源检索与比较服务，支持多次访问，随时取用。数据资源更为丰富，为语言教育和科研提供了强有力的支撑。

如表 3 所示，八座语言博物馆在各自官方网站通过图文、音视频等多种手段，展示了有关语言藏品、语言展品或展览的信息，为语言爱好者、语言学习者和语言研究者提供了更便捷的信息获取服务，有助于吸引更多人群前往实体馆参观体验。例如，德国图书与文字博物馆定期为文化和媒体专业的本科、硕士和博士研究生提供研讨交流的机会。法国语言博物馆则提供多样化的语言相关探索、学习、体验和研究活动，主要内容包括语言结构知识、语言学习、微型多语电影院、语言之旅、语言乐趣以及语言技术与语言学研究。值得注意的是，以上语言博物馆所开展的社会教育和科研活动大多在实体馆内进行。

（五）经营方式

语言博物馆具有公益性、非营利性，但“非营利性”并非指不能盈利。在符合法律规范的前提下，可以积极探寻创新性发展，实现资金来源的多元化，以维持语言博物馆的可持续发展。语言博物馆的资金来源主要有政府拨款、学术机构与高校合作共建、科研资助、社会捐赠、会员费、门票、文创产品等。

法国语言博物馆（Mundolingua）面向公众收取门票（26 岁以下年轻人、老年人和失业者免费），票价在 4~8 欧元，年票 15~25 欧元。美国国家语言博物馆得到马里兰州人文学院和国家人文基金（Strengthening the Humanities Investment in Nonprofits for Equity，简称 SHINE）的资助，实行会员制，主要靠收取会员费用或者接受捐赠来维系博物馆的运营。此外，美国国家语言博物馆还提供租借服务，即用户可以申请付费租借馆内资源来举办展览。这一举措既满足了用户多样化学习和科研的需求，同时也不失为一种营收方式。

三、语言博物馆数字化发展模式

目前，世界上的语言博物馆数字化发展主要呈现出以下 3 种模式。

1. 脱实向虚

一些语言博物馆没有实体馆，仅以数字馆的形式存在。例如，中国文字数字博物馆于 2023 年向公众开放，它并没有实体馆。另一例子是美国国家语言博物馆，该馆在创立时虽为实体馆，但由于客流量稀少，于是在 2014 年关闭了线下实体馆，完全转型为数字馆。

2. 虚中求实

一些语言博物馆虽然建立了数字馆，但其主要功能仅限于宣传和管理。这些网站的内容通常仅限于对藏品、展品和展览的图文介绍，而实际的参观体验则主要在线下实体馆中完成。例如，法国语言博物馆、枣庄世界语博物馆以及法国商博良博物馆均属于这种模式。

3. 虚实结合

另有一些语言博物馆则同时拥有实体馆和数字馆。在这种模式下,部分藏品/展品的展示以及数字展览可以在线上进行参观体验,同时访客也可以选择线下参观体验实体馆。中国文字博物馆、德国图书与文字博物馆以及加拿大语言博物馆就是这种模式的典型代表。

以上3种发展模式较为全面地反映了当前语言博物馆在数字化建设方面的现状。至于语言博物馆在数字化建设中究竟应采取何种模式,这一问题仍有待学界进一步深入探讨。

四、语言博物馆的未来

通过考察和比较分析前述八座语言博物馆,研究发现,未来语言博物馆数字化建设的重要方面体现在以下4个方面。

1. 数据资源管理

数据资源管理既涉及语言博物馆内部的数据资源管理,也涵盖馆际间数据资源的共享与互访。当前,语言博物馆的数字化建设尚处于"各自为战"的知识孤岛状态,因技术、知识产权等因素制约,馆际数据资源互访或共享尚未实现。

为充分利用数字技术优势,构建大而全、博而精的藏品/展品体系以满足用户多样化需求,首先,需确立统一的技术标准,尽快建立语言藏品信息采集标准和语言展品创设标准;其次,博物馆行业内部应设立管理标准规范或相关法律,以推动包括语言博物馆、展览会、图书馆、档案馆在内的各类机构实现语言数据资源的共享。

2. 数智化展示

对于传统语言博物馆而言,藏品堪称镇馆之宝。然而,随着数字技术的应用,"藏品"的重要性逐渐减弱,取而代之的是"展品"或"展示内容"。在馆藏资源有限的情况下,可通过网络空间资源共享进行弥补。因此,藏品数量和质量不再是制约博物馆发展的关键因素。

展品与展览内容的创设将成为未来语言博物馆竞争的核心。展品和展览的研发需依托专业的研发团队和相关技术支持。故而,未来语言博物馆的数字化发展亟须一支由语言学家、数字技术专家及博物馆管理等相关领域专家组成的专业化人才队伍。

3. 人机交互式体验

交互式参观体验是语言博物馆吸引公众的关键所在。基于强大的云空间、大数据、语言智能、聊天机器人等技术,语言藏品/展品的展示和展览可呈现更高水平的智能化。未来语言博物馆除邀请用户参观、体验外,还可鼓励更多用户分享、上传自创展品,或参与到展品、展览的创制过程中。用户的多角色参与有助于丰富语言展品和展览活动,进而推动语言博物馆的发展。聊天机器人可提供便捷的信息获取方式、增强参观者的互动体验,并增加其可感知的价值和娱乐性。作为聊天机器人的关键技术,语言智能对于提升语言博物馆的公共服务能力至关重要。

在研发博物馆聊天机器人时,需考虑机器人的语言能力(多语言能力)、会话能力(类人语言回应能力)、自然手势(类人会话时的手势、面部表情等)及学习能力(改进提升答案的能力)等要素。这对语言智能等数字技术提出了更高要求。

因此,未来语言博物馆应着重关注青少年语言技术素养和创新能力的提升。例如,巴西圣保罗卡塔文托科学博物馆便开展了共建 AI 展览活动，旨在帮助儿童理解人工智能的概念。在博物馆展览中，孩子们通过自然语言和交互式界面来训练机器学习，从而直观地感知人工智能的思想。只有提前布局语言技术人才，才能更好地推动语言博物馆的发展。

4. 专业化语言服务

目前，仅有少数语言博物馆能提供有限得多语服务和无障碍语言服务。语言既属于民族，也属于世界。语言博物馆的服务对象应超越国家和民族层面，面向全球各民族的语言文化爱好者、学习者和研究者。除了服务健康人群外，还应利用技术优势提供线上和线下的无障碍参观体验服务。因此，利用技术优势提供多样化的语言服务及无障碍语言服务应成为未来语言博物馆努力的方向。

提供多语服务和无障碍语言服务需要语言翻译工作者和语言学家的参与和支持。因此，专家队伍建设是保障专业化语言服务质量的人才基础。

五、结语

语言技术发展至今尚不成熟，但已经极大地提升了语言藏品的采集、保存和管理手段，丰富了语言展品的种类，并提升了展示展览的效果，从而更好地发挥了社会教育和科研服务的功能。著名语言学家李宇明教授指出，语言具有博物性。在数字技术、互联网技术、人工智能繁荣发展的未来，数字语言博物馆将与实体语言博物馆结合，联合数字图书馆、数字档案馆，乃至个人数字语言藏品馆等，可以实现人类语言知识、语言文明的共享、共建、共创。

历史上，学校、学会、学院、图书馆等机构的建立，是为了容纳博学之士和培养学问，推动社会知识进步与发展。语言博物馆的数字化转型将联通人类的“三元空间”，推动人类社会的知识进步。这一次的知识革命，将突破阶层的局限，每个人都将成为知识的生产者与创造者。正如涂尔干（Durkheim）所说，人类思想的类别从来都不是一成不变的；它们不断地被创造、消失、再创造；随时空改变而改变。未来的语言博物馆能否成为人类思想共同繁荣的知识天堂，让我们拭目以待！

参考文献

[1] 李宇明. 语言技术对语言生活及社会发展的影响[J]. 中国社会科学，2017（02）：145-158.
[2] 张小李. 从社会发展及用户需求角度看数字博物馆的定义[J]. 东南文化，2011（02）：97-100.
[3] OTTAR GREPSTAD. A world of language and written culture [R]. Oslo：Center for Norwegian Language and Literature，2015.
[4] 贺宏志，戈兆一. 世界语言博览会博物馆概览[M]. 北京：光明日报出版社，2022.
[5] 全国科学技术名词审定委员会. 计算机科学技术名词[M]. 北京：科学出版社，2018.
[6] 李宇明. 数据时代与语言产业[J]. 山东师范大学学报（社会科学版），2020（05）：87-98.

藏语单音节动词的结构及分布统计分析①

才让卓玛[1,2,3] 道吉扎西[1,2,3] 尼玛扎西[1,2,3]
1. 西藏大学信息科学技术学院;2. 西藏自治区藏文信息技术人工智能重点实验室;3. 藏文信息技术教育部工程研究中心

摘要:该文旨在对藏语单音节动词的结构及其分布进行统计与分析。首先,我们对藏语中的动词进行了收集、整理和统计,共得到1426个单音节动词,并对其结构进行了分类和总结。通过对大量语料的分析,我们发现藏语单音节动词占总比的58.3%。其次,我们对单音节动词在不同语境下的分布进行了详细的研究,深入探讨了它们在句子中的位置和功能。单音节动词在藏语中起着至关重要的作用,它们不仅可以独立成句,还可以与其他句子成分组合成复杂的句子结构。最后,我们对单音节动词的统计与分析结果进行了总结和归纳,并提出了进一步研究的建议。该文不仅深入了解了藏语单音节动词的结构及分布,还深入探讨了藏语动词系统性的特点和规律,对于进一步推动藏语语言学在自然语言处理领域(如藏语词法分析、句法分析、语义分析及机器翻译等)的研究,具有一定的理论和实践意义。
关键词:藏语;单音节动词;结构;分布

A Statistical Analysis of the Structure and Distribution of Monosyllabic Tibetan Verbs

Cairang Zhuoma Daoji Zhaxi Nima Zhaxi

Abstract: The aim of the paper is to count and analyze the structure and distribution of monosyllabic verbs in Tibetan. Firstly, 1426 monosyllabic verbs in Tibetan were collected, organized and counted, and their structures were classified and summarized. By analyzing a large amount of corpus, it was found that monosyllabic verbs in Tibetan accounted for 58.3% of the total ratio. Secondly, the distribution of monosyllabic verbs in different contexts was studied in detail, and their positions and functions in sentences were explored. Monosyllabic verbs play a crucial role in Tibetan, not only forming sentences independently, but also combining with other components to form complex sentence structures. Finally, the results of the statistics and analysis of monosyllabic verbs are summarized and generalized, and suggestions for further research are made. The paper provides a more in-depth understanding of the research on the statistical analysis of the structure and distribution of monosyllabic verbs in Tibetan, and also explores the characteristics and patterns of the systematicity of Tibetan verbs. It has certain theoretical and practical significance for further promoting the research of Tibetan linguistics in the field of natural language processing (Tibetan lexical analysis, syntactic analysis, semantic analysis and machine translation, etc.).
Key words: Tibetan; monosyllabic verbs; structure; distribution

① 项目编号:新一代人工智能国家科技重大专项(2022ZD0116100)和西藏大学研究生"高水平人才培养计划"2021-GSP-B030。

0 引言

藏语是中国 55 个少数民族语言之一，属于汉藏语系藏缅语族藏语支，主要分布在我国西藏自治区和四川、云南、青海、甘肃等五省区，使用人数达 459.3 万人。藏语动词具有(1)时间的特征，即根据其时态的变化来表明时间；(2)地点的特征，即指它在句子成分中的位置，藏语动词充当各种句子成分都有其固定的格式；(3)条件的特征，即指动作的产生、变化和形成等因素。藏语动词即使是一个独词句，这也是藏语动词在语法上的特有功能。其动词结构与其他语言有所不同，具有独特的语音、语法和词汇方面的特点，尤其是形态方面，藏语的动词通过词形变化来表示不同的时态，包括现在时、过去时、将来时和命令式。在藏语中，动词作为句子的核心成分，承担着表示动作、状态、性质等意义的重要作用。藏语动词按音节分为以下 4 类。

(1)单音节动词(tsheg khyim rkyng pvi by tshig)——由一个音节构成的单纯动词，藏语里能从各种词典查得到的单音节动词约有 1300 来个，例如：ltogs(饿)、vthung(喝)、len(拿)等。

(2)双音节动词(tsheg khyim gnyis ldan gyi by tshig)——由两个词素合成的双音节动词，除少数系词根加词缀的单纯词外，其他都是由两个词根合成的复合词。藏语里双音节动词为数不多(不到一百)，能产作用也不大，例如：ngos:len(承认)、yid:ches(相信)、tshod:lta(试验)等。

(3)三音节动词(tsheg khyim gsum ldan gyi by tshig)——由两个或三个词根按一定方式合成的复合动词。这类复合动词在较古的书面语里不太多，口语里却比较普遍。例如：sems kso:gtong(安慰)、shugs snon:rgyg(加强)、bcos bsgyur:byed(改革)等。

(4)多音节动词(tsheg khyim mang vdus kyi by tshik)——指由四类短语性质的动词构成，包括：成语加动词词素构成的成语式多音节动词、四字格形容词加动词词素构成的四字格式多音节动词、带同体格助词的动补式多音节动词、不自主动词加致使义的动词词素构成的使动式多音节动词。这些形式尽管音节多达四五个，貌似短语，但实际在句中只起一个动词的作用，而且都有一定的格式，与自由组合的一般短语不同。例如：Dngos thog bden vth-sol:byed(实事求是)、tshab be tshub be:byed(慌慌张张)、don thog tu:vkhyol(落实)、mngon du vgyur bar:byed(使之实现)等。

单音节动词作为藏语动词最基本的一种形式，其结构和分布对于理解藏语动词系统的特点具有重要意义。语言学家胡书津等在藏语动词的结构及其语法范畴中指出，书面藏语中能发生时、式屈折变化的动词约占整个单音节动词的 70%左右；发生语态屈折变化的仅占整个动词的 20%左右。

本研究结合白马翁召等编的《藏语动词对比集》和史学礼和格桑娜姆编的《藏文动词词典》进行收集、整理和统计，共收集了 1426 个单音节动词。发现藏语单音节动词占比远超于双音节、三音节和多音节，占比超过一半。

随着信息技术的快速发展，藏语自然语言处理的研究日益增多，取得了显著成果。然而，在藏汉机器翻译、句法分析、语义分析、语音识别、文字识别等方面，藏语动词的时态仍对翻译的准确率和语义内容产生深远影响。目前,语言学方面对藏语动词的研究相较于自然语言处理方面的研究更为丰富。因此,深入研究藏语动词时态变化,可为藏语语法结构的分析和语言规律的实践提供重要参考。

1 藏语单音节动词的结构分析

动词的构成与名词相似,可以分为由一个词素构成的“随欲”单纯动词(vdod rgyal thog mvi by tshig)和由两个以上决定词义的词根按一定方式组合的“随立”复合动词(rjes grub don ldan gyi by tshig)。该文研究藏语中由音节的多少构成的单音节动词的使用情况,以便更好地了解藏语的语法结构和特点。单音节的结构主要包含主干、前缀、后缀、元音以及上下加字六部分。

1.1 单音节动词的定义

藏语动词,依据音节的数量,可划分为单音节动词、双音节动词、三音节动词和多音节动词。其中,单音节动词(tsheg khyim rkyng pvi by tshig)是由一个音节构成的单纯动词,而其他音节的动词则是由两个或更多的音节构成。在藏语动词中,单音节动词占比最高,由此可见,单音节是动词的核心,也是最基本的形式。因此,本文将重点探讨藏语单音节动词的结构与分布,并进行统计分析。

1.2 单音节动词的构成规律

藏文的30个辅音字母和5个反写字母均可作为基字,其中的5个辅音字母作为前加字,10个辅音字母作为后加字,2个辅音字母作为再后加字,3个辅音字母作为上加字,4个辅音字母作为下加字。而藏语单音节动词仅由28个辅音字母作为基字构成,其中包括5个前加字,10个后加字,2个再后加字,3个上加字和4个下加字的辅音字母。辅音字母va和a与5个反写字母在现代藏语中并不作为基字,也不构成动词。图1是藏语28个辅音字母构成单音节动词的总数和形态变化中基字变化情况的统计图。在动词的形态变化中,基字变化最为频繁的字母是“ga”“da”“ba”,而在三时一式中,基字没有发生形态变化的字母包括“nga”“nya”“na”“pa”“ma”“tsa”“va”“ya”“ra”“la”“sha”。

如图1所示,从藏语字母构成动词的数据图中可以分析出,同组中的基字与其他字母的变化最为频繁。例如:基字“ga”多数变为“ka”,极少数情况下“ga”变为“pha”,而“ga”作为基字时,其上下加字几乎不会改变基字本身。当基字为字母“ka”时,多数会变为“kha”,同时也有较多情况是从“kha”变回“ka”。另外,基字“ca”常变为“cha”,而基字“pha”则变为“ba”等,但具有上加字的基字则没有发生变化。还有一些基字会转变为不同组,如:基字“ba”变为“da”、基字“zha”变为“za”、基字“sa”变为“tsha”以及基字“ha”变为“ta”。从图中我们可以清晰地看到,基字如“nya”“va”“ra”“la”等并没有发生基字变化来构成动词。

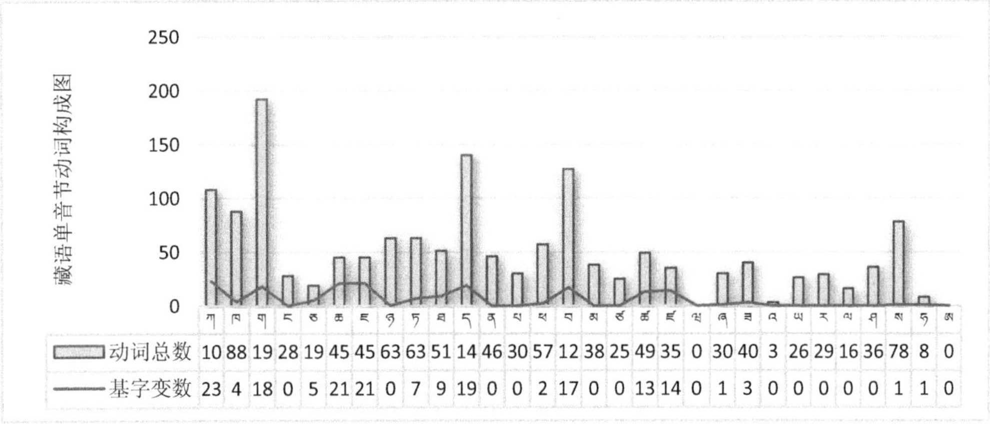

图 1　藏语按字母 ka—a 的动词统计图

1.3　单音节动词的拼写结构

藏文字形结构均以一个辅音字母为核心，其余字母均以此为基础前后和上下拼写，组合成一个完整的字表结构。在藏语词汇中，大多数动词都是由单音节词构成的。由单音节构成的动词，在藏语中单音节动词的形态变化规律是严格的，主要有一般形态变化(dus gsum spyir btang ba)、特殊形态变化(dus gsum bye brag pa)和零散形态变化(dus gsum thsor bu ba)三种类型。其中最显著的特点之一就是形态变化很丰富，动词的位置和句法功能是与其词类和形式密切相关的，在不同的时态和语态方面都有不同的变化形式，也可以搭配附加词不同使得句子的时态更加清晰明了。这些规律可以帮助我们更好地理解语法结构，并更加准确地使用这门语言。

藏文是一种拼音文字，但藏文的拼写方式不同于完全线性拼写的英语等西方拼音文字。藏文既进行横向拼写，又进行纵向拼写，具有一种独特的非线性的二维结构。藏文的拼写顺序是前加字、上加字、基字、下加字、元音、后加字、再后加字。基字与上加字和下加字拼写形成复辅音纵向组合子字。上加字共 ra、la、sa3 个，下加字共 wa、ya、ra、la 4 个。藏文字的基本结构：bsgrigs 如图 2 所示。现代藏语单音节动词现在时为基础的 24 种基本拼写结构如表 1 所示。

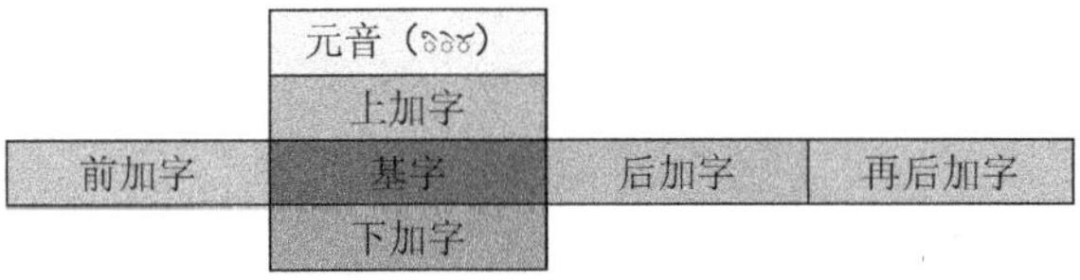

图 2　藏文的结构

表1 现代藏语单音节动词现在时为基础的22种基本拼写结构

序号	单音节动词拼写结构	结构组合形式
1	基字	基字
		元音符号+基字
		基字+元音符号
2	上加字+基字	上加字+基字
		元音+上加字+基字
		上加字+基字+元音
3	基字+下加字	基字+下加字
		元音+基字+下加字
		基字+下加字+元音
4	上加字+基字+下加字	上加字+基字+下加字
		元音+上加字+基字+下加字
		上加字+基字+下加字+元音
5	前加字+上加字+基字	前加字+上加字+基字
		元音+前加字+上加字+基字
		前加字+上加字+基字+元音
6	前加字+基字+下加字	前加字+基字+下加字
		元音+前加字+基字+下加字
		前加字+基字+下加字+元音
7	前加字+基字	前加字+基字
		元音+前加字+基字
		前加字+基字+元音
8	前加字+基字+后加字	前加字+基字+后加字
		元音+前加字+基字+后加字
		前加字+基字+后加字+元音
9	前加字+上加字+基字+后加字	前加字+上加字+基字+后加字
		元音+前加字+上加字+基字+后加字
		前加字+上加字+基字+后加字+元音
10	前加字+基字+下加字+后加字	前加字+基字+下加字+后加字
		元音+前加字+基字+下加字+后加字
		前加字+基字+下加字+后加字+元音
11	前加字+上加字+基字+下加字+后加字	前加字+上加字+基字+下加字+后加字
		元音+前加字+上加字+基字+下加字+后加字
		前加字+上加字+基字+下加字+后加字+元音

续表

序号	单音节动词拼写结构	结构组合形式
12	前加字+基字+后加字+再后加字	前加字+基字+后加字+再后加字
		前加字+元音+基字+后加字+再后加字
		前加字+基字+元音+后加字+再后加字
13	前加字+上加字+基字+后加字+再后加字	前加字+上加字+基字+后加字+再后加字
		前加字+元音+上加字+基字+后加字+再后加字
		前加字+上加字+基字+元音+后加字+再后加字
14	前加字+基字+下加字+后加字+再后加字	前加字+基字+下加字+后加字+再后加字
		前加字+元音+基字+下加字+后加字+再后加字
		前加字+基字+元音+下加字+后加字+再后加字
15	基字+后加字	基字+后加字
		元音+基字+后加字
		基字+元音+后加字
16	上加字+基字+后加字	上加字+基字+后加字
		元音+上加字+基字+后加字
		上加字+基字+元音+后加字
17	基字+下加字+后加字	基字+下加字+后加字
		元音+基字+下加字+后加字
		基字+元音+下加字+后加字
18	上加字+基字+下加字+后加字	上加字+基字+下加字+后加字
		元音+上加字+基字+下加字+后加字
		上加字+基字+元音+下加字+后加字
19	基字+后加字+再后加字	基字+后加字+再后加字
		元音+基字+后加字+再后加字
		基字+元音+后加字+再后加字
20	上加字+基字+后加字+再后加字	上加字+基字+后加字+再后加字
		元音+上加字+基字+后加字+再后加字
		上加字+基字+元音+后加字+再后加字
21	基字+下加字+后加字+再后加字	基字+下加字+后加字+再后加字
		元音+基字+下加字+后加字+再后加字
		基字+元音+下加字+后加字+再后加字
22	上加字+基字+下加字+后加字+再后加字	上加字+基字+下加字+后加字+再后加字
		元音+上加字+基字+下加字+后加字+再后加字
		上加字+基字+元音+下加字+后加字+再后加字

2 藏语单音节动词的分布统计分析

现代藏语书面语的动词具有很丰富的形态变化。时态的曲折变化由基字、前加字、上加字、下加字、后加字、再后加字和元音字母的不同变化体现出来。这种变化分两类:一类是形态成分的增减和改变。形态成分指表示语法意义的前加字、后加字(主要是 sa 和 da)和再后加字;另一类是词根的变化,词根是指由基字、前加字、上加字、下加字、后加字、再后加字和元音字母组成的表示词汇意义的单位。在藏语语法里,表示动作发生的时间和所处的状态称为时或时态(tens se),即行为发生的时间和说话时的关系。一般分为过去时、现在时、未来时。与其他语言一样,在藏语中,语境比动词的标准时态更能表示动词在不同时间的行为,而动词的附加成分会改变动词的时态。动词的词尾是指添加在动词后面表示时态的成分,它往往与形态变化结合起来表达动词的过去时、现在时和未来时。

藏语动词按形态变化分为四种:(1)无形态变化(gzugs vkyur med pa)——部分动词没有形态变化,三时一式的范畴全靠外部的附加成分和时态助词来表达。(2)有两种形态变化(gzugs vgyur nyis ldan)——即三时一式两两同形或三时同形。(3)有三种形态变化(gzugs vgyur gsum ldan)——即三时一式必有两者同形。(4)四种形态变化(gzugs vgyur bzhi ldan)——即三时一式各具一种形态,并有一定的变化规则。

在藏语中,有相当一部分单音节动词在表示不同时态时,其动词本身会发生形态上的屈折性变化,且此变化具有一定的规律性。藏语单音节动词在形态发生屈折性变化时,根据不同的时态,组成某单音节动词的基字或前加字、后加字、再后加字等会发生有规律的变化。

具体为:三时一式同一个词形的无形态变化;只有两种形态变化的是现在时与将来时的形态相同,过去时和命令式的形态也相同;或三时(现在、过去、将来)和命令式的形态各具不同。三种形态变化的动词是现在时和将来时的形态相同,过去时与命令式的形态各具不同。三时一式四个形态都不同的是有四种形态变化,这种不同形态的动词也有一定的规律。但并非所有动词都有形态变化和命令式,没有形态变化的动词只能通过附加成分来表达时态的变化,这里不再赘述。

单音节动词在藏语中的使用频率非常高。据统计,藏语中约有三分之一的动词是单音节动词。图3是藏语单音节动词的四种类型的形态变化动词数:无形态变化的动词有588个,有两种形态变化的动词有440个,有三种形态变化的动词有119个,四种形态变化的动词有279个。其中,无形态变化的动词数最多,占总比的41%。目前所搜集的所有各类形态变化的单音节动词将在文中用实例来一一进行分析。藏语单音节动词现在时为基础的22种结构及三时一式的实例,如表2~表25所示。

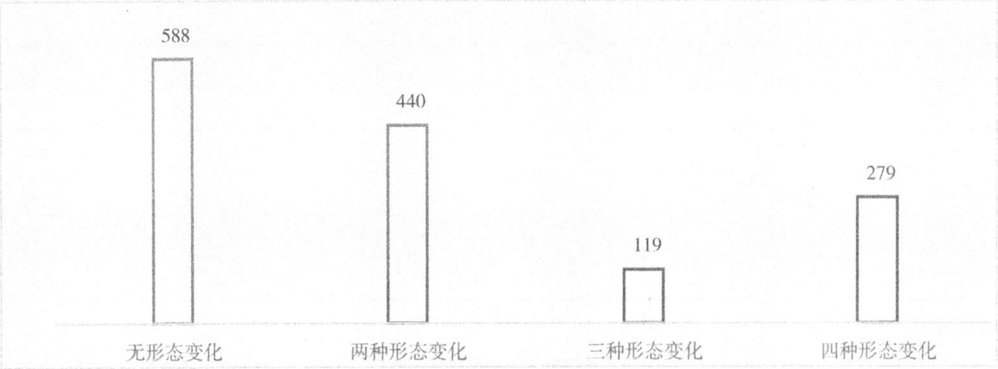

图 3 单音节动词的四种类型分布统计图

表 2 结构 1

结构	类型	个数	实例				
			现在时	过去时	将来时	命令式	汉义
基字	无形态变化	14	གོ	གོ	གོ		听见
	两种形态变化	6	ཉོ	ཉོས	ཉོ	ཉོས	买
	三种形态变化	0	/	/	/	/	
	四种形态变化	1	ཟ	བཟས	བཟའ	ཟོ	吃

表 3 结构 2

结构	类型	个数	实例				
			现在时	过去时	将来时	命令式	汉义
上加字+基字	无形态变化	2	རྫི	རྫི	རྫི	རྫི	踩
	两种形态变化	6	རྨི	རྨིས	རྨི	/	梦
	三种形态变化	1	རྔོ	བརྔོས	བརྔོ	/	炒
	四种形态变化	18	རྐོ	བརྐོས	བརྐོ	རྐོས	挖

表 4 结构 3

结构	类型	个数	实例				
			现在时	过去时	将来时	命令式	汉义
基字+下加字	无形态变化	4	བྲོ	བྲོ	བྲོ	བྲོ	味
	两种形态变化	6	ཟླ	ཟླས	ཟླ	ཟླས	买
	三种形态变化	3	གླ	གླས	གླ	གློས	薪资
	四种形态变化	7	སྲེ	བསྲེས	བསྲེ	སྲེས	混合

表5　结构4

结构	类型	个数	实例				
			现在时	过去时	将来时	命令式	汉义
上加字+基字+下加字	无形态变化	4	སྤྲོ	སྤྲོ	སྤྲོ	སྤྲོ	欢乐
	两种形态变化	5	སྨྱོ	སྨྱོས	སྨྱོ	/	疯
	三种形态变化	2	སྨྲ	སྨྲས	སྨྲ	སྨྲོས	说
	四种形态变化	5	སྐྲེ	བསྐྲེས	བསྐྲེ	སྐྲེས	分类

表6　结构5

结构	类型	个数	实例				
			现在时	过去时	将来时	命令式	汉义
前加字+上加字+基字	无形态变化	1	བརྩེ	བརྩེ	བརྩེ	བརྩེ	爱怜
	两种形态变化	1	བརྟ	བརྟས	བརྟ	/	
	三种形态变化	0	/	/	/	/	
	四种形态变化	0	/	/	/	/	

表7　结构6

结构	类型	个数	实例				
			现在时	过去时	将来时	命令式	汉义
前加字+基字+下加字	无形态变化	4	དབྱེ	དབྱེ	དབྱེ	དབྱེ	分
	两种形态变化	23	འཕྱོ	འཕྱོས	འཕྱོ	/	浮
	三种形态变化	5	དཔྱ	དཔྱས	དཔྱ	དཔྱོས	税
	四种形态变化	2	འབྲི	བྲིས	བྲི	བྲིས	写

表8　结构7

结构	类型	个数	实例				
			现在时	过去时	将来时	命令式	汉义
前加字+上加字+基字+下加字	无形态变化	0	/	/	/	/	
	两种形态变化	0	/	/	/	/	
	三种形态变化	0	/	/	/	/	
	四种形态变化	0	/	/	/	/	

表 9 结构 8

结构	类型	个数	实例				
			现在时	过去时	将来时	命令式	汉义
前加字+基字	无形态变化	8	བཟི	བཟི	བཟི	བཟི	醉
	两种形态变化	31	བཟོ	བཟོས	བཟོ	བཟོས	制作
	三种形态变化	1	བཤུ	བཤུས	བཤུ	ཤུས	抄
	四种形态变化	5	འཇོ	བཞོས	བཞོ	གཞོས	挤

表 10 结构 9

结构	类型	个数	实例				
			现在时	过去时	将来时	命令式	汉义
前加字+基字+后加字	无形态变化	161	འཁོར	འཁོར	འཁོར	/	转
	两种形态变化	123	འདོར	བོར	འདོར	/	丢
	三种形态变化	51	འཚོལ	བཙལ	བཙལ	ཚོལ	找
	四种形态变化	71	འདོན	བཏོན	གདོན	ཐོན	读

表 11 结构 10

结构	类型	个数	实例				
			现在时	过去时	将来时	命令式	汉义
前加字+上加字+基字+后加字	无形态变化	9	བརྩོན	བརྩོན	བརྩོན	བརྩོན	勤
	两种形态变化	1	བརྐད	བརྐད	བརྐད	བརྐོད	张开
	三种形态变化	1	བསྔོས	སྔོས	བསྔོ	/	
	四种形态变化	0	/	/	/	/	

表 12 结构 11

结构	类型	个数	实例				
			现在时	过去时	将来时	命令式	汉义
前加字+基字+下加字+后加字	无形态变化	48	བཀྲུས	བཀྲུས	བཀྲུས	/	洗
	两种形态变化	67	དཔྱོད	དཔྱད	དཔྱད	དཔྱོད	分析
	三种形态变化	19	འཁྲོལ	དཀྲོལ	དཀྲོལ	ཁྲོལ	弹
	四种形态变化	21	འགྲེམ	བཀྲམ	དགྲམ	ཁྲོམས	展

表 13　结构 12

结构	类型	个数	实例				
			现在时	过去时	将来时	命令式	汉义
前加字+上加字+基字+下加字+后加字	无形态变化	4	བརྒྱུད	བརྒྱུད	བརྒྱུད	/	通过
	两种形态变化	0	/	/	/	/	
	三种形态变化	0	/	/	/	/	
	四种形态变化	0	/	/	/	/	

表 14　结构 13

结构	类型	个数	实例				
			现在时	过去时	将来时	命令式	汉义
前加字+基字+后加字+再后加字	无形态变化	23	གཏོགས	གཏོགས	གཏོགས	/	属
	两种形态变化	2	གཏམས	གཏམས	གཏམས	གཏོམས	充满
	三种形态变化	0	/	/	/	/	
	四种形态变化	16	འདེབས	བཏབ	གདབ	ཐོབས	播

表 15　结构 14

结构	类型	个数	实例				
			现在时	过去时	将来时	命令式	汉义
前加字+上加字+基字+后加字+再后加字	无形态变化	1	བསྔགས	བསྔགས	བསྔགས	བསྔགས	赞美
	两种形态变化	0	/	/	/	/	
	三种形态变化	0	/	/	/	/	
	四种形态变化	0	/	/	/	/	

表 16　结构 15

结构	类型	个数	实例				
			现在时	过去时	将来时	命令式	汉义
前加字+基字+下加字+后加字+再后加字	无形态变化	6	འཁྱོགས	འཁྱོགས	འཁྱོགས	འཁྱོགས	弯
	两种形态变化	0	/	/	/	/	
	三种形态变化	0	/	/	/	/	
	四种形态变化	1	འགྲོངས	བགྲོངས	དགྲོང	དགྲོངས	杀

表 17 结构 16

结构	类型	个数	实例				
			现在时	过去时	将来时	命令式	汉义
基字+后加字	无形态变化	153	ཆག	ཆག	ཆག	/	断
	两种形态变化	32	ཡིབ	ཡིབས	ཡིབ	ཡིབས	藏
	三种形态变化	6	ཉན	མཉན	མཉན	ཉོན	听
	四种形态变化	9	ལེན	བླངས	བླང	ལོངས	拿

表 18 结构 17

结构	类型	个数	实例				
			现在时	过去时	将来时	命令式	汉义
前加字+上加字+基字+下加字+后加字+再后加字	无形态变化	0	/	/	/	/	
	两种形态变化	0	/	/	/	/	
	三种形态变化	0	/	/	/	/	
	四种形态变化	0	/	/	/	/	

表 19 结构 18

结构	类型	个数	实例				
			现在时	过去时	将来时	命令式	汉义
上加字+基字+后加字	无形态变化	45	སྐོམ	སྐོམ	སྐོམ	སྐོམ	渴
	两种形态变化	82	ལྟོས	བལྟོས	ལྟོས	/	看
	三种形态变化	15	སྐེམ	བསྐམས	བསྐམ	/	晒
	四种形态变化	71	སྒུག	བསྒུགས	བསྒུག	སྒུགས	等

表 20 结构 19

结构	类型	个数	实例				
			现在时	过去时	将来时	命令式	汉义
基字+下加字+后加字	无形态变化	24	གྱོན	གྱོན	གྱོན	གྱོན	穿
	两种形态变化	22	གླེང	གླེངས	གླེང	གླེངས	谈
	三种形态变化	8	ཟློམ	བཟླམས	བཟླམ	/	信
	四种形态变化	26	སྲོང	བསྲུངས	བསྲུང	སྲོངས	护

表21 结构20

结构	类型	个数	实例				
			现在时	过去时	将来时	命令式	汉义
上加字+基字+下加字+后加字	无形态变化	20	སྐྲག	སྐྲག	སྐྲག	/	怕
	两种形态变化	33	སྦྱིན	བྱིན	སྦྱིན	བྱིན	给
	三种形态变化	5	རྡེག	བརྡབ	བརྡབ	རྡོབ	打
	四种形态变化	24	སྒྲིག	བསྒྲིགས	བསྒྲིག	སྒྲིགས	拼

表22 结构21

结构	类型	个数	实例				
			现在时	过去时	将来时	命令式	汉义
基字+后加字+再后加字	无形态变化	30	གོམས	གོམས	གོམས	/	习惯
	两种形态变化	0	/	/	/	/	
	三种形态变化	0	/	/	/	/	
	四种形态变化	0	/	/	/	/	

表23 结构22

结构	类型	个数	实例				
			现在时	过去时	将来时	命令式	汉义
上加字+基字+后加字+再后加字	无形态变化	9	རྟོགས	རྟོགས	རྟོགས	/	悟
	两种形态变化	0	/	/	/	/	
	三种形态变化	1	སྡིགས	བསྡིགས	བསྡིག	སྡིགས	恐吓
	四种形态变化	2	ལྟེམས	བལྟམས	བལྟམ	ལྟོམས	降生

表24 结构23

结构	类型	个数	实例				
			现在时	过去时	将来时	命令式	汉义
基字+下加字+后加字+再后加字	无形态变化	12	གྲགས	གྲགས	གྲགས	/	遍布
	两种形态变化	0	/	/	/	/	
	三种形态变化	0	/	/	/	/	
	四种形态变化	0	/	/	/	/	

表 25　结构 24

结构	类型	个数	实例				
			现在时	过去时	将来时	命令式	汉义
上加字+基字+下加字+后加字+再后加字	无形态变化	6	འགྲོགས	འགྲོགས	འགྲོགས	འགྲོགས	交结
	两种形态变化	0	/	/	/	/	
	三种形态变化	1	རྒྱགས	བརྒྱགས	བརྒྱག	/	饱足
	四种形态变化	0	/	/	/	/	

根据目前的现代藏语词典统计，未能找到基于现在时的单音节动词结构，即有结构 7（前加字+上加字+基字+下加字）和结构 17（前加字+上加字+基字+下加字+后加字+再后加字），如上表所示。

如图 4 所示，结构 9（前加字+基字+后加字）的动词占比最多。

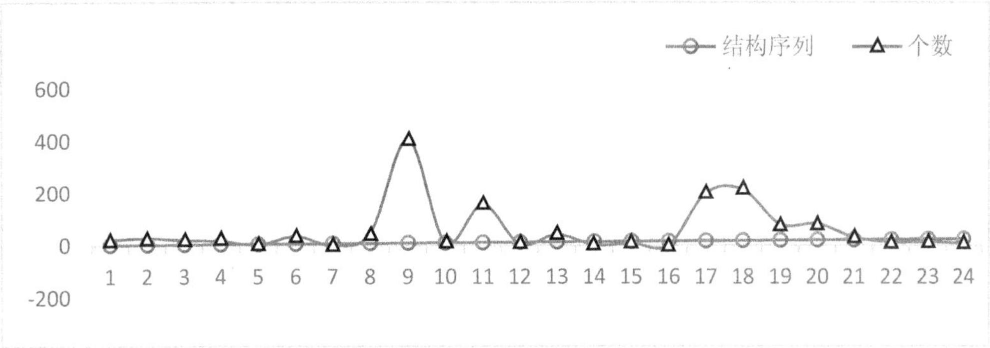

图 4　单音节动词结构和总数统计图

3　结语

藏语是一种独具特色的语言，对于深入了解藏语语法体系，单音节动词的结构和分布统计分析具有重要意义。通过对藏语单音节动词的结构和分布进行统计分析，我们可以更好地把握藏语动词的特点和规律，为进一步研究藏文信息处理提供理论数据的支持和实践指导。掌握了正确应用藏语动词的形态变化，就能在学术和日常生活中避免很多乱用动词的情况，还能提高藏语文的表达能力和信息处理中的应用能力。同时，对单音节动词进行统计分析还可以为动词的自动化处理、语言教学和翻译工作提供重要的参考依据，从而大大提高统计分析的效率和准确性。此外，我们将总结其形态变化的特征，探讨其与其他形式动词的异同，并进一步探讨其对于理解藏语动词系统的特点和规律的意义。同时，我们也将对统计分析中可能存在的问题和不足进行反思，为今后的相关研究提供参考和借鉴。希望通过对藏语单音节动词的结构及分布统计分析的研究，能够为藏语自然语言处理领域的发展贡献一份力量。

参考文献

[1] 格桑居冕,格桑央京. 藏语方言概念[M]. 北京:民族出版社,2002.
[2] 马进武. 藏语动词的三大特征[J]. 西北民族大学学报(哲学社会科学版),1984(2):24-31.
[3] 罗巴. 藏语动词的属性分析[D]. 西宁:青海师范大学,2015.
[4] 王诗文,胡书津. 试谈藏语动词的结构及其语法范畴[J]. 西藏民族学院学报(社会科学版), 1995(4): 32-37.
[5] 白马翁召. 藏文动词对比集[M]. 北京:民族出版社,2015.
[6] 史学礼,格桑娜姆. 藏文动词词典[M]. 青海:青海民族出版社,2002.
[7] 格桑居冕. 实用藏文文法教程[M]. 成都:四川民族出版社,2004.
[8] 尼玛扎西. 藏文拼写形式语言及其自动机研究和应用[M]. 北京:科学出版社,2016.
[9] 多杰东智. 藏语安多方言动词的自主非自主研究[M]. 北京:民族出版社,2018.
[10] 尼玛扎西,完么扎西. 藏语自然语言处理基本理论和方法[M]. 北京:科学出版社,2020.
[11] 瞿霭堂. 藏族的语言和文字[M]. 北京:中国藏学出版社,1996.
[12] 索南尖措. 藏语动词的黏着性及屈折性变化研究[J]. 西藏大学学报(自然科学版),2013(1):70-75.

智能时代的阅读多人谈

编者按：2023年《国家语委关于实施“典耀中华”主题读书行动的指导意见》提出，要统筹汇集各类资源，将经典阅读有机地融入课程教材建设，并贯穿学校、社会、家庭教育的全过程和各个领域。要注重与书香校园建设、全民阅读活动、亲子阅读等活动的统筹推进，以打造智慧阅读平台，营造出浓厚的读经典氛围。该指导意见旨在通过3~5年的探索，形成长效机制并不断完善。此外，要通过家庭阅读、亲子阅读、师生共读、社会阅读等多种形式，努力扩大社会大众，特别是青少年的经典阅读覆盖面。

为此，教育部语用司特委托首都师范大学国家语委中国语言智能研究中心牵头承担“导-读-写-评”一体化“智能+”经典阅读新模式探索项目，希望组织更多专家学者和行业人士共同努力，探索智能时代中国阅读新模式，以丰富经典阅读的形态和体验，切实提高阅读效果。

构建数字阅读新模式　培育强国公民素养

杨斯喻　周建设
首都师范大学

1. 数字时代催生智能阅读新常态

人类社会进步在很大程度上是由技术推动的。自动力技术进入人类生产以来,技术推动社会进步经历了四个阶段,包括体力解放、合力聚成、效力提升和智力集成。蒸汽机的出现解决了体力困境,电气化的出现解决了合力困境,信息化的出现解决了效力困境,数字化的出现解决了智力困境。

数字是事物属性的量化表达。数字具有三大特性:一是基因存储性。生命数字反映人的健康与寿命,教育数字反映人的知识与教养,工作数字反映人的能力与绩效,财富数字反映人的积累与发展。我们可以通过考察数字来认识人文基因。二是规律蕴涵性。规律是事物的根本属性,数字是事物属性的量化形式,数据集中蕴涵着事物规律。三是趋势预测性。依据数据集蕴涵的事物规律,可以预测事物的未来走势。

数字化是对数据的智能化处理,是通过构建反映事物属性的数据模型,设计具体算法,实现对现实世界的数字孪生、虚拟再现。数字智能化给知识的输出,即传统意义上的阅读,带来了全域化、全态化的变革。读文、听声、读图、视影已经成为阅读的新常态。

2. 强国公民素养呼唤阅读资源新配置

数字时代阅读载体的全态化,无疑给阅读的知识吸收提供了时空的方便和认知的轻捷。什么样的内容最适合哪些阅读者?这是一个久而未决的难题。“开卷有益”似乎是励志读书的亘古真言。然而,在数字时代,信息的海量生成,“卷在何方”“何处开卷”,更是阅读研究者面临的新难题,也是书香中国建设、全民阅读行动不可回避的课题。迄今,我国大中小学对阅读资源的配置既有国家规范,又有地域配置,既有百花齐放之美,也有莫衷一是之忧。

国家倡导全民阅读,旨在提升强国公民素养。强国公民素养的培育中,科学配置阅读资源是奠基性工程。基础工程建设需要科学理论支撑。教育部语用司委托开展“导读写评一体化智能+经典阅读新模式探索”,项目团队初步研究认为:基因能量学、数字动力学和脑认知科学,或可成为阅读资源配置的重要理论支撑。基因能量学解决阅读资源配置的质。这可以从科学、学科、课程三个关联性体系进行分析,发现其内在联系。科学包括自然科学、社会科学和形式科学。科学是科学家研究的点点滴滴的理论结晶,经年累月,不断积淀,丰富着科学理论宝库。学科是对科学理论的类化认知。我国将科学理论划归为14个门类,即哲学、经济学、法学、教育学、文学、史学、理学、工学、农学、医学、军事学、管理学、艺术学和交叉学科。课程则是将学科内容转化传输给学生学习的知识系统。以基础教育的语文课程为例,语文内容基本上是从文学学科范畴萃取的。教育部给语文规划配套的阅读书目,小学27种、初中49种、高中56种,仍然没有超出文学学科范畴。人们通常把阅读资源看做是公民素养培养的重要资源,如果以此标准衡量,当前的语文以及配套的阅读资源明显偏窄。

如果沿袭传统,将阅读归属语文范畴,视为文学性阅读,那么其他学科的阅读就会不自觉地被语文意义上的阅读所取代。语文,通常的理解是语言+文学。文学是艺术,是用语言符号抒写情感意象,本质上,它与用笔绘画没有区别。语言是工具,工具的功能强弱与配置阅读材料质量密切相关。仅仅将文学性的材料配置为阅读材料,它的能量是很有限的,作为语言工具是软绵无力的。为增强语言的工具性,我们依据基因能量学原理来确定阅读资源配置的质,从14门学科中筛选内容,这样,语言工具所蕴含的人文素养能量就会强大很多。根据数字动力学原理确定阅读资源配置的量,根据脑认知科学确定不同学龄阶段的阅读资源配置的度(难度、可接受度)。将质量度三者统一,形成强国公民素养阅读资源科学配置的最佳方案并逐步实施。

3. 建设智能阅读实验室拓展阅读新模式

《国家语委关于实施"典耀中华"主题读书行动的指导意见》提出,要统筹汇集各类资源,将经典阅读有机地融入课程教材建设,并贯穿学校、社会、家庭教育的全过程和各个领域。同时,要注重与书香校园建设、全民阅读活动、亲子阅读等活动的统筹推进,以打造智慧阅读平台,营造出浓厚的读经典氛围。该指导意见旨在通过3~5年的探索,形成长效机制并不断完善。此外,要通过家庭阅读、亲子阅读、师生共读、社会阅读等多种形式,努力扩大社会大众,特别是青少年的经典阅读覆盖面。同时,应充分利用数字技术,探索并完善"导-读-写-评"一体化的"智能+"经典阅读新模式,以丰富经典阅读的形态和体验,切实提高阅读效果。

为贯彻落实教育部等八部门联合印发的《全国青少年学生读书行动实施方案》及国家语言文字工作委员会发布的《国家语委关于深入实施"典耀中华"主题读书行动的指导意见》的精神,我们拟探索建设智能阅读仿真实验室,以拓展阅读的新模式。智能阅读仿真实验室的建设主要分为五个部分:资源云基座、数字孪生装备、讨论创作空间、智能评价系统以及资源推送智能系统。此外,还配备有名家讲坛、阅读分享、心得讲述、感悟笔谈、名作推荐等专区。资源云基座的建设重点在于构建吸纳知识的基础框架,不仅要有计划地充实和丰富既有资源,还要实时吸收新资源。资源云基座的重点和难点在于知识的遴选和标注。数字孪生装备是一种融合了硬件与软件、有形与无形、时间与空间的新型装备,其硬件包括电脑、声像采录编辑设备和显示屏,软件则主要是购置和开发的虚拟仿真场景生成系统。为了实现阅读效果的智能评价,需要配置图文模式识别与可视化展示设备,并研发人文基因计算技术。同时,还要研发基于知识基础、学科倾向、思维类型、兴趣偏好和能力潜质的阅读材料推荐技术。智能阅读仿真实验室通过质量度一体化的资源配置,呈现出一个数字孪生的虚拟世界,为读者提供全域化、全态化、虚实结合的阅读材料,开辟了新的认知与创新阅读天地。继而,实验室通过人文基因计算技术精准地检测阅读效果,综合分析阅读基础数据,推送个性化的阅读新资源。

4. 形式多样的阅读行动掀起全民阅读新热潮

阅读资源的全域化、全态化、规范化、数字化、智能化，为全民阅读、数字中国、书香中国、书香校园建设开辟了新路径。各地政府、学校、社会纷纷采取创新举措，推动阅读，掀起了阅读新热潮。

北京市深入贯彻党的二十大精神和习近平总书记关于教育强国、数字中国建设的重要论述，全面落实国家教育数字化战略行动和北京市智慧城市行动纲要，把数字化作为推动教育高质量发展新质生产力的重要抓手，以数字化支撑首都高质量教育体系建设，将阅读列为重要的建设内容，开通全市京学通数字阅读与写作智能化平台，推进全民师生阅读，引领全民阅读。

北京市东城区通过阅读行动推进阅读与日常教育教学相融合，开设精品阅读课程，培训提高教师素养，创建阅读品牌，建设阅读优质资源，鼓励家长陪伴阅读。

海淀区根据《国家语委关于深入实施"典耀中华"主题读书行动的指导意见》提出的重点任务"提高数字赋能水平"，探索并完善"读写讲评一体化"和"智能+"经典阅读新模式，引进了国家语委中国语言智能研究中心指导研发的"IN 课堂"中文作文智能测评系统，对 14 344 篇征文进行了智能测评。该系统从基础数据、热词数据、写作维度、写作表现力、阅读倾向、认知力、思维力、逻辑力、创新力等九个维度进行了分析，可视化展示了学生的写作水平和人文素养，同时也展示了数智时代学业水平评价方式变革的新趋势。

朝阳师范附属小学等学校，建设了"典耀中华"主题读书课程。开设"快乐周二，典耀中华"系列课程。组织全校教师编制了 180 节阅读课程内容，并在全校三个校区每周二授课，系统推进阅读行动，并引入人工智能评价体系，对阅读效果进行精准评价和阅读数据分析，为学生高效阅读提供了卓有成效的指导。

成都市双流区实验小学外国语学校，基于多年的阅读经验，依托教育部导读写评一体化经典阅读新模式探索项目，开展跨领域阅读资源建设。结合基础性课程和拓展性课程，开展赋能阅读，包括"品能""语能""体能""艺能""创能""科能"等材料阅读，形成了具有重大创新价值和显著成效的阅读资源和教育体系。

刍议新质生产力背景下的阅读评价

许红伟
河北省廊坊市教育局

刚才听了清华附中将台路学校九大学科的教研组长分别谈阅读，收获很大，让我从不同的学科视角来重新认识阅读的重要性。今天我想谈谈阅读评价的两种方式，一种是阅读效果的评价，一种是阅读素养的评价。对于效果评价我不多说，各所学校都在用不同的方式、不同的评价方法来进行，也取得了很多成绩，评价结果也发挥了很大的作用！我重点和大家交流一下关于学生的阅读素养评价。有很多人认为阅读效果评价就是阅读素养的评价，其实这两者是有很大区别的。阅读素养评价是一个很复杂很抽象的评价过程。目前,国际上比较权威且影响力较大的素养评价模式是联合国教科文 OECD 组织的 PISA 测试。PISA 主要是对 15 岁左右的学生进行阅读、数学和科学三种学科的素养能力进行测试评价。从 2000 年开始,每三年进行一轮测试。PISA 测试涉及的三门学科都是广义的科目。特别是阅读,测试工具更加宽泛。目前,阅读的主要承载方式仍然是通过文本实现,而九大学科所呈现的知识形式也主要以文本为主。只要信息以文本方式呈现,就需要进行阅读和理解。如果学生阅读能力不足,理解力差,那么他们在其他学科上的表现也不会太好。因此,阅读在整个教学过程中起着非常关键的作用。

目前我国参考 PISA 测试也在做一个学科测试。教育部教育质量评价中心对中小学四年级和八年级进行样本抽测,测试方法是当年抽测,第二年出结果。然而,这种抽测方式存在很大弊端,不够科学。一是出结果的时间较长;二是抽样样本量特别少,导致参考价值有限且评价结果使用率不高!因此,现在各个省份都在构建自己的评价体系,测试的重点也集中在阅读上。与语文相比,阅读是更广义的概念。有人将语文解读为语言加文字,有人解读为语言加文学,而阅读则基本涵盖了所有的语言文化呈现方式。因此,如何评价阅读对于我们所有学科的教学质量提升至关重要。

现在经常有人会说,我们今天的学生学着昨天的知识,然后去解决明天的问题,这是一件比较可怕的事情。这说明我们的学生缺乏创造力,或者创造力水平不高,反映出我们的教育存在问题。刚才有位教研员老师提到《论语》中讲述过教育功能的问题,我进一步阐述一下《论语》中教育的内涵分为两个部分:一是传承和发展人类的文化(而非文明),它具有承载力;二是传承和发展人类的技术,旨在改善我们的生活。我们现在说的 ChatGPT 等,这些都属于技术类功能。

我们所处的时代正处于第四次工业革命的前夕,技术水平发展迅速,但我们的文化水平并未显著提升,无法完全解读技术的发展,导致现在的教育某些功能相对滞后。那么,如何解决阅读素养评价问题呢?2023 年 9 月,总书记在视察黑龙江时提出了新质生产力的概念。那么,教育的新质生产力应从何入手?通过探索并解决教育的新质生产力问题,我们就能解决所有学科的教学问题。如果没有人工智能、大数据等新技术的介入,教育将陷入孤芳自赏的境地,永远无法与技术发展同步。至少在目前,技术发展速度是超越文化发展的。然而,正常的发展模式应该是文化引领技术,即我们的思维认知应该走在技术前面。马克思主义哲学中的认识论是引导实践论的,但现在社会的发展却是用实践论去总结认识论。

我们再返回来谈阅读,谈评价,要解决的问题是如何让技术更好地指导我们的阅读。周建设教授团队开发的作文批改系统就是一个很好的创新例子,它有效地解决了一线教师批改作业的难题并提高了批改质量。语文老师面临的最大困惑是什么?就是批改作文。他们常常需要批改作文到深夜,有时一个老师要负责几个班级的语文教学,每个班都有 50 人以上的学生,批改一次作文需要花费大量时间,导致组织教学和备课的时间减少,教学质量也会受到影响。而周建设教授团队研发的作文批改系统减轻了教师的负担,让他们有更多的时间备课、辅导学生和研究教学,对教学整体质量的提升有很大的帮助。所以,未来无论我们谈论阅读还是任何教育的发展,都需要与教育的新质生产力相结合,妥善处理好技术和文化之间的关系。

人工智能技术促进阅读能力提升

俞敬松
北京大学

在新智能时代,人类最优秀的智慧依然蕴藏在书籍之中。尽管人工智能的发展使得获取信息变得更加便捷,但没有大量的阅读和批判性思考,我们无法培育成熟的人格和创造力。学习教材和教育指定的课外阅读读物只是建立基础知识的基石,而人类的基础认知能力、创造力和智慧是驾驭人工智能的关键,也是从事所有不可能被机械和人工智能取代的工作的基石。

然而,在新时代,即使是阅读,我们也需要善于利用人工智能来提高阅读的效率。现代技术使得我们能够更快地搜索、筛选和获取信息,从而更加高效地阅读。过去那些需要记忆背诵的内容似乎不再那么重要,因为我们可以随时通过搜索引擎来查找需要的知识。然而,相比于过去的年代,更深刻的思考、更长链条的推理和分析能力以及更多的创造性才是我们真正需要提升的地方。

在新智能时代,我们需要培育更高层次的思维能力。与其仅仅满足于获取表面信息,我们应该追求更深入的理解和洞察力。通过阅读各种类型的书籍,我们可以接触到不同的观点和思想,从而培养出更宽广的视野和更开放的思维方式。阅读不仅仅是获取知识,更是一种思维的训练和思考的启迪。

此外,我们还需要发展批判性思维。阅读书籍时,我们应该保持批判性的态度,质疑和思考作者的观点和论证。这样的思维方式能够帮助我们更好地理解和评估信息的可靠性和价值,培养出独立思考和判断的能力。

尽管人工智能在许多领域取得了巨大的进步,但它无法替代人类的创造力和智慧。在新智能时代,我们需要将人工智能作为工具来辅助我们的学习和工作,而不是取而代之。我们应该学会利用人工智能的优势,如数据分析和自动化处理,来提高我们的工作效率和创造力。

总而言之,新智能时代变化深刻,成才的标准和所需的能力都会随之改变。我们应该拥抱新技术而不是排斥它,同时也要意识到,真正提升自己能力的地方在于培育深刻的思考、推理和分析能力,以及发展创造性思维。只有这样,我们才能在未来的生存之道中立于不败之地。

学科阅读初步实践与智能阅读实验室建设

陈昌林
北京市第二十七中学

很荣幸能够通过这个平台跟大家分享学校在阅读方面的探索。我的发言围绕四个关键词展开,第一个是“认识”,第二个是“历程”,第三个是“目标”,第四个是“探索”。

一、关于阅读的认识

对于个人而言,阅读是学生思维不断进步的阶梯。从国家的视角出发,“一个民族的精神境界,很大程度上取决于这个民族的阅读水平”。在教育领域,受朱永新教授的启发,我认为学习的过程本质上就是阅读的过程。在这个过程中,阅读不仅是信息的输入,更是信息在大脑中的建构、迁移和创新。后者才是阅读的根本价值和最终归属。基于这样的认识,我认为在中学阶段,阅读不仅是打开学生视野的有效途径,更是提升学生自主学习能力的重要方式。

二、关于阅读的历程

我校一直对阅读予以高度重视。自2006年起,学校语文教研组就开始以课题的形式,在深度阅读、主题阅读和整本书阅读方面开展探索实践。2016年开始,学校还为语文和英语学科设置了专门的阅读课程,这些阅读课程现已成为学校的特色课程。到2018年,学校正式推出了读书节活动,并且此后每年都有举办。2023年,学校更进一步,将阅读融入各个学科教学中,开展学科阅读的探索实践。

三、关于阅读的目标

人们普遍认为阅读与语文和英语学科紧密相关。然而,我认为阅读的重要性不仅限于此。正如刚才老师们所强调的,其他学科阅读同样具有不可忽视的意义。基于这一共识,我校教师开始积极探索如何做好学科阅读。

简单来说,学科阅读就是以各个学科为单位,将阅读融入日常的课堂教学以及课外拓展实践中。我校的主要思路是:在实施学科阅读过程中,以课堂改进为起点,同时从课堂和阅读两个方面入手,将阅读真正融入学科学习中,以阅读带动课堂教与学方式的改进。在这样的思路指导下,我校设定了三个主要目标。

第一个目标是在传授学科知识的同时,提高学生的学科阅读能力。具体表现为以下三个方面:首先,引导学生将阅读作为学科思考和学习的工具,当遇到问题时,能够通过阅读相关材料来解决问题,这是提升学生能力的重要方面。其次,帮助学生实现高效的教科书及辅助材料的阅读。最后,使学生能够建立阅读与新知识学习的联系。

第二个目标是通过阅读,使学生学会像学科专家那样进行学习、思考和写作。传统观念往往将阅读局限于“读”,但实际上,读写是相辅相成的。为了使学生更好地理解和建构所读内容,表达也是至关重要的。因此,我校要求学生应从基本的读写能力转向学科读写能力。这意味着写作不仅局限于语文作文,还应拓展至数理化等学科的实验报告和观察报告的撰写。这种阅读后的写作能够促进学生像学科专家一样思考学科问题。

第三个目标是通过学科阅读的深入探索,摸索出具有我校特色的阅读教学模式。

四、关于阅读的探索

目前,我校在学科阅读实践中虽处于起步阶段,但已取得了初步进展。首先,我校教师已尝试开展论证式阅读,在生物和历史教学中尤为普遍。例如,在历史教学中,教师会针对某一历史结论,引导学生通过阅读和分析史料进行验证。其次,还有赏析型阅读教学模式,在语文和英语教学中得到广泛应用。此外,还有应用型阅读教学模式,这种阅读更侧重于应用。例如在学习数学时,学生在阅读材料中理解了十字相乘法的因式分解后,教师会给出新的问题情境,调动学生迁移应用,实现学生对阅读内容的深入理解和应用创新。最后是研究式阅读,例如在阅读《项羽本纪》后,教师会引导学生进行深入研究,通过查阅大量史料,更全面、立体、辩证地认识历史人物。

总之,我校关于学科阅读的探索刚刚起步,尚未形成完整的体系。我在这里抛砖引玉,希望后续能借助周校长的"导读写评一体化"智能平台,引导学生通过阅读促进其更深更广地理解文本,真正提高终身学习能力并提升个人修养。

五、数字化阅读实验室建设构想

(1)重点放在阅读评价的数字化上,而非让学生在平台上长时间阅读。

(2)在阅读评价中,重点是过程性评价,而数字化则能协助记录并评测阅读过程。

(3)数据的收集应体现出智能化,例如,可以通过手写拍照进行智能识别,或者采用语音输入进行智能识别,随后再进行智能评价。

(4)借助数据挖掘、知识图谱、个性化画像等技术手段,展现阅读的智能化。

(5)必须重视阅读后的口头表达和书面表达。

(6)平台上人与人之间的交流与互动至关重要。

(7)优秀阅读者的引领作用不可或缺。

(8)应融入一定的游戏化元素。

(9)最好实施分级阅读,以便将相似的群体聚集在一起。

(10)要建立及时的反馈机制。

(11)研究者需定期进行交流研讨,汇聚智慧。

阅读方式变革推进阅读质量提升

崔楚民
北京市东城区教育科学研究院

我今天汇报的题目是"推进阅读方式变革,提高学生阅读质量",主要分享三个方面的内容:一是对阅读背景的理解,二是曾经以阅读为主题所做的一个中学生的调查,三是就全民阅读提出的五点建议。

首先，关于阅读。2023年教育部的年度工作重点共有五条，阅读是其中之一，即要引导学生爱读书、读好书、善读书，“典耀中华”读书行动文件中也详细说明了具体内容。国际社会中主张阅读要遵循个性化教育与终身教育理念。个性化教育强调的是自主性，不是从学校或者机构来供应的那种定制的教育，而是自主教育和自主学习。自主学习离不开阅读这一工具。基础教育核心素养强调培养终身学习力，而终身学习力要依靠阅读能力。离开学校后的非正规教育、非正式学习，如顺带学习或者无约束的学习，都是以阅读为基础的。

其次，根据学生的要求，最近我们刚好做了一个关于阅读的调研，调研中发现了三个有趣的问题。第一，男女阅读差异的问题，总体上女生阅读情况好于男生，调查对象是初二年级学生。第二，阅读在个体之间的差异大于校际差异，即学生在同一个学校、同一个班级、同一个年级里面的个体差异很大，而校与校之间的差异实际上并没有那么大，这是我们重点要关注和解决的问题。第三，文理阅读不均衡，这是大数据呈现出来的结果。我们在推荐学生阅读的时候，主张学生关注阅读内容。今天的研讨会非常重要的一点是要让阅读资源文理均衡。调研中还涉及影响学生阅读的相关因素，包括学生自身因素、教师因素和学校因素。家庭环境对学生阅读习惯的养成和能力水平高低有很大的影响。父母是否带孩子去公立图书馆，去的次数和频率也是一个比较重要的相关影响因素。还有就是学生在阅读上投入的时间也是相关的。这些数据反映了学生的阅读状况，学生的阅读认知是很重要的。

最后，是对阅读的五点建议。第一，要深入推进阅读教育改革，创新阅读素养的提升路径，重点就是要推进阅读资源的构建，还有阅读课程的创新。阅读一定要有课程的视野，用课程的观念来搭建阅读资源。第二，要深入推进阅读教学的改革，促进区域阅读课程质量的整体提升。学校应当积极创设阅读的氛围，教师应当不断提升学科阅读课程的品质，组织开展丰富多样的阅读活动，采用多种方式来激发学生的阅读兴趣，让学生养成良好的阅读习惯。第三，要创新阅读的方式，重点推动阅读水平从低向高的提升，即要解决个体差异的问题。提高学生的阅读素养需要多元提升不同类型的文本、不同情境和不同媒介下的阅读能力，创造丰富多彩的阅读环境，引导学生阅读能力的发展。第四，建立共享的阅读活动平台，开展区域内的教研分享机制，促进教师在交流中转变教育观念。在目前新形势之下，教研的组织形态也会发生很大的变化，可以将学校的阅读经验转化成为区域的阅读优势。第五，要创新阅读评价的改革，运用数字技术赋能阅读评价，建立读写评一体化的阅读课程体系，这一定是未来阅读教学的方向。周建设校长坚持十多年，一直在努力推进这项工作，这是一项有价值的工作。建立阅读评价的标准，运用语言智能工具进行阅读素养的评价，指导学生持续提升阅读素养，一定代表了未来阅读教育发展的方向。

阅读资源建设研究

张晓玉
海淀教科院课程研究中心

尊敬的各位领导、专家、老师，大家下午好！我是海淀教科院课程研究中心的张晓玉。今天到会，我有一种“同声相应、同气相求”的感觉。

我是海淀区传统文化课程研究课题的负责人。在2014年,我们就启动了这个课题,构建了传统文化的课程体系。其中一类课程就是经典研读类课程,我们对《论语》等一些经典做了小、初、高一体化的课程设计,也获得了国家语委颁发的相关奖项。比如,我们吴院长就获得了传统文化卓越贡献奖,海淀的一些学校获得了传统文化教育全国示范校的称号。我们的敬德书院也一直在开设《论语》《文心雕龙》等经典研读课程,希望带领老师们把这样的经典真正落到课堂,让学生更好地理解优秀的传统文化。

我也是海淀区全学科阅读课题的负责人。早在2019年,我们教科院课程中心就与北京一零一中基于院校合作机制,开展了全学科阅读的研究,推出了一整套《中学学科阅读指导丛书》。丛书共有12册,其中一本为《学科阅读通论》,对学科阅读的理论体系进行了系统阐述。另外还有11本具体学科的阅读指导用书,提供了各学科的拓展性阅读文本,以及关于阅读问题及阅读方法的系统设计。这些书籍让老师知道在课堂上应如何进行学科阅读教学,进而引导学生从学习阅读走向阅读学习。

在阅读资源建设之外,我们还通过研究探索了一系列阅读指导策略。各个学科都推出了本学科适用的典型指导策略。比如,英语的阅读圈,将阅读圈从文学类文本拓展到其他各种类型的文本,根据不同文本确定不同的角色来承担不同的阅读任务;数学阅读提出了新定义阅读4步法;历史阅读提出了三次序材料对比阅读方法。每个学科都探索了一些典型的阅读指导策略,并且构建了学生阅读能力素养评价的框架体系,呈现了阅读能力从低阶到高阶的变化。我们根据指标和维度研发测试题目,以测评学生阅读能力的变化。基于课题研究提炼的成果,我们获得了北京市基础教育课程建设成果的一等奖,阅读指导丛书也入选了全国百部优秀科普图书。

今年3月15日,我们又启动了全学科阅读课题的二期研究,课题名称为“中小学全学科阅读资源建设及指导工具研发”。主要研究聚焦于资源建设和阅读指导两个层面,希望依托这两个支撑点,推动青少年读书行动真正扎实深入开展。

当今阅读出现了“智能+”的新模式。海淀区也有一个中小学资源平台,平台上设有阅读专栏,其中有1万余册各种类型的电子书供学生阅读。学生阅读后会撰写读书报告或读后感上传,平台会给出智能评价。我们也会根据评价结果选取优秀读后感,让学生作者朗读,这些朗读资料成为重要的音频资源。我认为,这与今天所说的导读写评课题具有内在的一致性,两者在本质上是契合的。

总之,在信息化时代背景下,我们都在不约而同地进行着多模态、多类型阅读资源的建设工作。今天的学习,让我有一种“同频共振”的感觉,我也希望能够有机会参与到咱们的项目中来,与大家一起把青少年读书行动真正推向深入。

“典耀中华”语文阅读思考

邱晓云
清华大学附属中学

作为一线老师,工作挺辛苦的,除了偶尔中午吃饭时八卦一下明星,获得片刻的快感之外，其实还有一个能让我们异常团结的“团建活动”，那就是“批评领导”。这个活动特别能增进同事之间的友谊。今天，我作为唯一一位一线老师的代表发言，就代表我自己“批评”一下各位领导。教委的老师或者教科院的老师我不敢批评，因为平时接触得少，所以就找身边的人开始说了。

首先，我要“批评”一下教学校长和教务主任。你们让学生读那么多书，但并没有给予足够的时间保证他们完成这些阅读。但校长和主任也很难呀，正规课时里怎么可能给出这么多时间来保障阅读呢？我觉得清华附中本部有一个做法还是不错的，我们知道传统的早读一般是语文和外语学科，但清华附中的早读却让各个学科都有参与的机会。虽然分给各个学科的时间可能比较短，但是由于老师高质量的准备和巧妙的切入方式，早读起到了给学生打开一扇窗的作用。因此，我给教学领导的建议就是学校的教学安排最起码要为阅读保留一段“打开一扇窗”的时间。好，第一点，就是要为阅读保留一段“打开一扇窗”的时间。

其次，我要“批评”一下主管教育的领导，教育校长和德育主任。你们是负责学生活动的。在我们的学生活动中，有一个传统的活动叫做读书汇报会。可以做个调查，大概不到10%的学生特别喜欢听读书汇报会。我们的学生有那么鲜活的面孔和充满创造力的心思，但他们走到讲台上常常会突然端起来，装起来，说着自己可能都听不太懂的深刻的话。时代如此需要我们与时俱进，樊登的粉丝都那么多了。我希望德育校长和德育主任们能够学习一下新时代的信息传播方式，勇于创新，让孩子读书汇报会能够分享得更有效果。我认为如果有好的分享形式，读书汇报会将会发挥非常好的作用。也就是说，第二点，我们需要有能够激发学生内心热情的活动。

最后，我要“批评”一下一直在一线站讲台的各位老师们。我们在“批评”领导的时候都是同仇敌忾的，万众一心的。但是我们在一起的时候，却尽量避免互相批评和自我批评。互相批评的话，就会成为异类，是吧？至于自我批评，怎么会自我批评呢？我们又没有做错什么！我这科不就是给学生留了半个小时的作业吗？但是，学生一天会听到许多次这样的话，每科老师都说自己只留了半小时的作业，请问，学生有多少个半个小时呢？所以就像朱校长说的那样，学生们没有时间睡觉，没有时间完成作业，没有时间锻炼，其实一些同学还没有专门时间吃顿正常的饭。因为某些比较“卷”的家庭，孩子有时晚饭都要在车上吃，因为他从学校出发之后还要去另外一个地方学习。否则，他会觉得如果不去上课外班，自己就落后了，甚至都没有朋友了。

因此，在这个问题上，我要毫不留情地“批评”一下我的同僚们，能不能克制一下这种“一腔热情”的引领？老师这个职业，有时候情感容易泛滥的，爱和情怀一上来，就忘记了自己教这个学科是因为自己是这个学科的学霸，而你下面的学生并不都是这个学科的学霸，更很难成为全科的学霸。所以，我觉得老师在给学生布置任务时要注意，第一，要有适量性，要少而精；第二，要有可选性，鼓励学生个性发展；第三，全科需要协同起来；第四，要有跟进性，如果不跟进，所有安排下去的阅读任务都将是零。当然，我们即便没能真正落实阅读，也不影响我们做出非常漂亮的PPT，这是很多职场打工人都会做的事情，就是不管这事做得多“简单”，都能在PPT上体现得非常完美。PPT工程大家都知道吧？懂得都懂，是吧？

前两天，我给学生们发了一份阅读汇编资料，题目叫“云简”。学生们上网用百度一查，竟然发现‘云简’这个词在百度上有解释，而且意思非常深奥！我为什么会起这样的名字？

其实我的想法很简单,云是白云的云,取自我的名字邱晓云的"云";"简"的意思是精简,现在是云信息、云阅读的时代,信息太多了,所以说要精简。但学生们查完网络信息之后,把我这个名字的内涵上升到很高的高度,我根本无法达到,我感到很震惊,我只是想每次都少而精地落实阅读而已。刚才我在微信上问了我爱人一句英语俗谚,"less is more",意思是少就是多。我又把它发挥成了一句中国式的英语,叫"slow is fast",就是慢就是快。

今天我批评了校级领导和主任级的领导,我相信你们不会生气,因为很多领导都是在我们一线老师的陪伴下,由我们选举产生的。希望你们听听我对"典耀中华"的新理解。在脱口秀当中,一般强调最好不要用谐音,脱口秀业界认为谐音梗是一种较为低级的笑点,但我还是要用一下谐音,毕竟这是中国人非常喜欢的笑点。"典耀中华"的"典"是经典的意思,但是这里,我想把它解释成"点"的意思。我们在培养孩子时候,能不能想一想,我们的学生,包括我们自己生养的孩子,其实就是一颗颗小小的星星,他们一闪一闪亮晶晶就够了。不要总想着孩子你是银河!孩子你是星云!孩子你是灿烂的!你这样夸他当然可以,很夸张地夸他也没问题。但落实到行动上时,你要这么想,如果这个学生是你的女儿或女婿,是你的儿子或儿媳妇,你想早早累死他吗?所以,我觉得,要想到孩子只是一个很小的点,我们引领孩子时要有非常克制的情怀。

重复一下这三点,要为阅读保留一段"打开一扇窗"的时间,打开一扇窗启发一下;要有能够激发学生内心热情的活动,要创新一下;有克制一腔情的引领,然后跟进一下。

最后,如果,他,每一个学生,都是一闪一闪亮星星,"点"耀中华,那么我们整个中华就会有璀璨的星空。

阅读内容生产与传播实践

蔡津津
新华社国家重点实验室

作为一个新华人,我在工作中深刻感受到了语言的力量,体会到了语文和语言教学的重要性。新华社是新闻舆论工作的重镇,"铁肩担道义,妙笔著文章"不仅是对新闻工作者的期待,也是对他们的要求和责任。新华社媒体融合生产技术与系统国家重点实验室是由新华通讯社承建的,它在中宣部指导下、经科技部批准建设,是媒体融合生产领域的首个国家重点实验室,同时也是新华社博士后科研工作站的管理主体。该实验室聚焦于人工智能、大数据等技术在新闻生产全流程中的应用,并开展应用基础研究,旨在打造媒体领域的战略科技创新平台。通过构建"产研用一体化"的运行模式,实验室将新华社持续产出的科研成果赋能全行业,以先进技术推动宣传思想文化工作和新闻舆论工作的开展。我们的工作面向三个重要的阵地:互联网、国际传播以及青少年。我们致力于做好舆论引导、思想引领、文化传承和服务人民的工作。我很高兴能够加入"典耀中华"智能+阅读项目,依托新华社国家重点实验室的技术与数据资源积累,为新时期信息技术浪潮下的青少年提供一个与实践相结合、与文化相结合、与学科相结合的阅读模式和内容空间。

第一,新华社国家重点实验室推出了"新语"大模型和媒体融合生产引擎。该模型依托新华社90多年以来高质量的新闻稿件、智库报告与社论语料进行训练,确保了大模型对语言运用的规范性、意识形态的安全性和价值观导向的正确性。同时,我们也正在依托实验室的学科交叉联盟机制,探索与各类掌握高质量语言文字资料数据的机构开展合作,形成数据合作机制,为"智能+"阅读提供可靠的算法模型服务基础。

第二,依托"新语"大模型,我们开发了一个专门面向青少年和老师的互动式轻量化融媒作品生产工具平台。该平台可以将阅读内容转化为可互动、生动呈现的融媒作品。同时,依托新华社的内容素材库,我们为青少年提供了一个干净、安全、可信的内容创作空间,可以探索支撑"导读写评"的"智能+"全流程设计路径。

第三,新华社国家重点实验室与中国作协合作,共同打造了一个5G价值阅读平台——"悦读汇"。该平台是一个自主可控、技术先进、特色鲜明、传播力强的5G融媒体平台,旨在为全民阅读打造沉浸式数字阅读新体验。同时,它也可以为项目中面向青少年和老师们的阅读活动新模式探索提供相关支撑。

第四,新华社国家重点实验室围绕科普内容,聚焦航天领域,持续进行融媒内容生产和传播工作。我们在微博上拥有一百多万粉丝的数字航天员"小诤",这也是实验室的超写实数字人IP,成为我们进行科普阅读和传播的载体。同时,我们撰写、出版、制作了一些科普书籍,采取纸质阅读和线上全息呈现相结合的方式,向读者介绍宇宙知识和航天知识。例如,我们把天宫号空间站的天和核心舱做成了全息沉浸式数字空间,并融合了知识阅读,让孩子们在阅读的同时可以在数字空间中进行沉浸式体验。

希望在接下来的项目合作研究中,能与语言教育和语言智能的专家老师们共同努力,为青少年构建一个安全、丰富、智能且高质量的新时代阅读空间和体验。

阅读点亮人生闪耀中华
——青少年阅读素养培养的思考

葛玉红
北京交通大学附属中学

尊敬的各位同仁,非常荣幸有机会跟大家分享青少年阅读方面的个人思考。我发言的主题是“阅读点亮人生 闪耀中华”。我来自北京交通大学附属中学教育集团,这是一个由三个校区、三个分校、三个联盟学校组成的庞大教育体系,汇聚了超过 13 000 名学子和 1 200 名教师,覆盖了从小学到高中的完整教育阶段。在这片教育的沃土上,推广全学段的阅读项目,这不仅对学生个人的成长至关重要,更将是我们教育集团提升教育质量的关键举措。

阅读是连接过去与未来的桥梁。在我们这个拥有五千年悠久历史的国度里,每一部经典都是先贤智慧的结晶,每一次阅读都是对文化根脉的触摸。通过阅读,青少年不仅可以看到世界的广阔,可以触摸到历史的深度,还可以感受到文化的丰富。在汲取知识的养分的同时,能自觉传承中华民族的优秀文化。

在党的二十大报告中,我们国家明确指出了培养拔尖创新人才的重要性。《高中语文课程标准》2020 年修订版阐释了人文素养的深远影响,指出拥有丰富人文素养的年轻一代将拥有更加开阔的视野,勇于探索未知领域。人文素养不仅能够为拔尖创新人才提供坚实的知识基础和丰富的审美体验,还能够激发他们的创造潜能,增强沟通与表达能力,为他们未来的学术追求和职业发展奠定坚实基础。人文素养中最重要的是阅读素养。因此,我们的教育工作应当将人文素养的培养,特别是阅读素养的提升,放在首位。通过开展多元化的阅读活动,让学生沐浴在书籍的智慧之光中,逐步塑造出具有深厚文化底蕴、敏捷创新思维和宽广国际视野的现代公民,为我国的持续繁荣和人类文明的进步贡献宝贵的智慧和力量。

2023 年 12 月 28 日,北京师范大学发布了一份关于中国青少年阅读习惯的调查报告,其结果引起了广泛关注和深思。调查显示,从初中到高中阶段,大部分学生的年阅读量令人堪忧:大约 70%的学生每年阅读的书籍不超过 10 本,而阅读量超过 30 本的学生仅占 10%。这一数据揭示了一个严峻的现实,即在繁忙的学业之余,学生们很少进行课外阅读。这一现象可能是由缺少时间,或是对阅读缺乏兴趣导致的。

面对这一挑战,我们亟需深思如何提升学生的阅读素养。首先,许多学生在书籍选择上缺乏指导。其次,超过 80%的学生在阅读技巧上存在不足,他们往往采用单纯的逐字阅读方式,而非更高效的扫视阅读,这无疑降低了阅读的效率。最后,约 22.9%的学生表示他们缺少可阅读的书籍。“典耀中华”项目的重要目标是建设一个优质阅读资源库,丰富学生的阅读资源,教会他们如何选择书籍和更有效地阅读,从而培养出一代热爱阅读、善于阅读的新青年,为他们的成长和未来的发展奠定坚实的基础。

同时在教育领域,我们必须认识到考试招生制度是不可或缺的一环,它对国家的发展和人才培养起着至关重要的作用。当前,我国正致力于深化高考内容的改革,坚持素养导向,强化对关键能力和思维品质的考查,以此实现教学与考试的紧密衔接。在这一背景下,高考改革将阅读素养的考查作为重点之一，旨在考查学生提取关键信息的能力，以及他们能否将所学知识整合起来解决学科问题的能力。

近年来，高考试题在阅读字数、信息广度和容量方面都有所增加，同时强调了信息之间的融合。学生需要从多种形式的材料中提取有效信息，并具备运用这些信息的能力。以北京近几年的生物高考试题为例，试题类型、试卷字数和图表数如下表所示。

试题类型	试卷字数（字）	图表数（张）
2020 年等级考试	5375	18
2021 年等级考试	5579	17
2022 年等级考试	5729	17
2023 年等级考试	5560	12

然而，目前在高考中存在一个问题：部分学生无法在规定时间内完成试题。其中一个重要原因是他们的阅读速度慢以及筛选和处理信息的能力较弱。因此，从考试的角度来看，提升学生的阅读能力和素养显得尤为关键。

此外，今年寒假期间，我们对本校 500 多名学生进行了关于中学名著阅读的问卷调查和访谈。调查结果表明，名著阅读的情况并不理想，有相当一部分学生难以坚持阅读，特别是理科学生。如何确保中华经典文库的传承，这同样是一个值得我们深入思考的问题。

在日常教学中，教师经常指出学生在审题方面存在困难。我认为，审题问题的核心在于阅读能力的欠缺。同时，我们也注意到学生的表达能力急需提升。因此，作为教育工作者，我们既要致力于提升学生的阅读素养，也要注重培养他们的表达能力，这样才能全面提高学生的整体素质。我个人认为可以通过以下途径解决上述问题。

第一是基于学生认知特点和元认知策略进行阅读指导。我们正进入 AI 时代，可以利用大数据帮助我们的学生更加深入地了解自己，了解他们的认知特点、阅读中信息解码能力以及不同知识背景的学生阅读特点是什么。理科思维强的学生应如何进行文学作品阅读的指导？这些问题需要我们教育同仁联合起来，借助“典耀中华”平台，共同研究解决。

第二是进行长期阅读培养规划，即幼、小、中、大一体化培养孩子的阅读能力和素养。一体化连贯的培养模式确保了孩子在不同的成长阶段都能接受到适宜的阅读指导，从而持续提升他们的阅读能力。一体化培养模式在各个阶段都有明确的培养目标。在幼儿园阶段，我们专注于激发孩子的阅读兴趣，通过讲述故事、展示图片和进行互动游戏等方式，让孩子体验阅读的乐趣。小学阶段，重点转向培养孩子的阅读习惯和基本技巧。在初中和高中阶段，我们致力于拓展学生的阅读广度和深度，同时注重培养他们的批判性思维和创新能力。这一阶段，学生将阅读更多文学作品、历史传记和科普读物，并通过课堂讨论、写作和课题研究等活动，深化对阅读材料的理解。

大学阶段，我们培养学生的终身阅读意识，使他们能够在未来的学习和工作中持续自我提升。一体化培养模式不仅有助于提升学生阅读能力和素养，而且能减少他们观看短视频的频次和时间，从而有效减少短视频可能带来的负面影响。

第三是全学科联手进行阅读策略研究,联合培养青少年阅读能力和素养。首先,我们必须认识到,提升阅读能力不仅是语文老师的责任,而是所有学科老师的共同任务。因此,各个学科的老师应该携手合作,共同研究适用于不同学科的阅读策略,并将这些策略融入到日常教学中。此外,跨学科的阅读实践研究也是一种有效的探索方式。例如,语文和英语老师可以共同研究如何将英语语篇文本解读的方法迁移到语文的多文本阅读中,从而提高学生的文本解读理解能力。同时,老师应指导学生跨学科阅读的技巧和方法,例如如何从不同学科的视角理解和分析文本,如何提取关键信息并进行综合,以及如何运用批判性思维对文本进行评价等。通过这些技巧的指导,学生能够更好地进行跨学科阅读,提升阅读素养。

第四是拓宽学生阅读广度和深度。目前,青少年阅读种类相对较少。通过为青少年提供不同类型的阅读文本,如小说、诗歌、学术论文等,学生可以接触和了解多样化的知识领域和视角,从而增强他们的理解力和认知能力。拓宽阅读范围还能够激发学生对阅读的热爱,提高他们的阅读兴趣,进而培养出持久的阅读习惯。增加阅读深度是指学生在阅读过程中能够深入挖掘文本的内涵,提升批判性思维和评价能力。深度阅读要求学生不仅理解文字表面的意思,更要能够分析和评价作者的论点、论据,以及文本的结构和语言风格。这种能力的培养有助于学生在面对复杂信息时能够独立思考,形成自己的见解。

第五是家校社联动培养青少年阅读习惯。青少年阅读习惯的培养对他们的成长和未来发展意义重大。学校、家庭和社会应共同努力,形成三位一体的阅读推动机制。学校在培养青少年阅读习惯方面发挥着关键作用。学校应着力进行阅读课程建设,组织丰富多彩的阅读活动。在日常教学中,教师首先要注重阅读策略的指导。家庭在培养青少年阅读习惯方面具有不可替代的作用。家长应营造良好的家庭阅读氛围,通过亲子共读一本书、参与孩子的阅读过程、与孩子分享阅读心得、为孩子提供合适的阅读材料等行动,培养孩子的阅读兴趣,使其养成良好的阅读习惯。社会在培养青少年阅读习惯方面也具有重要作用。公共图书馆、书店、社区等应加大对青少年的阅读支持力度,提供丰富多样的阅读资源,并开展阅读推广活动。此外,媒体也应加强对青少年阅读的关注和宣传,倡导全社会重视阅读,为青少年阅读创造有利条件。

总之,通过家校社联动,我们可以为青少年创造一个多元化、全方位的阅读环境,激发他们的阅读兴趣,培养良好的阅读习惯。在建设教育强国的路上,用阅读为学生的终身发展打好精神底色,是我们共同的责任和使命。让我们携手共进,共同培养一代又一代具有深厚人文素养和创新能力的优秀人才,为国家的繁荣和发展贡献力量。

中小学信息技术与教学融合发展之路径

于瑞利
北京第二外国语学院附属中学

我曾经做过技术、写过程序，也曾负责过全区的教育信息化设计和推广。经历告诉我，“典耀中华”语文阅读项目的推广是个重要任务。专家负责设计方案，技术团队提供支持，老师们负责具体实施，那么我应该做什么呢？作为校长，我要做好桥梁，做好支持工作，做好各个方面的统摄工作。

北京第二外国语学院附属中学愿意在周教授以及各位领导的支持下推进这个项目。我们希望通过这个项目来推动学校的信息化发展，以支持我们全体学生的发展方向。阅读是PISA测试中一项非常重要的内容，国际上普遍重视，我们当然也不能忽视。因此，我特别希望通过这个项目，结合阅读、数学和科学，共同打造我们中国的PISA测试。我们期待周教授能带领我们一起推进项目，我们必须共同努力。

北京第二外国语学院附属中学是一所12年一贯制学校，现有学生总数近三千名，教师二百四十余人，分布于四个校区。我们的阅读项目可以覆盖全学段，从一年级至高三年级。我们的教师也愿意在各个学段积极开展阅读活动。

在二外附中推进信息化的过程中，经过深思熟虑，我认为鉴于学校体系的复杂性以及我过去在体系构建方面的经验，我们需要谨慎选择一个切入点，并设计一条与文化相互适应的推进路线。那个切入点就是宣布学校将致力于信息化建设，并引入大数据和人工智能技术。同时，这条路径需要给老师们提供逐步适应和持续发展的空间和机会，让他们感受到平台对于追求教育高质量发展的价值。

因此，我当年启动的第一个项目就是进行学业评价，第二个项目是非智力因素测评，第三个项目就是智慧作业，都是大规模常态化的。比如，在寒假期间，我引入了AI中文作文批改，并完成了8个年级中文作文的机器批阅。这一举措受到了老师们的热烈欢迎。同时，我们的语文老师也给出了客观的评价，他们发现自己在某些方面的评价可能不如机器客观。在面对评分差异超过4分以上的作文时，教师往往会因为情感因素而给予学生更多的分数，而机器评分则更加客观公正。当然，在这个过程中，我们还可以进一步调优机器和人的配合，以提高拟合度。周教授已经开始进行调优工作了，所以我觉得这件事对我们学校的发展是非常有益的。

从这一点来看，“典耀中华”语文阅读项目该如何推进？老师们该从哪些方面进行发展？大家已经讨论得很清楚了。一方面是课程资源建设，另一方面是模式推进和探究。更重要的是我们教师队伍的成长。在队伍的成长过程中，我们将课程、教学途径以及教学评价整合成一体化的发展路径。因此，我们用这样的思路来发动小学教师先行动起来。感谢周教授及各位的支持与信任，也感谢给老师们提供的平台。我们学校的小学语文负责人于主任已经带领我们20余位语文老师率先展开工作。他们先期聚焦于AI中文作文批改，现在已经转向阅读方面的跟进工作。紧接着，我们学校的初中和高中教师也要跟上节奏，初中语文教师赵老师以及其他团队的成员们也将随之发展。在各位老师的支持下,我们拥有技术、课程和队伍的优势。大家将共同建设试点项目,并通过联盟的方式扩大推广范围,让政府看到实际效益,从而建设更大的平台,将国家的文件精神落实为具体的示范点。

我要表明一个态度,二外附中愿意追随周教授共同开发"典耀中华"语文阅读课程,并愿意为国家做出贡献,努力将阅读项目做成测评环节中必不可少的环节,再发展其进入课程的中心环节。这样一来,优质资源共享、课堂教与学方式的变革、精准教学、大规模个性化学习以及新型评价模式等教育理念都能得到高效落地实施。

提升阅读兴趣　为生活而阅读

王海燕
北京市东城区培新小学

在此,我将通过三个具体案例与大家进行分享。我要提及的是位于国家体委和天坛公园东门附近的一所小学。该校共有四个校区,设有80个教学班,拥有3200余名学生,是一所规模较大的学校。

第一个例子,我出生于1972年。作为一个知青子女,我回到北京后获得的第一本书是在1982年,即我10岁那年的《雷锋日记》。至今,尽管已经过去了42年,我仍然对其中的内容记忆犹新。直到我工作的前五年,也就是二十五六岁之前,我都是因为兴趣爱好而读书,读了那个年代的武打小说、言情小说、游记、历史等各类书籍。之后,我先后做过英语老师、大队辅导员、德育干部,从事过艺术、科技、体育、法制、对外交流、综合实践活动课的管理工作,担任过书记校长。在这个阶段的读书变成了什么?刚需。因任务而读书,我不读书就没法做这些工作,没法带领大家。这可能反映了当前许多教师或人们的一种普遍现象:阅读已经从兴趣转变为工作的刚需。

第二个例子说说我的家庭里的情况。我的孩子今年是高三,我弟弟妹妹的孩子分别是初三、四年级和一年级。我观察到一种现象,随着孩子们识字量的增加,他们读的书反倒越少。识字量较少的孩子反而更加热爱阅读,而识字量最多的孩子,几乎已经不读书了,似乎更多地将精力投入应对考试上。

第三个例子依然是我的孩子。她在6岁之前,我从为她提供布书开始,逐渐引导她接触能在水中阅读的书、撕不烂的书、贴纸书、立体书和绘本。我发现,当每个孩子入学时,他们的阅读水平并非呈曲线发展,而是呈现出折线形态。这是因为每个孩子在原生态家庭中已经形成了自己独特的阅读基础和习惯。

我觉得小学教育要尽最大努力把这样的折线拉平,然后再让他们继续发展。要让孩子从想读书、爱读书到会读书,逐步发展到掌握阅读技巧。这将成为他们在学生时代应对考试的重要基础,更是未来步入社会读工作、读朋友、读社会的基石。我想强调的是,阅读不应仅仅被视为一项学习任务或课程,更应作为一种方法和工具。通过阅读,我们可以促进生活、社会和人类的进步。至于阅读的终点,这是一个主观的问题,每个人的理解可能会有所不同。

人的一生都是在解决问题中度过的，考试是问题，心理是问题，情绪是问题，工作的各种任务都是问题。解决了这些问题，就会感觉到幸福。所以，我觉得可以用不同的阅读方式和阅读不同的内容去解决问题，让自己能幸福生活。因此，我想说的是，阅读源于改变生活，终点是走向幸福生活。

语文阅读教学现状与阅读资源体系建设相关问题探讨

李志军
清华大学附属中学

一个人的阅读史就是他的精神成长史。阅读不仅影响一个人的知识结构和智力发展，而且深远地影响一个人的精神世界和价值观。通过阅读，人们能够与历代先贤对话，从而提升自身的精神高度和思想境界。阅读可以扩展个人的生命宽度，增加生命的厚度，从而改变一个人的精神世界。

在听到国家语委中国语言智能研究中心将指导我校建设高质量的“读-写(讲)-评”一体化智能阅读系统的消息后，语文组的老师们都非常激动。大家积极讨论，踊跃发言，一致认为，在当代智能教育技术的辅助下，我校的语文教学必将迎来翻天覆地的变化，使我校的语文教育水平更上一层楼，培养出更多具有综合阅读素养的强国公民。

第一，来谈谈我校语文阅读教学的现状。我校高中语文阅读教学主要依托人民教育出版社的《语文》教材，包括必修上、下册，选择性必修上、中、下册，共计五册。整本书阅读的篇目主要是北京卷高考考查的《红楼梦》和《论语》这两本书。学校高度重视语文阅读，“春日烂漫正赏书，书香校园润心灵”第八届读书节刚刚结束，各个年级每个班每周都会安排一节语文阅读课。除了讲好课内文章，语文老师们也重视学生的课外阅读，会向学生推荐一些优秀的中外名著。例如，高二备课组在上学期期末的作业中，就布置了走进城市副中心图书馆的任务，让学生参观世界最大的单体图书馆阅览室，攀登国内藏书量最大的智能化立体书库，办理阅览证，借阅一本好书并阅读，写下参观感受及阅读心得。奥森校区的高一高二年级老师开设了“经典文学鉴赏”综合课，旨在指导学生通过阅读中国经典文学，增强文化自信，提升语言文字的灵活运用能力，激发审美想象，培养审美能力。在研究性学习中，开设了如“叶广芩小说中的北京元素研究”等课题，指导学生通过阅读叶广芩的《豆汁记》等小说代表作品，研究作品中体现的北京元素，了解地域文化对作家创作的深远影响。但整体而言，我校的语文阅读教学面较窄且量小，主要集中在课内阅读，课外阅读相对较少。在阅读评价方面，课内阅读主要通过课后作业、考试等方式对学生的阅读效果进行评价，评价手段相对单一；课外阅读则缺乏科学有效的评价量规，存在评价缺失的情况。这些都有待在专家的指导下进行改进。

第二，我想谈谈阅读资源体系建设的问题。语文核心素养包括语言建构与运用、思维发展与提升、审美鉴赏与创造以及文化传承与理解四个方面。我们目前的语文阅读主要侧重于文学阅读，虽然文学阅读可以承担这四个方面素养培养的任务，但要想让学生获得综合发展、各种素养均衡提升，仅靠文学阅读显然是难以胜任的。因此，我们有必要丰富现有的语文阅读体系,加入全学科的阅读素材以提升学生的综合素养,从而适应未来社会对人才的要求。实际上,在语文高考试卷的某些题型设置上已经有意突破了文学类文本的限制。例如北京卷的多文本阅读题多为社科类及科技类文章,近年来尤以科技类文章居多,涉及空间探索、深海探测、高速铁路、人工智能等方面。再如文言文的考查除了文学作品外还经常考查史传文章、诸子文章及历朝政论类文章涉及古代历史、政治、经济等各个方面。又如高考议论文的写作如果能自觉运用从结果到原因、从现象到本质、从现在到未来等哲学的思考方法则可以加深对题目的理解写出更有见地的文章。如果我们能在平时的阅读资源中就加入各个学科的内容并充分发挥各学科的专业特长必然会提升学生思维发展与提升、文化传承与理解等方面的素养最后反哺语文教学提升语文成绩。更重要的是这样的阅读资源培养出来的是具有综合素养的学生更符合未来社会对人才的要求。

第三,我想提出三点困惑。第一课内读还是课外读?这个课程资源开发出来后如果占用课内时间原来的语文教学课时就已经比较紧张了占用的比例是多少?如何处理教科书中的文章是删减还是略讲?如果占用课外的时间如何有效落实?第二教学评的问题。老师如何指导这个课程指导到什么程度是全由语文老师参与还是其他学科的老师也参与进来?学生如何学这门课程?如何运用智能技术评价学生的阅读效果?第三开展全学科阅读如何处理好语文学科与其他学科的关系是语文学科统一协调各个学科还是各个学科各自开设自己的阅读课?以上困惑望专家不吝赐教也希望学校领导有一个顶层设计的方案以便更好地推进这项工作。

高中地理学科阅读实践探索

伊国栋
清华大学附属中学

地理学科阅读与常说的语文阅读相比,有两个显著特点。一是阅读材料多样化,除了文字材料外,还包含大量的地图、图表、照片以及遥感影像等,特别是地图,我们称之为地理的第二语言。二是地理学科阅读具有跨学科整合的特点,它往往与历史、经济、物理、生物等学科有着紧密的联系。

据笔者观察,学生地理学科阅读的现状并不乐观。首先,学生地理学科阅读量较少,除了课本和习题外,学生很少主动阅读地理相关文章。其次,在阅读地理试题材料时,学生获取和理解信息的能力不足,常常无法抓住要点,有时甚至答非所问。最后,由于缺乏地理阅读,学生的知识储备有限,区域认知水平较低。这导致在考试中,学生难以理解材料内容或把握其中的内在联系,从而影响考试成绩。

在高中阶段增加地理学科阅读,可以提高学生信息获取与理解的能力,丰富学生的知识储备,进而提升学生的综合分析能力。此外,它还有助于发展空间思维,培养学生对地理的兴趣。同时,地理学科阅读为提升语文阅读素养提供了实践平台,有助于学生建立跨学科的知识体系,增强解决复杂问题的能力,并培养全球视野和责任感。

在以往的教学中,笔者曾尝试过一些方法,如暑假作业要求学生阅读一本与地理相关的书籍，并撰写读后感或绘制思维导图。此外，还向学生推荐了一些地理公众号，如星球研究所，让他们从中选择感兴趣的文章进行阅读。同时，结合教学进度或时政新闻，为学生推送地理科普文章。然而，这些工作较为零散，且后期缺乏持续推进，因此效果并不显著。

作为一名地理老师，笔者计划在未来的教学中有意识地增加与地理学科相关的阅读内容，或在课堂上进行相应的阅读训练，或尝试与语文等其他学科相结合。然而，关于如何具体落实这些计划，仍存在许多疑问。希望通过学习“导-读-写(讲)-评”一体化的“智能+”阅读新模式，并向专家和老师们请教，以找到切实有效的方法。

核心素养视域下高中化学学科阅读能力培养

吴海萍
清华大学附属中学

很多高中学生反映化学“一听就懂，一考就懵”。在六选三科目中，很多理科思维很好的考生放弃选择化学科目。在笔者看来，放弃化学的原因，除了化学学科知识点琐碎、对思维宽度有较高要求之外，还有一个被忽略的隐性问题，就是对学生的文科素养要求较高，再具体一点，那就是对考生的化学阅读能力要求较高。

笔者对2020-2023年北京的新高考试题中的工艺流程题，从试题情景、文本呈现形式与文本字符数、必备知识、关键能力、核心素养等角度做了分析。通过北京新高考的工艺流程题的分析，工艺流程题目均以真实的工业生产中的物质制备或分离提纯的情境为测试载体。在文本的呈现形式中，均包含500字以上的文字叙述，同时附有流程图、图像、表格或转化关系图等形式。从考察的必备知识来看，涉及化学用语与概念、反应变化与规律、物质转化与应用、物质结构与性质和实验原理与方法等核心必备知识；从化学关键能力上来看，“复杂推理与系统分析”必不可少，核心素养的体现也非常丰富。除了掌握好化学的基本知识与基本技能外，如何去突破“复杂推理与系统分析”的能力、提升学生的化学核心素养呢？提升化学阅读能力是一个重要途径。

笔者在《中学语文教学》中看到徐鹏老师在《基于核心素养的文学类文本阅读能力评价》一文中，将文学类文本阅读能力归纳为整体感知、信息整合、理解阐释、鉴赏评价、批判探究五类。突然觉得，学生们的语文文本类阅读能力如果提升了，化学工艺流程题的难度也会大大降低。语文与化学在阅读能力上确实有异曲同工之妙。笔者也借用徐老师的能力框架，谈谈工艺流程题中体现的化学阅读能力：第一，整体感知能力。整体把握文本内容及读懂流程图，首先是确定要制备什么物质，分析流程中的每一步骤：反应物是什么？生成物是什么？对制造产品有什么作用？第二，信息整合能力。根据题目设置的问题，灵活运用精读、略读等阅读方法，接受、吸收、整合化学信息，对图形、图表的阅读，准确地提取实质性内容，并与已有知识整合，重组为新知识块。第三，理解阐释能力。紧扣大的工艺目的，从“价—类”二维、平衡、速率等方面来分析、理解物质转化，并阐释操作步骤的原因。第四，鉴赏评价能力。从物质与能量的角度、从速率与平衡的角度去评价反应与操作。第五，批判探究能力。从保护环境、可持续发展的角度，提出有价值的、创造性的问题。

当然,培养学生的化学阅读能力,不仅是为了解决工业流程题、突破化学高考题,也有助于学生在语文学习中更好地理解和运用科学类文本,增强对科技类文章的兴趣和理解能力。更重要的是,让学生学会获取、判断和处理信息,具备信息化时代的学习与发展能力,以及运用主动获取的知识,解决现实中面对复杂陌生问题的能力。

学科阅读与育人方式变革——以高中政治学科阅读为例

吴玉丹
清华大学附属中学

苏霍姆林斯基曾说:教育的全部问题都可以归结为阅读问题。在众多自主学习机制当中,阅读是学生掌握知识、不断进行知识系统更新同时实现认知范围扩大的主要方式。

一、政治学科阅读的重要性

高考评价方式的变革引导着我们重视学科阅读。我们来看近三年北京高考政治卷的字数统计情况, 2023 年共 5617 字, 2022 年共 5872 字, 2021 年共 6041 字,阅读能力的培养非常重要。再看中考道德与法治考试,笔试由闭卷调整为开卷,重点考查学生独立思考和运用所学知识分析问题、解决问题的能力。而分析问题和解决问题都需要阅读能力作为支撑。

二、政治学科阅读资源建设

政治学科的阅读资源还是相当丰富的,不仅包括教材,还涵盖时政新闻、重要的会议报告、领导讲话、国家战略规划、马列经典名著等。但资源越丰富,越需要精心筛选,避免盲目求全。在这方面,我认为应重点把握以下 5 种资源。

1. 统编教材

统编版思想政治教材体现党和国家的意志,是教学活动的核心材料,也是学科阅读的首要内容。在实际教学过程中,教师在充分利用好教材正文的同时,也应积极使用“探究与分享”“名词点击”“相关链接”等辅助文本。将教材中的非连续性文本进行分类,充分将其作为提升学生阅读能力的教学资源,在不同教学环节加以利用。

2. 时政新闻

时政新闻对学生来说是“热门的阅读素材”,是学生阅读素材的关键来源。但在互联网时代,消息来源众多,教师应为学生挑选一些优质的时政素材,如《半月谈》《时事》中学版、人民网等。在非毕业年级,我们可以利用上课的前五分钟由学生分享时政新闻,让学生归纳新闻内容并进行适当评论。这有助于培养学生的阅读能力,提高思辨和表达能力。在毕业年级,我们可将时政热点融入专题复习,以此让新思想、新理论进入课堂,拓宽学生的视野,提升其认知水平。

3.《学生读本》

《学生读本》指的是《习近平新时代中国特色社会主义思想学生读本》,该书已纳入全国教材体系,作为高中思想政治教材的补充。《学生读本》的阅读有助于学生系统地学习习近平新时代中国特色社会主义思想,坚定政治方向,认同中国特色社会主义发展道路。《学生读本》的内容体系完整,覆盖中国特色社会主义的各个方面。由于课时有限,不可能在课堂上全部教授完毕,为了提高使用效率,教师可以将其与现有教材进行整合。教师可以利用《学生读本》每一讲后的思考问题,以问题为导向,使学生对教材和读本都有更深入的理解。

4. 经典名著

《资本论》《共产党宣言》等马列经典都是具有深刻思想性和价值的著作。但经典著作通常较为抽象且难以理解,学生自主阅读时可能会遇到困难。教师可以选取与教学内容相关的片段,引导学生阅读。例如,《共产党宣言》的片段阅读可以帮助学生深刻理解人类社会发展的必然趋势、无产阶级政党的性质及其奋斗目标。

5. 哲理故事和情境案例

哲理故事既生动又富有内涵。在教学中引入哲理故事作为微阅读资源,可以引导学生进行更深层次的方法学习、思维拓展和价值引导。一个恰当的案例情境能够激发学生的学习兴趣、增强学习动机,有助于教学目标的高效实现。

除此之外,如何有效整合阅读资源、开展阅读评价等,都需要教师在实践中不断探索。教学研究永无止境。

从有温度的文字到有鲜活的见解

许建华
清华大学附属中学

阅读是一种实践,既能从各种材料中获取信息,又能影响读者的非智力因素。中学生作为阅读活动的主体,其历史阅读能力的培养不是一蹴而就的,需要遵循阅读能力的发展规律,结合他们已有的阅读水平,分阶段、有层次地推进。中学历史阅读包含文献阅读、图像阅读、实物阅读等不同类型,在阅读范围上则包含了历史课内阅读和课外阅读。基于以上分类,还需要明确阅读的意义:一是便于学生理解历史概念,构建知识框架,这包括学生对历史的感知、理解、描述和累积,以及揭示历史表象背后的本质;二是促进学生学科思维和能力的提高。在《高考评价体系》中,徐奉先提出“历史学科的关键能力可概括为三大类,即获取和解读历史信息的能力、分析历史问题的能力和历史探究能力”;三是能增强学生的情感价值,在阅读过程中让学生看到人类社会发展的进程,同时也能沉浸在璀璨夺目的思想文化中。

目前,高中阶段学生的阅读能力如何呢?在课程设置和学业的压力下,中学生专门的阅读时间很少。而近几年的历史学业水平等级考试试卷文字量达到近5000字,无论是主观题还是客观题都以材料方式呈现,都要求在读懂材料的基础上结合所学知识、运用科学的方法解决问题。再加上部分使用文言文的材料,部分学生在审题阅读方面缺乏储备和训练,不懂所问,不知如何作答,以至于答不完题。

历史阅读的专业性和广泛性,也决定了在中学开展历史阅读指导评价的必要性。对于教材、文献、研究著作等阅读资源,需要老师指导学生运用历史唯物主义的基本观点和方法来理解和分析历史问题。通过任务引导,启发学生从不同角度发现问题、分析问题和解决问题。先就我校学情来介绍历史阅读指导评价的实践,首先是教材阅读。通过问卷调查,学生反馈的迫切需求是了解教材知识逻辑和学科思维方法与教材的关联。在多次教研培训中和专家指导下,历史备课组结合学生诉求进行有针对性的教学。以《中外历史纲要》为例,该纲要按照通史框架叙事,教师要引导学生重视掌握重要史事和发展脉络,培养建构史事逻辑结构的能力,帮助学生基本形成对历史的整体认识。纲要中各单元之间的关系、每个单元主题之下的政治、经济、文化等若干学习专题、每一个专题下各子目的关联和课后探究,以及每一个子目下的正文结构与辅栏等,都需要教师提供阅读方法的指导。

历史学科的中学业水平等级性考试聚焦学科特色和能力考查核心,以历史学科核心素养学业质量水平4为最高命题依据,也明确了培养方向,即分析和解释能力。近年来,北京专家对此提供了很多理论指导和案例示范。作为教师,要落实课程要求和专家指导,延伸教材重点,匹配相应史料阅读,引导学生合理生成事实判断和价值判断。例如,对于耳熟能详的“禅让制”,可以提供《竹书纪年》和《史记·五帝本纪》等不同类型的史料。学生通过对比阅读,可以发现不同的著作对权力的传承方式有不同的记载,从而了解到同一个历史事件会有不同的历史解释。这可以帮助学生形成对待史事的独立观点,不盲从且谨慎,面对史料能够进行辨析。进而激发学生对已知史识进行进一步了解和探讨的兴趣,提升学生的探究能力和思维方法。

历史阅读能力除了可以在课堂中通过师生互动来提升外,还可以抓住学生的兴趣点进行引导。假期是一个重要的自主阅读环节,一般会通过师生共同推荐和投票来选取适合学生水平的学者著作。例如在高二寒假期间可以保留阅读环节,让学生阅读钱穆先生的《历代中国政治制度得失》一书,并请学生们自主选择汉、唐、宋、明、清五个朝代中的3个相邻朝代进行梳理,了解著作在人事和制度两方面的认识以及后代如何吸取前朝的教训。教师可以将学生的阅读成果进行汇总并加以展览。这种方式要求学生真正去阅读、写作和感悟,同时也能发现学生的个体差异和态度差异,为教师提供个性化辅导的参考。

随着中学历史课程改革的不断深入探索,以素养育人为导向的历史教学对学生阅读能力的要求越来越高。教师需要改变传统课堂模式,重视单元主题学习和史事材料的有效引入,为学生创造一个沉浸式的自主阅读思考环境。同时还需要贯穿阅读态度、阅读方法和阅读习惯的培养,以实现教学与读评的生态发展。教师还要及时发现学生阅读中存在的问题,并通过互助、示范、讨论等方式进行辅导,以形成一个积极有效的阅读指导软环境。我们相信只要持之以恒地关注和引导历史阅读就一定能激发学生历史阅读的兴趣,完善学生对历史知识体系的理解和构建,并提升学生的历史关键能力和学科素养。

兴趣引导下的生物科学阅读思考

郭 睿
清华大学附属中学

相较于文学类资料,生物学科的阅读资料内容更为客观,且包含较多的专业术语。学生要读懂生物学,需要构建起生物学概念体系,并能有效地提取和整合信息,这确实存在一定难度。

一、中学生生物阅读的现状

目前,初中和高中的学生很少主动阅读生物类资料,同时市面上适合学生的科普书籍也较为稀缺。这导致学生的阅读范围狭窄,科学阅读能力明显不足。一个直观的体现是,高三选考生物的学生在面对信息量大、逻辑关系复杂的真实科研情境试题时,往往感到困惑。这与他们长期"不动笔"、不习惯梳理概念之间逻辑关系的阅读习惯有关。因此,有必要在学生掌握一定的生物学概念体系后,开始有目的、有计划地开展科学阅读。

二、生物阅读资料的选择

对于初三年级的学生,由于学习压力大和家庭环境等因素的影响,目前有较高比例的抑郁症患者。无论他们将来是否选择生物学科,教师都应帮助学生形成关爱生命的意识。可以选择如《生命是什么》等有关生命的形成和生命的独特性的文章和书籍作为阅读资料。从生物学角度让学生认识到每个人都是独一无二的,我们应该自觉地爱惜、保护自己的生命,并尊重他人的生命。此外,还可以选择一些关于疾病、营养、健康的阅读材料,帮助学生建立起健康的生活方式。一些简单有趣的生命科学史和科学家的故事也适合初三学生阅读,在阅读过程中体会科学家的精神,并根植科学信仰。

高一年级的学生面临选考任务,最好在选考之前对生物学有一个较为全面的认识,同时提高学习兴趣。因此,高一需要扩宽学生的知识宽度和广度。教师可以提供最新、最前沿的与社会科学热点相关的科学阅读材料,让学生了解当前的科学进展,做到与时俱进地学习生物学。

高二选考生物的学生未来将面对高考,需要提升科学探究能力和科学思维。他们最有可能成为未来我国科研单位的储备人才。因此,可以为他们提供一些与教学内容相关的中文文献资料进行阅读,让学生了解并体会生物学实验的全过程,像科学家一样思考。通过这种方式,可以培养学生的科学探究能力,并锻炼学生的科学思维。

此外,以上提到的科普阅读资料可以借助 ChatGPT 等工具进行收集。随着生成式人工智能的发展,未来学生或许可以根据教师安排的阅读目标,向 ChatGPT 等工具提供个人阅读偏好和阅读难点等数据,从而获得更加定制化的科学资料,可能会取得更好的效果。

三、阅读方式的推荐

以问题为导向的问题提纲式阅读和以绘制概念图为主要检测手段的要点提炼式阅读都非常适合科学阅读。阅读的最终目标是理解,而理解的最佳展现方式就是能够清晰地讲解出来,无论是讲给同学还是老师听。小组拼图讲解式阅读方式也是一种很好的阅读评价手段。无论采用哪种方式,在阅读初期,教师都需要指导学生如何科学有效地阅读,并在核心素养的理念指导下选择和整合合适的资料。之后,教师可以逐渐放手,让学生自主进行阅读。

典耀中华阅读课程体系建设与实践

王红梅
北京市朝阳师范学校附属小学

今天,我想与大家分享的主题是"培根润心,融合共智"。我来自朝师附小,作为代表团队成员之一,与我一同参与此次分享的还有任丽华主任和王芳主任,她们分别主管学校教育教学工作和西坝河校区的教学工作。

今年,朝师附小迎来了建校66周年。33年前,我们学校就被誉为"教育改革的典范,优秀人才的摇篮"。作为教育改革的典范,我们必须继续发挥模范带头作用;作为优秀人才的摇篮,我们更要致力于师生的全面发展。因此,在课程构建、教学资源与模式探索以及师生队伍建设上,我们都进行了深入的思考。今天,我们需要深入探讨中华文化,不断追问其精髓,并努力将其呈现出来。我们要打开创新思路,开启共智的新篇章。

在创新发展的新时代,我们进行深刻的追问。这些追问实质上是对国家需求的深入思考和探寻。有以下三个追问:第一,学校准备好了吗?到2035年教育强国建成,再到2050年学习型大国,那一代人现在正坐在我们的小学教室里。我们为他们准备好了吗?第二,我们关注课程改革的推进,那么教师准备好了吗?特别是教师的专业素养是否能够满足新的教育需求。在当前创新教育的推动下,我们需要的教师不再是仅仅通过考试选拔出来的,而是能够引领创新、培养创新人才的新型教师。如何让创新教师培养出创新人才,对于我们的教育事业至关重要。第三,我们考虑学生学习方式的转变,那么学生准备好了吗?我们正在寻求学生心智的全面发展。

为了回答教育三问,朝师附小人交出了自己的答案。为了实现这一目标,我们在"重建"生态——重建学校生态、重建课程与课堂、重建人与人的关系……追寻"回归本源"的附小路径。

我们在“悦创”中探究。“思维引领课堂，悦创撬动发展”，从基于全脑教育理念的管理研讨，到教学落地，伴随着数智化课程整合，以提升学生的拔尖创新人才素养为目标。

我们在“共智”中展望未来。未来已来，我们在培养领跑未来的追光少年。我们用“全脑育人”促进学生综合思维、情感认知和创新能力提升，让学生在做中学、用中学、玩中学、问中学、创中学。以“全心全力，共智共生”的理念，推动学校课程教学改革，形成“全脑教、个性学、智能评”的学习样态，彰显出五育融合、创新驱动、数智赋能的新质特征，从而促进学生、教师和学校的新质发展。

在假期期间，我们有幸得到周建设教授的指导，他为我们点亮了一盏灯。因此，我们开始了教学方式的变革，其中包括了三轮、五课、六认真等一系列新的教学实践。这些变革，正是我们为了适应新的教学需求、提升教学质量而做出的努力。我想强调的是，我们寻求的教学方式变革，其核心在于追求一种全新的课程资源载体。为了实现这一目标，我们开始拓宽创新思维，引入“典耀中华”行动理念。

事实上，就在今年寒假，具体日期如果我没记错的话，应该是 2 月 17 日，我们启动了“典耀中华智能阅读课程项目”。这个项目为我们打开了一条新的思路。通过绘制全脑图、进行深度思考和头脑风暴，我们开始找准智能阅读课程搭建的“坐标点”，让“语言文字”呈现“跨学科”优势，形成完善的“数智阅读”课程体系。开学后，我们开始整合跨学科大单元、项目化、智能化等元素，并将它们融入课后 3：30 的课外活动中。在“全脑育人”的模式下，开展跨学科整合，增强学生认识真实世界、解决真实问题的能力，以找到创新的生长点。

我认为，要找到一个切实可行的契机，让这些理念真正落地实施，而不仅仅是空谈阅读时间、阅读进度和阅读评价等问题。阅读完之后要有相应的写作练习，这是我作为一名兼任校长的语文老师找到的课程创新突破口。而“典耀中华智能阅读课程项目”正是国家课程10%的跨学科内容的落地实施，它积极响应并贯彻了北京市教委提出的，落实国家课程，落实新课标，打通课内外，课表内和课后服务，统一构建课程体系的号召。

在朝师附小众多老师的通力协作下，我们组建了一个团队，致力于“以文化人，以理启智，文理相通”。我曾向周教授提及，我的数学基础扎实，但目前从事语文教学。因此，我一直在寻找智能阅读课程创新的突破口。在“优字当先”的理念指导下，我们成功构建了学校课程体系。这一体系不仅获得了领导的高度认可，也为我们未来的课程创新指明了方向。

关于我们的课程架构，事实上，20 年前，我们学校就已经开始探索语文课程建设，并取得了优异的成绩。学生的受益和教师的快速成长让朝师附小成为北京市小学语文教育的传统优秀校、语文教学研究基地校，“爱阅读”是每个附小人的文化印记。如今，我们优化课程体系，设计了 4+2+1+1+1+n 的阅读课程体系（包括 4 份阅读材料、1 份任务单、1 份评价表、1 份教学设计、1 份智能评价、1 份教学资源包，n 指的是学生可以经过多次修改自己的习作），实现了智能阅读课程的体系化。同时，我们结合学科教材，为 1~6 年级搭建了相应的阅读主题，使课程体系螺旋式上升，实现了学生课内学习与课外应用的统一。

在全体实验教师的通力合作下，我们成功开设了 90 节“典耀中华”阅读课程。我们所选用的教材，更准确地说，我们称之为“学材”，都是经过严格筛选的，注重经典性、文化性和趣味性。我们通过设计多学科的融合活动，使智能阅读变得充实而丰盈。通过设计智慧启蒙、以事溯源、背景链接、悦享融合四个经典内容,引导学生身临其境,浸润文化,促进学生读写融合。同时,我们特别强调读、说、研、展四个维度,因为所有的选材都指向小学六年级孩子的思维引导。在这个过程中,师生共同成长,我们的"增"是为了更好地"减"。因此,在每周二的课后15:30-16:30的一个小时内,我们会开展"快乐周二,典耀中华"活动。当天不会布置任何家庭作业,以便学生们能全心投入作品创作和展示中。

通过这一系列的阅读支架和思维提升训练,我们引入了智能评价,从而实现了"全脑教、个性学、智能评"的教育模式。从智能评价的反馈结果来看,"典耀中华"课程确实为孩子们提供了更广阔的表达空间,让他们能够畅所欲言、自由书写,而不仅仅局限于课本。同时,我们也非常重视智能评价在提升教学质量和效率方面的作用。

"智"字出彩,智能评价提质增效的着力点也是分七步走。我们开展脑力激荡会、动员会、培训会、交流会,搭建展示会,进行智能评价,并开设阅读课,为我校数智化阅读夯实基础。在寒假期间的20天内,我们共开展了12场脑力激荡会,历时近50小时,共有158人次参与,充分体现了集体的智慧。在教授和团队的指导下,我们明确了未来的发展方向。我们召开教师动员会,让教师敢于行动;召开课程培训会,让教师学会如何操作;开展交流会,让教师敢于表达;搭建展示会,让教师有机会成名;进行智能评价,让师生共享智慧。我们以"智能评"推进全脑教和个性学,例如利用虚拟现实(VR)技术让学生身临其境地体验传统文化,并通过系统记录学生的互动和反应来评价其学习效果;同时,通过在线平台让学生展示自己的研究成果或创意作品,接受来自教师、同学和家长的多元评价。我们开设阅读课,促进学生的成长。每周二下午的课后15:30-16:30,"典耀中华"智能阅读课程准时开始。每学期上15节课,一学年共30课时。小学六年累计达到180课时。虽然这180课时总共不超过8个昼夜,但它可以在六年的时间里持续地、润物细无声地为我们的学生深植中华优秀文化的基因。

最后我想说,"快乐周二,典耀中华"活动打造了育人的"出彩点",践行了课程育人、文化育人、活动育人、实践育人、管理育人和协同育人的理念。阅读资源建设是人才培养的时代命题,"读、写、评一体化"智能阅读系统的构建与实施是教育数字化的必然趋势。在未来的工作中,朝师附小将努力跟进、实践与创新,以数智化赋能"典耀中华"阅读课程,以融合共智开启新篇章!

山高自有客行路,水深自有渡船人。时间有限,总结一句话:教育改革源远流长,激情不灭,永存匠心。向各位同仁学习!

数学阅读对数学自主学习能力培养的作用

尹政君　田　芸
清华大学附属中学

《国家语委关于深入实施"典耀中华"主题读书行动的指导意见》中指出:要准确把握内涵和外延,既重视哲学社会科学经典,也重视自然科学经典,同时积极吸收一切人类文明成果,做到国内外经典兼收并蓄。我们应遵循学习及阅读规律,进行科学引导。

2019版新课标中提到,高中数学课程应注重数学与其他学科的联系,同时要渗透数学文化。高中数学教学应创建恰当的教学情境,提倡独立思考、自主学习、合作交流等学习方式,课程目标中同时强调要发展学生自主学习的能力。

在PISA中,阅读能力被定义为读者通过理解、使用、评价、反思等方式与文本进行沟通以达到自己的目的,进而开发自己的潜力和参与社会的能力。由于数学语言的特殊性,数学阅读需要对抽象、直观的数学语言有更深层的理解。因此,数学阅读能力是一种综合能力,包括概念理解能力、空间想象能力、逻辑推理能力、信息整合能力、迁移能力与元认知能力等。数学阅读能力对数学自主学习能力的培养具有重要作用。ChatGPT的出现也给现在的教育敲响了警钟,高中数学应该注重提高学生通过阅读自主获取数学知识的能力。具体来说,可以通过以下方法通过数学阅读来提高学生的自主学习能力。

1. 提供合适的阅读材料,培养学生阅读兴趣

2019年人教B版高中数学教材中包含大量的数学阅读材料,例如在选择性必修的等比数列部分,就给出了国际象棋与等比数列的阅读材料。教师也可以搜集与等差、等比数列相关的材料,如高斯求1到100的和的故事,以及天文学家提丢斯研究数列得出太阳到行星平均距离的经验定律等。这些数学历史小故事能帮助学生更好地理解数学概念背景,从而激发数学学习的兴趣。

2. 通过数学三种语言的转化培养学生阅读能力

数学语言包括文字语言、符号语言、图形语言。数学的符号语言抽象,这会给学生的数学阅读带来困难。因此,教师在平时的数学阅读能力培养中,可以不断加强三种语言转化训练,让学生看到文字语言就能联想到符号语言和图形语言,由符号语言能够翻译成文字语言和图形语言,实现三种语言的融会贯通,加深数学阅读的理解力。在数学阅读过程中,也要加强学生对关键词的提取、圈出重要信息等习惯的培养,让学生养成良好的数学阅读习惯。

3. 通过设计数学思维导图让学生更有逻辑地阅读和解决问题

思维导图通过图表或图示的形式来呈现学生的逻辑性思维过程,使无形的思维变得具体、形象。使用关键词、标注、连线等数学符号使思维导图更加简洁清晰,有助于数学阅读的深入理解。例如在解析几何解答题中,学生经常读完题目就忘记了题目给出的条件,导致一道题目读了几遍仍不得其意。教师可以训练学生在解题过程中根据已知条件和要解决的问题画出思维导图以深入阅读题目从而更好地梳理解决问题的思路。

4. 总结与反思阅读内容以提升阅读能力

总结与反思阅读内容是在教师的引导下对学生通过自主阅读所得的知识进行完善、升

华和巩固。在自学与交流完成后学生在教师的组织下对阅读的新知识、新方法以及重难点进行总结,然后应用所学的知识方法来解决新的数学问题。教师组织学生进行反思交流不同的方法思路、在阅读题目时存在的困难以及如何避免这些问题等。

5. 探索"智能+"经典阅读新模式以丰富阅读形态和体验

关于阅读评价体系的建立,在现有学用评价量表的基础上不断完善评价量规;探索智能技术充分利用资源不断完善"导—读—写(讲)—评"一体化"智能+"经典阅读新模式。通过及时给学生反馈阅读信息帮助学生建立合理的阅读起点推荐适合的阅读材料培养学生阅读兴趣逐步提高其阅读水平;同时帮助教师全面了解学生阅读情况完善阅读资源的建设有针对性地给予学生支持和帮助。

总之,通过数学阅读的训练会对学生的自主学习能力培养产生很大帮助。教师也可以在自学辅导教学模式的基础上进行调整融入促进数学阅读的教学策略设计数学阅读教学模式;特别是要提高数字赋能水平利用智能技术不断探索完善"导—读—写(讲)—评"一体化"智能+"经典阅读新模式以丰富经典阅读形态和体验。从而促进学生自主学习能力的发展。

培养和提高中学生数学阅读能力研究

倪颖丽
清华大学附属中学

阅读是通过视觉材料获取信息的过程,这些材料包括文字、图片、图表、公式、符号等。阅读是学生学习各学科知识应具备的基本能力,对于数学学科而言也不例外。

一、数学阅读的重要性

随着新人教版教材的推广,教材中的文字量明显增加。在核心素养的导向下,高考命题也加大了对学生数学文化素养的考查。因此,高中数学阅读逐渐受到了广泛的关注,并已成为高中数学教学的重要组成部分。从近年来的高考数学试卷中,我们可以发现文本阅读试题的数量显著增加,这进一步凸显了对学生数学阅读能力培养的重视。

二、数学学科阅读的特点

与语文和英语等学科相比,数学阅读具有其独特的特点:它更加强调抽象性、严谨性和逻辑性,因此难度也相对较大。这就要求学生必须具备一定的逻辑思维能力。

例如,在数学阅读中,我们会遇到许多专业的学科术语,如"不大于""任意""存在""恒成立"等。此外,数学阅读中还有大量的符号、公式以及图形图表等信息。在阅读这些内容时，学生需要准确理解其含义，并能够结合已有的数学知识经验，对其中涉及的各项内容、逻辑关系、内在关系等进行准确的转化。这无疑对学生的数学专业素养提出了较高的要求。

三、中学生数学阅读的现状

基于上述特点，我们发现中学生对数学阅读普遍缺乏兴趣。在阅读教材或实际解题过程中，他们往往只是快速浏览一遍材料内容就开始解题，导致对材料内容的理解和把握不够准确。当出现问题时，许多教师和学生并没有深入分析问题产生的深层次原因，而是简单地将其归咎为粗心大意。长此以往，这不仅会使学生养成不良的阅读习惯，还会因解题准确率低而影响学生对数学的阅读兴趣。

四、如何培养中学生数学阅读能力

为了改善这一现状，教师应积极引导学生参与数学阅读活动，以激发学生的阅读兴趣。以人教版（B 版）高中数学教材为例，4 册必修教材中共包含了 40 余篇阅读材料，涉及知识拓展、数学史、数学建模、实际应用等多个方面。这些阅读材料篇幅短小、内容新颖且可读性强，为数学阅读教学活动的开展提供了有力的支持。在实际教学中，教师可以利用特定的时间（如综合课），围绕教材内容组织学生开展数学阅读活动。让学生在阅读各类材料的过程中感受数学学科的魅力，从而提升他们的数学阅读能力。

同时，教师还应重视方法指导，以进一步提高学生的数学阅读能力。例如，在实际教学中，教师应指导学生掌握相关符号、图形、公式的含义，并熟悉数学符号和图形语言。这是学生进行数学阅读的基础。此外，教师还应引导学生养成良好的做笔记习惯，如勾画阅读材料中的关键点或标记存有疑问的地方等，以便后续进行重点交流讨论和强化记忆。教师还可以根据教学内容构建相应的阅读提纲，让学生带着问题阅读，从而为他们指明阅读方向并提高阅读效率。

最后，教师需要加强对课外阅读的重视，结合教学内容和中学生的实际情况，为他们推荐适宜的课外阅读素材，如《数学万花筒》《趣味数学故事》《生活的数学》等。同时，可以开展数学阅读方法讲座等活动，以开阔学生的视野并帮助他们掌握更多科学的阅读方法，从而提高他们的阅读积极性。

“典耀中华”智能阅读物理资源体系建设

于　娟
清华大学附属中学

记得在 2020 年高三海淀二模的物理考试中，全卷文字量达到 7100 字左右。特别是试卷最后一个 12 分的大题，文字描述将近 1100 字。考试结束后，学生们的反馈普遍是阅读量大，时间紧阅读不完，而且题目中涉及科普类内容，这增加了阅读难度和做题难度。这种对阅读的重视在近几年的物理考题中一直存在,可见阅读在中学物理学习中占据重要地位。在此,我想围绕这一主题,结合中学物理教学实践和人才培养需求,从中学物理教育的视角展开探讨。

在信息技术迅猛发展的当今社会,我们获取信息和处理信息的方式已经发生了深刻变革。在教育领域,构建一个有效的阅读资源体系显得尤为重要。对于物理教育而言,我们需要一个既能提供深度和广度,又能激发学生探索欲望的阅读资源体系。这一体系的构建需要基于物理学科素养和批判性思维的培养,作为我们的理论基础。这就要求阅读资源不仅包含基本的物理知识,还要涉及科学方法、科学历史以及科学哲学等内容。这种多维度的内容配置有助于学生形成更全面的科学视角,进而提升他们的科学素养。

在选择阅读资源时,我们既要关注资源的科学性和权威性,也要注重其实用性和启发性。以中学物理为例,除了基础的教科书知识,我们还应当引入最新的科研成果和实际案例。比如,可以介绍我国航天事业的发展历史和成果、当今粒子物理学的前沿发现以及量子计算的基本原理等。这些内容能够让学生认识到物理学并非一门停滞不前的学科,而是一个充满无限可能和挑战的领域。此外,通过分析历史上的物理学实验和科学家的故事,可以让学生了解科学知识的发展历程,这不仅增加了学习的趣味性,还能培养学生的批判性思维和解决问题的能力。

综上所述,为了给学生提供丰富而有意义的学习资源,在遴选中学物理的阅读资源时,我们应当遵循几个基本原则。首先,材料必须准确无误,能够反映最新的科学发现和理论;其次,材料应当与学生的生活经验和未来职业生涯相关联;最后,材料应具有启发性,能够激发学生的好奇心和探索欲望。

当然,对于内容的呈现形态和评价方式也是我们必须要讨论的问题。随着科技的进步,我们有更多元化的方式来展现学习内容和构建评价体系,而不再局限于传统的课本、黑板和试卷。数字化资源、互动式教学软件、虚拟实验室甚至是社交媒体平台等,都已成为我们传递知识的有效工具,同时也让我们的评价方式更加多元化、多维化。在中学物理教学中,利用这些现代化工具不仅可以提高学生的学习兴趣,还能帮助他们更好地理解复杂的物理概念。通过引入多媒体和交互式内容,我们能够为学生创造一个更加生动、丰富的学习环境,也能更全面地对学生进行评价。

让英语阅读更“甜蜜”

王 一
清华大学附属中学

清华附中奥森、将台路校区的英语阅读思路与“导读写评”一体化的教学理念高度契合。以下,我将从这四个角度进行分享。

一、导

在学生开始阅读前，教师的指导至关重要。首要任务就是选书。选书需遵循多重标准，而对于校内英语阅读，我们首要的原则是紧跟课标。课标对高中生的英语课外阅读量有明确要求：在必修课程阶段，即高一，课外阅读量应达到每周平均不少于 1500 词，一学年的英语阅读总量不少于 4.5 万词；而到了选择性必修课程阶段，也就是高二，每周的课外阅读量应不少于 2 500 词，一学年的英语阅读总量不少于 10 万词。

明确阅读量后，我们需考虑语言难度和学生水平。语言难度不适中，将难以达到规定的阅读量。不同年龄段有不同的选书原则。例如，美国针对儿童家庭阅读有“五指选书法”，即随机翻开书的一页，每遇到一个生词就伸出一根手指，如果读完这页伸出了五根手指，说明这本书太难了；如果一根手指都没伸，则说明书太简单了。对于具备一定认知能力和推理能力的高中生，我们采用广泛使用的蓝思指数作为阅读分级标准。该指数由美国科学基金会研发，旨在衡量学生的阅读水平和书籍的难易程度。当学生阅读的书籍难度适中时，他们能够在阅读中取得进步并感受到成就感，这种状态被称为进入了“sweet spot”——甜蜜点。例如，高考英语的阅读蓝思指数在 1 000-1 200 之间。在我校高二年级，我们选择的原著小说如《Wonder》（奇迹男孩，蓝思值 790L）和《穿条纹睡衣的男孩》（蓝思值 1 000L），这些书籍的难度循序渐进，非常适合学生的阅读水平，使他们的阅读体验更加“甜蜜”。此外，我们还引入了分级阅读材料，如高一年级选用的《典范英语》，这是一套成熟的、适合学生英语水平的分级读物。

在阅读内容上，英语读物可分为 fiction 和 nonfiction 两大类。除了小说，我们还引导学生阅读科普读物。例如，在初三年级，我们选用了外研社的《多维阅读》，该书用英语介绍历史、地理等多维度知识，内容简单有趣，是跨学科阅读的一个良好切入点。

二、读写

英语学科涵盖听、说、读、写、看五大语言能力。读写结合一直是英语教育研究的重点。我们不断探索各种方法以有效提升学生的读写能力。2018 年，我参加了北京市读写结合教学实践工作坊，主要学习了阅读圈等读写结合的教学方法。通过阅读圈活动，学生对阅读文本的情节、人物和主题等方面进行全面分析，并通过小组角色分配和展示来锻炼学生的写作和表达能力。回来后，我校英语组和语文组教师共同进行了跨学科读写结合培养的讨论，并开展了一系列中英阅读圈研究课。经过几年的实践，我们不断优化了校本阅读圈学案资源。学生反馈表明，通过阅读圈的形式，他们的阅读能力、写作能力和表达能力得到了显著提升。

三、评

利用阅读圈也能很好地实现读写评一体化。在高一、高二年级，我们会对学生完成的阅读圈学案和小组现场表现进行打分评估。在高考中，对于阅读和写作的评价包括读后续写以及北京地区三年前开始出现的新题型——阅读表达。这种题型要求学生在阅读一篇文章后,针对某一话题发表自己的看法。这种读写结合的能力在我们的每周读写教学活动中都得到了培养和训练。

四、数智时代的英语读写

数智时代为英语学习带来了极大便利,最直接地体现在听说的练习上。现在有大量的合适资源可供使用,还有许多成熟的软件如天学网、科大讯飞等,可以帮助我们进行有针对性的听说练习。此外,人工智能也成为学习英语的好帮手。例如,我经常在堵车时与AI豆包用英语聊天以提高口语能力。在英语读写方面,现代学生遇到生词时只需用扫描笔一扫,即可快速获取单词或句子的专业释义、发音和用法等信息,这比传统的翻字典方式高效得多。

目前,我们在阅读教学方面面临的最大困惑是如何应对一个班内学生英语水平的巨大差异。在进行阅读任务时,我们往往难以兼顾所有学生。然而,随着个性化英语阅读软件的出现,阅读水平测试和阅读计划推送变得更加精准。数智时代或许能为我们提供更优化的解决方案,这也是我们未来探索的方向。相信数智时代能够让学生的英语阅读更加"甜蜜",从而更好地提升学生的阅读素养,并通过阅读来拓展思维、提高审美、鉴赏和评价的能力。

在电子阅读中了解时代　在纸质阅读中触摸心灵

许　静
北京市文汇中学

阅读让人放松、让人聪明、让人幸福……有研究表明,阅读会改变大脑,超强的学习能力可以通过培养阅读能力来提升90%甚至更多。

在网络智能时代,电子阅读以一种无法阻挡的趋势成了阅读的主流。作为这个时代的阅读者,我们无法拒绝电子阅读,否则就等于隔绝了社会、拒绝了时代。电子阅读具有以下特点:即时性,能让我们快速获取信息;丰富性,它无所不包,应有尽有,打开手机,世界便尽在"掌握";便捷性,既能翻屏即阅,还有越来越受欢迎的有声阅读解放了我们的手和眼,让阅读如影随形;专业性越来越强,各种专门的公众号,将特色和专业内容做得非常充足。但同时,电子阅读也存在局限性。这主要来自大数据分析根据用户喜好进行的推送,可能会让人在不知不觉中被"困"在一个由大数据悄然划定的信息圈内。如果你不去有意识地拓宽阅读范围,你的信息获取渠道就会变得越来越窄。因此,电子阅读更倾向于接受信息,它有利于我们快速获取信息,了解时代。

作为一名语文老师,我要呼吁大家重视纸质阅读。纸质阅读既能保护视力,更能涵养心灵,有助于养成专心、静心、思考的好习惯;它既能提升学业成绩,也有益于人生发展。因此,对于小学生和初中生来说,我建议适当控制电子阅读的时间,多读纸质书籍。

有研究表明，阅读纸质书记住的内容往往比阅读电子书更多。阅读纸质书时，这本书就是你的全世界，而不像电子阅读那样，随时可以切换到其他链接。所以，纸质阅读会让人更专注，更容易让人沉浸其中。纸质阅读还便于做旁批和笔记，与书本进行即时的对话交流，仔细琢磨细节，品味文字的深层含义，还可以轻松翻回原来的章节，去关联知识、进行对比思考。那种纸张在手中的触感，以及眼睛与文字的亲密交流，也给人一种静心安稳的感觉。

纸质阅读，更多时候是一种纯粹的"素"读，它不依赖其他工具，只是让读者在与文字语言的充分接触中，去感知、品味、思考、挖掘和建构，感知内容情节，品味语言构思，思考其中道理，挖掘内在深意，建构自己的认知体系。所以，相对于电子阅读那种重浏览接受的浅阅读方式来说，纸质阅读是更有利于深入思考和理解的深阅读方式。

现在的教学活动都注重让学生在大的学习任务和情境中进行充分实践，考试也着重考查学生在具体情境和任务中对知识的运用能力。因此，试题的题干表述和相应材料都是大段的文字，这要求学生对读懂题目、提取信息、品味欣赏等内容进行"深阅读"。小学数学题目中已经出现了简单的文言文内容，初中语文期末试卷的阅读量通常都达到七八千字。这些都需要学生静下心来阅读，才能理解题意和文意，从而准确回答问题。有些学生做题困难，并不是因为他们完全不会，而是因为他们没有养成沉下心来阅读文字的习惯。他们既读不懂题目的指向，也难以从文中提炼出关键信息。有些习惯了在图片和声光电的陪伴下进行电子阅读的孩子，很难适应纸质阅读的"素"读方式，他们对阅读文字感到抗拒。另外，在各科的学科素养中，都强调"思维能力"的培养，这是浅阅读无法实现的。由此可见，在纸质阅读中，培养学生专心阅读和深入思考的习惯至关重要。

因此，让我们在享受现代阅读幸福的同时，在电子阅读中拓宽视野、了解时代，在纸质阅读中深入思考、安顿心灵。但是，对中小学生来说，要注意不能让电子阅读的多样性影响了阅读的本质，而要让他们在白纸黑字的"素"读中，保持专注、静心和思考，充分感受阅读的力量和美好。

智能阅读观点摘编

在"典耀中华"智能阅读观点摘编中，全国各地的教育专家们分享了他们对智能时代阅读的深入见解。这些讨论涉及了智能阅读与文化融合、智能阅读在教育变革中的作用、智能阅读在个人成长中的影响、如何通过智能阅读培养阅读习惯、以及智能阅读面临的时代挑战等多个方面。

一、智能阅读与文化传承

佟悦（黑龙江大学）强调了中华传统经典在构建现代人内核的重要性。他提倡在现代教育体系中融入传统文化的精髓，以此培养具有深厚文化底蕴的现代人才。他的建议分为三个层面：首先，品读中华传统文化，以此培养正直、谨慎、敬业和智慧等核心价值观；其次，深入掌握专业基础知识，以锻造坚实的职业技能；最后，广泛了解智能计算等前沿技术，促进创新思维和科研方法的优化。

吕治国(琼台师范学院)表示,阐述了阅读在传播文明和文化、提升智力及继承知识传统中的作用。面对智能时代阅读的迷茫,他为学生提出了四点建议:制定明确的阅读计划,有选择地阅读经典与名著,深入理解精选作品,并在阅读中进行深思熟虑,将所学知识与实践相结合。

郭干辉(益阳职业技术学院)坚信阅读的力量无法被时代变迁所削弱。在他看来,阅读如同灯塔,为我们在信息汪洋中指引方向。尽管科技飞速发展,但书籍的价值永恒不变,阅读习惯终身受益。他强调,即使在智能时代,我们也应保持阅读的初心,维护内心对阅读的热爱。

何中(铜仁职业技术学院)探讨了智能时代对大中学生课后阅读提出的新挑战和要求。他指出,随着技术的快速发展,学生们需要适应不断更新的信息和知识。借用冰心在《忆读书》中的话"读书好,读好书,好读书",何中为大中学生提出了三条具体的阅读建议:首先,要紧跟时代的步伐,不断更新自己的信息知识库,认识到阅读的重要性;其次,要广泛涉猎但同时进行认真的筛选,确保阅读高质量的书籍;最后,鼓励学生逐步深入思考所读内容,培养成为爱读书、善读书的习惯。这些策略将帮助他们成长为能够应对智能时代挑战的新时代读书人。

二、智能阅读与教育变革

袁家政(中国语言智能研究中心)深入探讨了新型人工智能时代,AIGC、GPT和LLM等智能技术和模型的出现,给我们的阅读带来的全新体验。一方面,新型智能技术使计算机模拟人类智能阅读和写作变成了现实,帮助我们更好地开展个性化、精准化和高效率的阅读,带来了便利;另一方面,新型智能技术在生成阅读信息方面存在虚假与错误的阅读信息、侵犯版权、深度伪造以及欺诈和滥用技术等风险与挑战。因此,在新型AI时代,既要适应并拥抱新型的阅读方式,善用智能技术提高阅读效率,享受阅读的乐趣,又要注重培养独立思考能力、批判性思维,以及加强面对面的交流与讨论,感受人类特有的情感与温情。

龚才春(中国科学院计算技术研究所)强调,随着社会的不断进步,人们需要阅读的内容越来越多。古代所谓的"汗牛充栋"在今天可能只是小学生的阅读量了。互联网的发展,让电子阅读成为大家的日常生活。ChatGPT的出现,让通用人工智能离我们越来越近。人工智能产生内容(AIGC)让内容的生产效率大大提升。智能时代的到来,让阅读的效率开始远远落后于生产的效率。在智能时代,如何筛选合适的阅读内容,如何高效地阅读,成了大众亟需解决的问题。国家网信办联合国家发展改革委、教育部、科技部、工业和信息化部、公安部、广电总局七部门于2023年7月13日联合公布《生成式人工智能服务管理暂行办法》,鼓励生成式人工智能技术在各行业、各领域的创新应用,生成积极健康、向上向善的优质内容,探索优化应用场景,构建应用生态体系。人工智能技术既是大量内容的生产者,也将是高效阅读的协助者。大模型在人机对话、文本摘要、信息抽取等领域取得突破性进展,使得未来的阅读必然是Computer Aided Reading。

张凯(中国语言智能研究中心)深入探讨了文本可读性在智能时代的重要性,并提出了利用智能技术来评估文本可读性的方法。他指出,阅读素材的可读性是衡量文章能被人或机器理解的难易程度的关键指标。传统的人工评估方式面临成本高、效率低且结果具有主观性的问题。因此,他强调使用智能评价方法来提高评估的客观性和效率,这种方法通过分析文本中的语言特征与其可读性之间的关系来实现。此外,他还讨论了还讨论了现有的英文阅读可读性评估指标,如 Flesch Reading Ease 和 Flesch-Kincaid Grade Level,但这些工具主要适用于非专业化的文本评估。针对专业化文本,他提出了“人文基因计算”的概念,这是一个考虑人的文化属性来评估文本的新方法。这种计算模式依据文化属性的不同节点,从语言元素出发,系统性地分析文本,以更全面地理解和评价文本的可读性。此方法不仅扩展了传统评估的界限,还增加了评估的深度和广度,使其更适应智能时代的需求。

董苏(中国语言智能研究中心)提出了“大阅读”的概念,强调在智能时代阅读应适应多模态内容的需求。她认为,阅读不再局限于传统的文字,而应包括图像、表格、数据和视频等多种形式。这种变化要求阅读者的阅读方式由线性阅读转变为非线性协同思维,以便在多变的阅读环境中迅速有效地处理信息。

薛嗣媛(中国语言智能研究中心)详述了数智时代阅读体验的革命性变化。她指出,随着人工智能、大数据、云计算等技术的融合和创新,数字阅读平台已极大地超越了传统纸质媒介的限制。这些平台不仅提供便捷的电子书籍服务,还引入了基于用户阅读偏好的个性化推荐、智能搜索和互动阅读功能。数智时代的阅读不仅是获取信息的新途径,更是一种全新的文化体验和知识共享的方式。

三、智能阅读与个性建设

陈智慧(海南师范大学)强调选择合适的阅读内容对塑造个人世界观、人生观和价值观的重要性。他建议读者选择具有长远意义的书籍,包括那些能激发深思和正向思考的作品。陈智慧也提到了利用现代技术,如智能推荐系统,帮助读者找到适合自己的书籍,并鼓励跨学科的广泛阅读,以促进批判性思维和创新。

王伟丽(首都师范大学)深入探讨了智能时代阅读的转变和特点。他指出,现代阅读已经融合了语言学、文学、认知科学和人工智能科学等多个学科的知识,从而让阅读变得更加多媒体化、互动化和个性化。这种多维度的融合显著提升了阅读者的阅读素养,特别是在理解和分析多元媒体文本方面的能力。她还强调了智能时代阅读的个性化特点。通过情感计算等技术,智能系统能够识别读者的情感状态和偏好,从而向读者推荐更加个性化的内容,满足其独特的学习需求和兴趣。这种个性化的阅读方式是智能时代提升教育质量和效果的关键。

李杨(首都师范大学)表示,亟须将智能阅读本身作为 独立研究对象,进行科学、系统的研究。以阅读目的为例,传统的阅读目的大致可以分为“为了娱乐/文学体验而阅读”“为了获取信息而阅读”和“为了学习而阅读”三种。然而在智能时代,这三种阅读目的经常交织在一起,没有了传统阅读中那种清晰的界限。有时,读者为了学习而阅读,但数字化的阅读载体却大大增加了阅读的趣味性。这样,读者在学习的同时也体验到了阅读带来的乐趣,这进一步激发了他们继续阅读的动机,从而显著提高了学习效果。这种混合式的阅读目的往往以一个目的为出发点,而智能阅读的独有特性则在原有阅读目的的基础上赋予了更多的阅读目的。与传统单一的阅读目的相比,智能阅读引发了多重阅读目的,并由此产生了多重阅读效果，这使得智能阅读正逐步颠覆传统的阅读认知观。

四、智能阅读与习惯培养

包鑫（泰山科技学院）对电子阅读的普及及其对传统阅读习惯的影响进行了深入讨论。他指出，随着移动端设备的广泛使用，人们已经习惯了随时随地通过电子方式阅读，从经典文学如《论语》和《诗经》到最新的新闻和文章。包鑫认为，对于电子阅读可能导致的"浅阅读"或"碎片化阅读"等所谓的"阅读危机"的担忧，与过去人们对从竹简到纸张转变的担忧类似，可能是不必要的。他强调，阅读方式的变迁是随着时代的进步而自然发生的，电子阅读的儿童能够健康成长，并可能在某些方面超越前一代。包鑫乐观地预见，在不远的将来，阅读将变得更加便捷和普及，实现"走到哪儿，读到哪儿"的可能性。

刘杰（北方工业大学）讨论了当前青少年在网络环境中面临的信息挑战以及如何引导他们进行健康阅读的重要性。他指出，青少年通过手机和电脑很容易接触到大量网络信息，这些信息中包含的不良内容可能对他们的价值观和道德观产生负面影响。刘杰强调，寻找有效的方法以确保青少年能够接触到高质量的阅读材料是非常关键的。此外，他提到现代青少年倾向于观看视频和图像内容，这些内容比传统的文本更能吸引他们的注意力。为了对抗这一趋势，刘杰建议利用智能技术推荐和提供经典文学作品给青少年，使阅读优质书籍成为他们的日常习惯。通过这种方式，不仅可以增强他们的阅读习惯，还可以在阅读过程中激发他们对世界的感知和思考，从而丰富和提升他们的精神生活。

刘棕楠（沈阳理工大学）和 张松（金陵科技学院）讨论了阅读对人生的深远影响。他们强调，阅读不仅是简单而高效的知识积累方式，还是一种生活的艺术，能够为人生带来长久的意义和方向。他们建议从阅读好故事开始，逐步过渡到经典文学、传记和历史，最后达到哲学的深度阅读，以此来增长智慧、累积知识，并形成深思熟虑的生活态度。

姜燕（云南财经大学）指出了智能时代短视频文化对青少年阅读习惯的影响，特别是如何影响他们的想象力和语言表达能力。她呼吁通过增加对经典文本的阅读，以及通过语言智能平台进行的写作实践，来加强青少年的阅读和表达能力。姜燕强调，这对于培养具备深度思考和表达能力的现代青少年至关重要。

五、智能阅读与时代挑战

蒋国华（中国教育科学研究院）认为，传统阅读正逐渐成为一个即将消逝的概念。人类自有了语言，便有了三个伟大的发明：宗教、货币和科学。这一判断，实际上是将人类语言的发明视为其他三个伟大发明的基础，甚至可以说是"基础的基础"。从当代信息载体革命的角度来看，语言的发明应当位列迄今为止人类社会三次信息载体革命之首；即语言之后是文字，文字之后则是数据。毋庸置疑，有了文字便有了阅读。阅读的主要目的是接收供大脑生产、加工、创造的信息。因此，阅读理应永恒存在。然而，信息载体革命却正在颠覆传统的阅读模式。阅读书报（纸质书刊）已经/正在成为一个即将消逝的概念，就如同在新编影视剧的台词中才会出现"来电报了"这样的说法一样。所谓"智能时代"，亦即 AI 时代。自去年

ChatGPT 横空出世,预示着“信息载体革命”的新时代正在来临。智能时代的阅读,必将是一个阅读智能(AI for reading)的伟大时代。

马玉红(西北师范大学)探讨了科幻影片《她》对现代人与人工智能关系的描绘,并提出了关于现实与虚拟世界交互的多种问题。她指出,随着人工智能技术的进步,如 ChatGPT 和 Google Gemini 等多模态人工智能的出现,科幻影片中的情节似乎正在变为现实。马玉红质疑现代教育和知识获取的方式是否应随技术进步而转变,她担忧这种变化可能会影响人类的深度思考能力和知识创造能力。她还讨论了人类可能因技术而变得边缘化的风险,建议在迅速变化的技术环境中,应保持对传统阅读和深度学习的重视。

彭焰平(大理大学)分析了智能时代阅读习惯的变化。他指出,现代读者越来越多地使用智能工具辅助阅读,如听书和电子书阅读,这些方式提高了阅读的效率和便利性。尽管技术提供了新的阅读方式,彭焰平强调保持阅读的多样性和个性选择的重要性,以防止丢失深度阅读和反思的机会。来自北京第二外国语学院刘光婷,讨论了智能时代阅读的新可能性和挑战。她认为,尽管数字化带来了信息获取的便利性,但也使得阅读变得更加复杂。刘光婷强调,无论时代如何变迁,基本的阅读原则——即“不忘初心,不拘一格”——仍应被维持。她倡导在兴趣的引导下进行广泛阅读,同时利用新技术增强阅读体验,以此培养深度思考和广泛认知的能力。

顾晓芳(涟营教育)作为一位母亲和教育工作者,表达了对现代儿童阅读习惯的担忧。她指出,现代儿童更倾向于观看手机视频和漫画,而对传统的文字阅读,特别是深度阅读显示出较低的兴趣。这与中小学语文教育中不断增加的难度和挑战性阅读理解题目形成了对比。顾晓芳认为,鼓励儿童培养阅读习惯非常重要,应从孩子感兴趣的书籍入手,并呼吁家长们也要以身作则,限制自己的手机使用时间。她还建议学校可以通过举办作文比赛等活动,激发学生对阅读和写作的热爱。

秦上(大连外国语大学)和张松松(金陵科技学院)指出,随着阅读材料的电子化和快节奏化,年轻人在阅读大量信息时面临着保持阅读质量的挑战。他们强调,尽管数字化阅读为年轻人提供了便捷,但也带来了浅层阅读和碎片化信息的问题,这些都不利于培养批判性思维。他们认为,智能时代的阅读既有利也有弊,关键在于如何正确利用这些新工具。

在“典耀中华”智能阅读观点摘编中,我们见证了全国各地教育专家对智能时代阅读多维度的深入讨论。他们的观点不仅凸显了智能阅读在文化传承、教育变革、个性发展以及习惯养成中的关键作用,还指出了面对快速变化的技术环境中阅读所面临的挑战。这些讨论强调了智能时代阅读的多样性和复杂性,同时提出了如何有效利用新技术来促进阅读理解和知识吸收的策略。最终,这些见解不仅为教育者和学者提供了洞察,也为我们所有人提供了在智能时代维护和发展阅读文化的重要思路。